趣味科学丛书

趣味物理全集

[俄] 别莱利曼⊙著

余　杰⊙编译

天津出版传媒集团

天津人民出版社

趣味物理学

（续篇）

第一章

力学的基本定律

1. 最省钱的旅行

早在17世纪，法国一位名叫西拉诺·德·贝尔热拉克的作家写了一本名为《月国史话》（1652年）的讽刺小说，这本书讲述的是关于作者本人以前亲身经历过的奇妙事情。他碰到的奇事是这样的：有一次，当他在做物理实验的时候，他和他的玻璃器皿竟然同时飘到天上去了。过了数小时，他才重新落到地面上，就在这时，他被眼前的一幕吓呆了。原来他已经不在法国本土了，甚至不在欧洲大陆，而是漂洋过海来到了位于北美洲的加拿大！但是，我们这位法国作家却把他独自飞跃大西洋看作是非常普通的事情。他是这么解释的：当他飘到空中的时候，我们的地球并未出现任何变化，还像以往那样进行由西向东的旋转，所以，当他重新降落到地面的时候，自己已经不在法国本土，而是在北美大陆了。

如此一来，我们好像找到了既省钱又简单的旅行方法！我们只要飘到地球的上空，即便只是飘浮数分钟，那么再次降落的地点肯定要比原位远很多，因此，我们再也不用承受横跨大洋，跋山涉水带来的身心疲惫，我们需要做的仅仅是在空中停留片刻，地球就会将我们要去的地方送到我们的脚下（图1）。

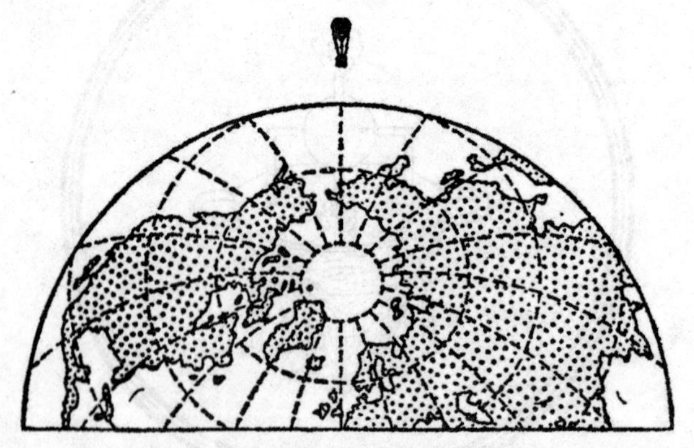

图 1　能从气球上看到地球的转动吗

不过这只是人们一厢情愿的想法罢了。首先，从理论上讲，当我们飘到地球的上空时，并未彻底跟地球脱离关系：我们并没有飘出地球的大气层，换句话说，我们依然跟着地球进行自转运动，只不过地点从地面换成了空中而已。说到空气，特别是密度很大的下层空气，它会带着自身的一切物体，例如云朵、飞机以及各种鸟类和昆虫等，一同跟着地球旋转。假如，空气不跟着地球进行旋转的话，那么地球上就会频繁地刮起强劲的大风，如果将它和最剧烈的飓风相比较的话，那么飓风就好比一阵微风一样。众所周知，我们站在移动气流中和我们在静止空气中移动感觉到的风是一样的。举个例子，如果一个人驾驶摩托车以100 km/h的速度向前行驶，那么就算空气中没有风，他仍能感觉到强劲的大风。

除此以外，即便我们能够飘到大气层的顶端，或者地球的上方压根不存在这层空气外壳，这位法国讽刺小说家虚构的旅行方式还是不可能实现的。事实上，当我们从旋转的地球表面离开后，由于受到惯性的作用，我们仍然按照之前的速度继续运动，也就是说我们在空中运动的速度跟我们在地面时运动的速度是一致的，结果是我们仍会落在原地。尽管我们在惯性的作用下会顺着切线做直线运动，地球做弧线运动，但由于我们在空中停留的时间非常短暂，所以并不会产生什么变化。

2. “请停下来，地球！”

英国的著名作家威尔斯在一篇幻想小说里，描述了一位办事员创造奇迹的神奇事迹。这位办事员叫福铁林，他非常年轻，天生就有一种非常奇特的能力，凡是从他嘴里说出来的愿望，都能立刻实现。不过，这种奇特的能力除了让他本人以及他身边的人感到不舒服外，没有任何好处。下面的故事节选自这篇小说的结尾，你不妨认真地读一下，它能让你受益匪浅。

有一次，当晚宴结束后，这位与常人不同的办事员害怕到家后，黑夜变成白天，因此，他打算用自己奇特的能力，将黑夜延长。到底怎么做才能延长黑夜呢？他开始绞尽脑汁，下令一切天体立刻停止运转。他在当时并未直接做出这个出人意料的决定，不过，他的朋友美迪格却煽动他让月亮停止运转，此时，他看向月亮，然后说道：

“叫月亮停下来，我认为它距离我们实在是太远了……你觉得怎么样？”

美迪格迫切地煽动他：“你应该试一试，当然了，它肯定不会停下来，你就试着让地球停转就行了。我猜，这应该不会给大家带来什么危害吧？”“恩，”福铁林说，“那么，我就来试一次吧。”

于是，他摆出了要发号施令的姿势，把双手伸了出来，表情凝重地喊道：“快停下来吧，地球！不要再继续旋转了！”还没等他把话说完，他和他的朋友们就已经以每分钟几十英里（1英里约为1.6千米）的速度向天空飞了出去。

即便是这样，他也并没有慌张。他在一秒钟内，就把自己新的想法说了出来：“不管发生什么事，请务必让我活下来，不要让我碰到什么悲惨的遭遇！”

可以说，他这个新的愿望说得实在是太及时了。因为几秒钟过后，他就发现自己已经降落在了一处刚刚发生过爆炸的地面上，他被四处乱飞的石块、突然掉落的建筑物的碎片以及各种金属制品包围了起来，好在这些东西并没有砸到他的身上。突然，一头倒霉的牛从空中飞了过来，然后狠狠地砸到了地面上，被摔得粉碎。咆哮的风真是威力惊人，就连抬起头看向四周都变得无比艰难。

他用时断时续的声音大声喊道：“真是见鬼了，这到底是什么情况？为什么大风突然之间开始咆哮了起来？难道我是导致这一切的罪魁祸首？”

他在肆虐的暴风中，用双手将眼睛遮起来，尽最大可能向他的周围看去，他接着说道：“天上的一切似乎都在井然有序地进行着，而且月亮的位置也没有变化。可是其他的呢？城市为什么不见了踪影？房屋和街道也消失不见了。这股大风又是从哪里跑出来的？我可没把大风召唤过来啊！”

福铁林试图站起身来，但是，这显然是不可能办到的，因此，他迫不得已只好用双手抓住石块和土堆艰难地朝前面爬去。不过，他发现能够去的地方都已经消失了，四周全是废墟和瓦砾。

“宇宙里肯定出现了什么异常的情况。”他沉思道，可是这到底是为什么呢？他一点也想不通。

事实上，所有的事物全都被摧毁了，房屋不见了，树木不见了，生物也不见了，所有的一切都不见了。唯有杂乱的废墟以及形态各异的碎片散落在他的身边，在将尘埃吹满天的狂风里可以勉强认出它们的轮廓。

导致这场悲剧的家伙竟然完全不知道这到底是怎么回事。其实道理很容易理解：他将惯性作用抛在了脑后。我们可以想象一下，如果正在进行圆周运动的物体突然间停止了转动，那么，在惯性的作用下，地面上的所有物体肯定都会被甩出去。倘若让地球在一瞬间停止转动，那么所有的房屋、人、树木、牲畜，以及所有跟地球本身不存在直接联系的物体，都会以子弹一般的速度，沿着地面的一条切线，快速地向空中飞去。毫无疑问，等我们再次着陆的时候，肯定会被摔得粉碎。

福铁林开始明白他创造的奇迹很失败。他开始讨厌创造奇迹，他坚定信念，决定以后不再创造奇迹了。但是，他必须先补偿由于他的失误造成的损失。这可真是一场惨绝人寰的灾难啊！暴风猛烈地刮着，尘土犹如厚厚的乌云一般将月亮遮盖了起来，咆哮的洪水从远方向我们逼来；在闪电的照耀下，他看见一堵水墙正在以令人难以置信的速度向他的方向袭来。

此时，他才坚定信念，冲着水墙大声喊道：

“快给我停下来！不能再往前一步了！”紧接着，他依次向雷、电以及暴风，下达了相同的命令。

很快，周围的一切全都归于平静。

于是，他开始蹲下来思考。

“我以后最好别再闹出这样的乱子了，”经过一番思考过后，他说道，“首先，请在我说完几句话之后，将我这个奇特的能力消除！我从今天开始要做一个普通人，因为创造奇迹实在是险象环生。其次，请将城市、房屋、人们以及我本人，全都恢复到原来的样子！”

3. 在飞机上送信

如果你身处一架高速飞行的飞机里，而飞机刚好经过你非常熟悉的地方。那么，当飞机经过你的朋友的住宅时，你的脑子里突然产生了想要跟他打声招呼的念头，因此，你飞快地在便条纸上写了几个字，然后将纸紧紧地绑在一块石头上，当你乘坐的飞机从这所住宅的上空经过时，你将绑有纸条的石头扔了下去。

就在你信心满满地认为，这块石头一定会降落在你朋友的院子里时，发生了令人出乎意料的事情，石头并未按预期从你朋友的院子里降落!

假如你认真观察一下这块石头从飞机上向地面降落的情景，你会发现一种非常奇特的现象：石头并不像我们想象的那样，从一开始就笔直地下落，而是像被一根看不见的线拴在飞机上一样，跟着飞机飞行一段距离后，才开始下落。当石头降落到地面的时候，你会发现，它的降落地点跟你预想的地点相距甚远。

当然了，导致这种情况的原因依旧是惯性的作用。当石头还在飞机里时，它跟飞机保持相同的速度向前方运动。当你把石头从飞机里扔出去的时候，它并不会立刻失去原先的运动速度，所以，在它下落的同时，它会朝着先前的方向继续前行。石头会做出两种运动，一种是竖直的，另一种是水平的。在它们的共同作用下，会导致这样的结果：石头自始至终都在飞机的下面，沿着一条曲线朝下方降落（在飞机本身并未改变飞行方向以及速度的情况下）。这块石头的飞行轨迹，跟以水平方向被抛出的物体非常相似，犹如一颗子弹从水平方向的枪里被射出去一样，它的飞行轨迹是一条弧线。

不过在这里，我必须指出一点：如果不考虑空气阻力的作用，以上所有的阐述全都是正确的。但是事实上，空气阻力会作用于石头的竖直以及水平的运动，所以我们必须将空气阻力考虑进去，因此，石头并不总是位于飞机的正下方，它的位置和飞机相比要略微靠后一些。

飞机的飞行高度越高，飞行速度越快，那么，石头的飞行轨迹偏离竖直线的幅度就越大。

如果空气中无风的话，飞机在1 000 m的高空以100 km/h的速度飞行，那么，石头从飞机上掉落下来后，降落的地点要比你预想的垂直降落地点靠前约400 m（图2）。

假如我们不考虑空气阻力的话，这个计算就会变得非常简单。我们运用匀加速运动的公式$s=\frac{1}{2}gt^2$，可以得出$t=\sqrt{\frac{2s}{g}}$，所以，当石头从1 000 m的高空降落在地面上时，落地时间为：

$$t=\sqrt{\frac{2\times1000}{9.8}}\approx14\ \text{s}$$

在这段时间里，重物在水平方向的位移距离应该是：

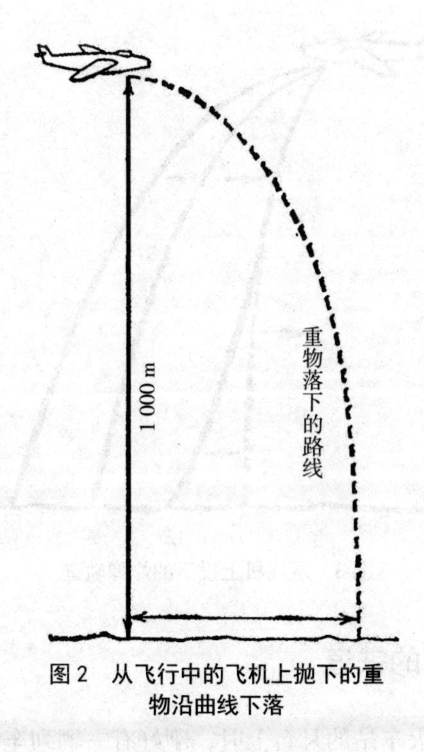

图 2　从飞行中的飞机上抛下的重物沿曲线下落

$$\frac{180\,000}{3\,600}\times 14=700\text{ m}$$

4. 投弹

400 m

经过前一节对物体下落的阐述，我们知道，如果空军的投弹手把炸弹投在事先指定好的位置上，简直是不可能完成的任务：因为他必须要考虑飞机的飞行速度，需要考虑炸弹在空气中的下落条件，同时还要将风速考虑进去。图3中描绘的是从飞机上投下的炸弹在不同条件下的下落轨迹。如果不考虑风的因素，那么炸弹的飞行轨迹就是曲线AF，我们之前已经介绍过出现这种轨迹的原因。而在顺风的条件下，炸弹会被风吹向前面，所以，它的下落轨迹可以用曲线AG表示。在逆风并不强劲，而且上层和下层的大气风向完全相同的情况下，炸弹的下落轨迹就可以用曲线AD表示；如果跟平常一样的话，下层的风向和上层的风向刚好相反（下层是顺风，上层是逆风），那么，炸弹的下落轨迹就会有所改变，我们可以用曲线AE表示。

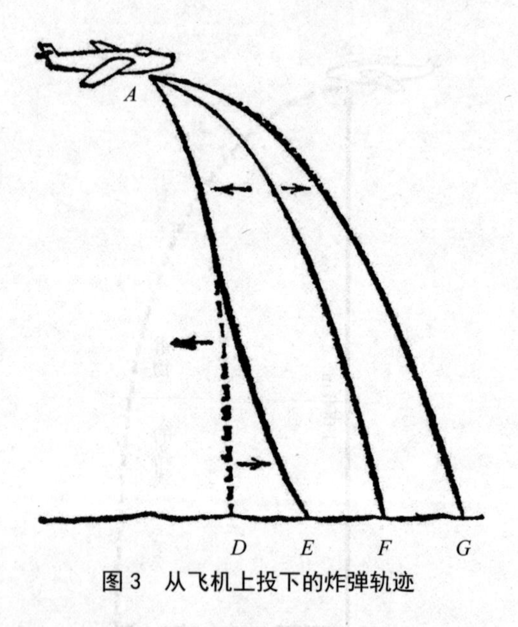

图 3　从飞机上投下的炸弹轨迹

5. 不要停车的铁道

假如我们站在火车站的月台上时，刚好有一辆列车从月台旁经过，我们想在这个时候跳上那趟列车是很难办到的。倘若我们脚下的月台并不是静止不动的，而是处于移动的状态，并且它移动的速度和火车移动的速度以及方向是相同的，那么在这样的情形下，跳上列车还会存在困难吗?

这可以说完全没有难度。如果我们在这个时候跳上火车，相当于跳上了一辆静止不动的火车。只要我们的前进速度和火车前进的速度以及前进的方向保持一致，那么对于我们来说，火车处于一种静止不动的状态。尽管它的车轮依旧在转动，但是在我们看来，那些轮子仿佛是在原地转动一样。从理论上讲，那些被我们看作是处于静止状态的东西（例如停靠在火车站的火车），其实跟我们一样，全都绕着地球进行自转运动，并且与此同时，跟着地球一起绕着太阳进行公转。可是，我们完全感受不到这些旋转运动，并且，我们并未感受到这些旋转的运动给我们带来的影响。

所以，我们应该建造一个这样的火车站：当火车进站的时候，不要让它停下来，而是仍然让它保持之前的速度向前移动，旅客们可以像平常一样，在月台上正常上下车。

我们应该在一些展览会上多采用类似的设备，如此一来，参观者可以既方便又高效地观赏陈列在会场里的展品。我们将会场的两头用一条犹如没有尽头的轨道一样的铁道连接在一起，这样一来，当火车经过的时候，参观者可以毫不费力地上下车。

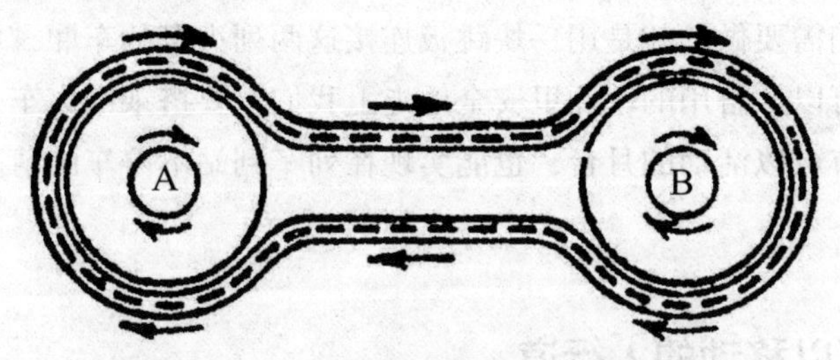

图4　A、B两站间不需要停车的铁道构造

图4向我们展示的就是这样一种非常有意思的构造。其中，我们将会场两头的车站用A和B表示出来。我们在这两个车站的中间放置了一块一动不动的圆形的场子，将一个大转盘摆放在场子的外圈。而在转盘的外围缠上一圈链索，这些链索可以用来挂车厢。当转盘开始转动时，车厢围绕着转盘转动的速度，与转盘外缘的速度保持一致。所以，参观者可以轻而易举地从转盘走到车厢里或是从车厢里出来，走到转盘上。参观者下车后，可以径直向转盘中央走去，直到来到那块静止不动的场子里。我们从转盘的内缘登上那个静止的地方应该不存在困难：因为这里的圆的半径非常小，所以圆周的速度几乎可以忽略不计。当参观者来到中间那块径直的场子后，就可以过桥，从车站离开了（图5）。

假如火车停下来的次数并不是很频繁的话，就能够节省出很多时间和能量。打个比方，城市里的电车几乎将自身能量的三分之二和大部分时间都消耗在了出站时缓慢提速，以及在停车前缓慢降速的运动上。

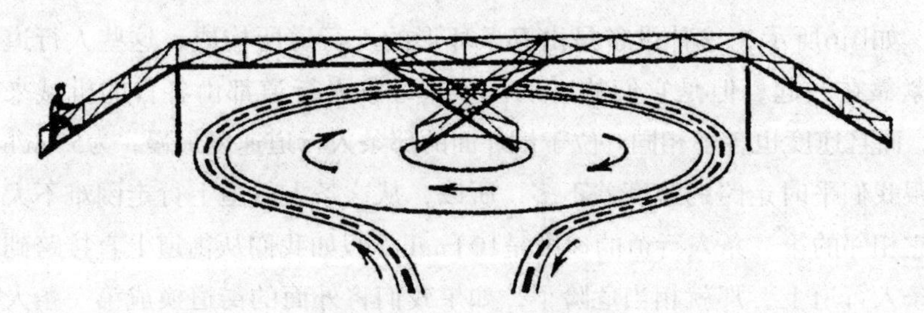

图5　无须停车的火车站

就算我们使用的月台是无法活动的，车站也能保证旅客在火车行驶途中自由地上下车。我们的做法是：让旅客先跳上停在与这列火车处于相同轨道上的另一列火车，然后将这列火车发动起来，并且将它的速度快速提上去，直到车速跟马上进站的火车保持一致。当两列火车实现并列前进的时候，我们需要做的就是用一块跳板连接这两列火车的车厢，如此一来，乘客们就可以从备用的车厢里安全地走上我们需要搭乘的火车，因此，我们即便没有可以活动的月台，也能实现在列车到站不停车的情况下，登上列车。

6. 可以移动的人行道

此外，还有一种所谓的“活动人行道”的设备，也是通过这种相对运动的原理发明出来的；只不过直到现在，我们仍然只在展览会上见过这种设备。

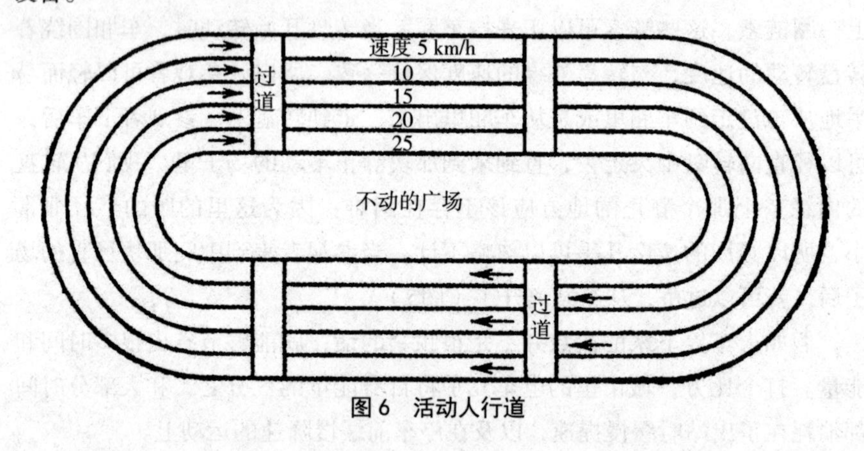

图 6　活动人行道

如图6所示，这种设备是由五条环形的人行道所构成，这些人行道彼此紧靠在一起，但是它们的区别在于，每条人行道都由各自的机械来带动，而且速度也各不相同。位于最外面的那条人行道速度最慢，为5 km/h，这跟我们平时走路的速度差不多，所以，从这条人行道上行走困难不大。跟它相邻的第二条人行道的速度是10 km/h。假如我们从街道上直接跨到第二条人行道上，那就相当危险了，如果我们将外面的街道换成第一条人行道，就不会出什么问题了。实际上，从移动速度为5 km/h的第一条人行道来看，移动速度为10 km/h的第二条人行道也是在做5 km/h的运动。换句话说就是，从第一条人行道跨到第二条人行道，就好比从地面跨到第一条人行道上一样，简直是小菜一碟。我们都知道第三条人行道的速度是15 km/h，所以，从第二条人行道跨上第三条人行道，也是易如反掌的事情。那么从第三条人行道跨到20 km/h的第四条人行道上，以及从第四条人行道跨到移动速度为25 km/h的第五条人行道上时，也应该是小事一桩。而第五条人行道则可以直接把旅客送到他们的目的地。当乘客抵达目的地后，旅客还可以像先前那样从最里面的人行道走到最外侧的人行道，直到他们踏上静止不动的地面为止。

7. 一条晦涩难懂的定律

在力学当中存在三条基本的定律，其中最让人难以理解的要算是第三条——作用和反作用定律了。尽管这条定律大家都知道，而且我们还能在某些情况下合理地运用它，不过，只有极少数的人真正理解了这其中的含义。也许有的读者很快就能理解，但是我不得不承认，我花了整整十年的时间，才把它彻底弄明白。

曾经，我跟很多人探讨过这条定律，而且我不止一次地发现，人们认为这条定律并不是完全正确的。他们认为，相对于一动不动的物体来说，这条定律是正确的，不过，他们并不知道要怎么做才能将它应用到能够相互作用的运动物体上……这条定律规定，作用跟反作用是相等的，换句话说就是，假如一匹马拉着车子，那么，车子也在用同样的力将马向后拉。在这样的情形下，车子不是应该保持静止状态吗，为什么它会向前移动呢？如果这两个力量相等，那么，它们不是应该彼此抵消呢？

关于这条定律，人们会有不同的疑问。那么，这条定律真的正确吗？毫无疑问，答案是正确的，我们质疑它的准确性是因为我们并没有真正地理解它。事实上，这两种力并没有彼此抵消，因为这两种力施加在了不同的物体上：作用力施加在了车上，而反作用力则施加在了马上。尽管这两种力是相等的，但是，力量相等的力产生的作用永远都相同吗？无论什么物体都能被施加相同的加速度吗？难道说，力施加在物体上的作用与物体本身存在关系，却和物体“抵抗力”的大小关系不大吗？

假如将这些问题考虑进去的话，那么，我们就能理解马拉车前行的原因了。尽管施加在马身上的力以及施加在车子上的力是相同的。可是，车有轮子，可以随心所欲地移动，而马却能稳稳地站在地上，所以，马能拉着车子走。我们可以思考一下，假如车无法将反作用力施加在马的身上，那样的话，就算没有马也行，用一个微不足道的力量就能把车拉走。实际上，只有马才能将车的反作用力克服掉。

倘若我们简化一下这条定律，将“作用等于反作用”改成“作用力等于反作用力”，那么，大家就会更容易理解，也会产生更少的疑问。因为这两种力是相等的。考虑到受力的物体是不一样的，所以通常情况下，作用力是不会保持一致的（假如跟平时一样，将“力的作用”理解成物体的位置移动）。

当北极的冰将“切留斯金”号的船身冻住的时候，船舷也同样将相等的反作用力施加在了冰上。发生人间惨剧的原因在于坚不可摧的冰块经受住了船壳的压力，而船身是空心的，根本无法经受这样的压力，于是最终被冰压坏了。

同样地，下落的物体也服从作用力等于反作用力的力学定律，尽管我们很难直接观察到这两种力。苹果下落到地面是因为地球对它产生了引力，而实际上，苹果也在用与之相等的力吸引着地球。准确地说，苹果和地球都在朝着彼此的方向下落，只不过它们下落的速度不尽相同。两个相等的相互吸引力，让苹果获得了10 m/s^2的加速度，至于地球，考虑到它的质量要比苹果大很多，因此它得到的加速度相较于苹果而言，显然小得多，所以，地球向苹果的移动几乎可以小到忽略不计，可以将它看作是零，因此，在通常情况下，我们谈论的苹果掉到地上，而不说“苹果和地球朝着彼此的方向下落”，就是这个原因。

8. 大力士斯维雅托哥尔是怎么死的

你知道大力士斯维雅托哥尔想要举起地球的民歌吗？相传，阿基米德也曾经这么说过，只要找到一个支点，这种壮举是可以实现的。而斯维雅托哥尔全凭自己的力气，他并没有用杠杆。他想找的是一个能用手抓牢的东西，可以让他发挥自己的力量。“给我一个支点，我就能将整个地球撬起来。”巧合的是，这位大力士还真的在地上找到了一个“小褡裢”，而且它很牢靠，既不旋转，也不会被拔出来。

斯维雅托哥尔从马背上跳了下来，

双手紧紧地抓着小褡裢，

将它举过膝盖。

他的膝盖已经下陷到了地里面。

苍白的脸上没有泪珠，却流淌着鲜血。

斯维雅托哥尔深陷于此，再也出不来了。

他的一生就此落幕。

倘若斯维雅托哥尔了解力学的第三条定律的话，那么他就会明白，如果他的两只脚在地面上支撑着他的身体，那么，他用来举地球的作用力就会产生与之相等的反作用力，这个反作用力会不可避免地让他陷到地里面。

我们通过这个民歌可以得知，在牛顿发布他的经典著作《自然哲学的数学基础》的几千年前，人们就已经开始运用力学的第三条定律了。

9. 没有支持的东西可以运动吗

如果我们想要行走，必须用脚推开地板或是地面。假如地板很滑的话，又或是在冰面上行走，那么，我们的脚就不能推了，因此，我们也就无法前行了。火车能够向前行驶的原因是因为它的“主动”轮在推动铁轨，如果想让火车在频繁结冰的地方运动，我们必须采用一些特殊的方法，比如将沙子撒在机车主动轮前面的铁轨上。在铁轨刚发明的时候，铁轨和车轮上都是有齿的，因为人们觉得想要让火车前行，必须让车轮推开铁轨。这样的例子还有很多，比如轮船是用螺旋推进器的叶片将水推开前行的，而飞机则是采用螺旋桨将空气推开向前飞行的。总之，无论物体在什么样的介质里运动，都必须依靠这种介质的支持。假如除了物体本身以外，无法得到任何东西的支持，那么物体还能移动吗？

做这样的运动，跟抓着自己的头发将自己往天上提没什么两样，这是完全不可能做到的。事实的确如此，物体无法通过自身的力量让自己朝前方移动，不过它可以让自身的某一部分朝一个方向移动，与此同时让另一部分朝相反的方向移动。大家肯定都知道飞行的火箭吧？可是，为什么火箭能在天上飞？事实上，这种事例正好可以解释我们现在谈到的这种运动。

10. 火箭为什么会飞

很多人都会错误地解释火箭的飞行原理，研究过物理学的人偶尔也会出现这种情况。他们觉得，火箭能在天上飞的原因，是因为火药在火箭的内部剧烈燃烧，产生了能够在空气中推动自己前进的气体的缘故。在火箭发明之前，绝大多数人都相信这一说法，不过现在火箭早已被发明了出来，可是依旧有那么多人坚信这一说法。要知道，假如火箭在真空的空间里飞行，飞行的效率会更高。由此可见，之前提到的解释并非推动火箭在天空飞行的真正原因。

火箭在天空飞行的情景，跟炮弹滑膛而出朝前方飞去，而炮身却向后方移动的情景完全一致，你还可以想象一下手枪等各种武器在射击时产生的“后坐力”。假如我们让大炮在没有支点的情况下，悬在空中，那么大炮在射出炮弹后，炮身就会开始朝后方移动，我们发现这个速度同炮弹朝前方移动的速度比例，以及炮弹的自身重量同大炮的重量比例保持一致，所以，儒勒·凡尔纳的幻想小说《底朝天》里的主人公，才会想到利用大炮强大的后坐力做一件轰轰烈烈的大事——“将地轴扶正”。

我们还可以把火箭称为大炮，它和大炮唯一的不同是，它射出的不是炮弹，而是火药的气体。中国的轮转焰火能够盘旋着上升的原因跟这一原理相同：将一根火药管装在轮子上，当人们点燃火药后，会向一个方向涌出气体，与此同时，轮子以及装在它上面的火药管，会朝着产生气体的相反方向移动。准确地说，这可以称得上是大家经常见到的物理仪器“西格纳尔”轮的一种变形。

在轮船发明之前，曾经有人设计了一种机械船，它的设计采用了相同的原理。人们将一个力量巨大的压水泵装在了这种船的船尾，它能够将储存在船里的水向船外压出，这样一来，小船就可以利用这种推力持续向前方行驶，这跟我们在中学物理实验中通过洋铁罐（铁罐是浮在水面上的）来证明这一原理的景象如出一辙。这样的设计（由列姆济首次提出）并未投入到实际的使用当中，不过它的出现对轮船的发明起到了至关重要的作用，它的原理向富尔敦暗示了发明轮船完全具备可能性。

早在公元前2世纪，希罗就制造出了世界上最早的蒸汽机，他的设计也是采用了相同的原理：汽锅（图7）里的蒸汽穿过管，来到一个被放置在水平轴上的球里，紧接着，再从两个曲柄管里冲刷出来，朝相反的方向推动管子，开始带动球旋转。不过令人感到惋惜的是，希罗式的蒸汽涡轮机在古代只不过是一种玩具，因为奴隶的劳动力实在太过廉价，人们根本不会想到让机器代替廉价的劳动力。不过让我们倍感欣慰的是，设计这种机械的原理并未被人们抛弃，我们今天能够看到的反动式涡轮机就是根据这个机器原型制造出来的。

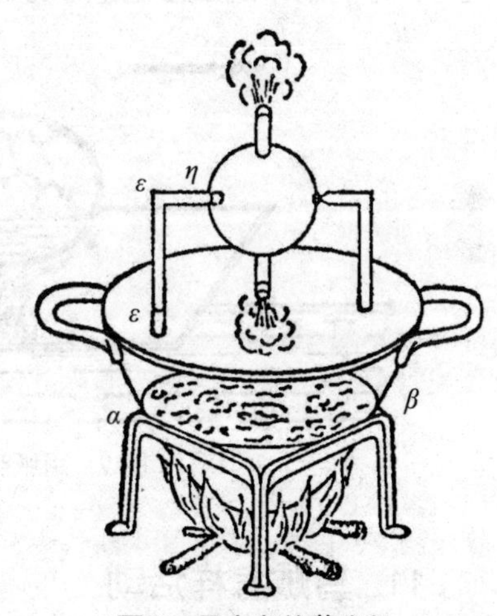

图7　最古老的蒸汽机

此外，最早的蒸汽汽车也是根据这一原理设计出来的，设计者就是发现了作用和反作用定律的牛顿：将汽锅放置在车轮上，从汽锅里发出的蒸汽朝着一个方向冲出去，汽锅凭借不断被反作用力推动，而向前方行驶（图8）。1928年被大肆报道的喷气式汽车就是牛顿设计的变种。

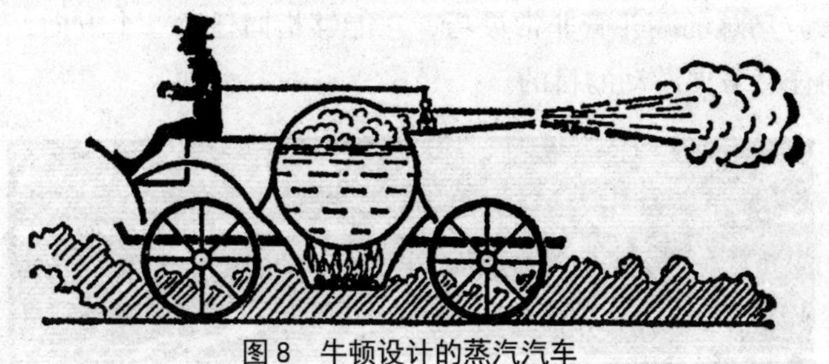
图8　牛顿设计的蒸汽汽车

如果你对这种话题很感兴趣，那么你可以参照图9，自己亲手制作一只纸制的小船。这只小船的运动原理跟牛顿的蒸汽汽车十分相似，我们将一个空的蛋壳当作汽锅，然后将一个顶针放在汽锅的下面，紧接着将一块蘸过酒精的棉花放在顶针里，当蘸过酒精的棉花被点燃后，空蛋壳里的水就会逐渐转化成蒸汽。当产生的蒸汽从其中的一个方向涌出来的时候，这条纸制的小船就会朝着相反的方向前行。但是，你的手艺必须做到精确且灵巧，才能制作出如此有趣的玩具。

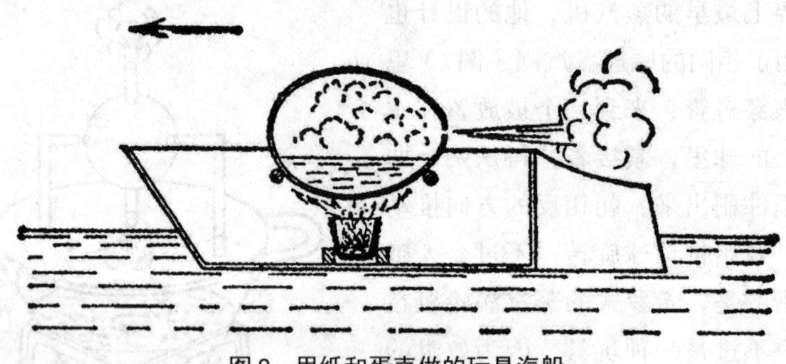

图 9　用纸和蛋壳做的玩具汽船

11. 乌贼怎样活动

倘若你听说，很多生物都可以依靠“抓住头发将自己提起来”的方式在水里自由移动，一定会觉得这简直令人难以置信。

乌贼和绝大多数头足类软体动物都是通过这样的方式在水里游动的（图10）。它们凭借位于身体一侧的孔和前面的形状特殊的漏斗，将水吸入鳃腔，紧接着通过那个特殊形状的漏斗将水挤压出体外。在反作用定律的作用下，它可以得到一个与自己移动方向相反的推力，快速推动自身朝前方游去。乌贼的漏斗管非常灵巧，它能够指向任意一个方向，以便让自己实现向任意方向游动的目的。

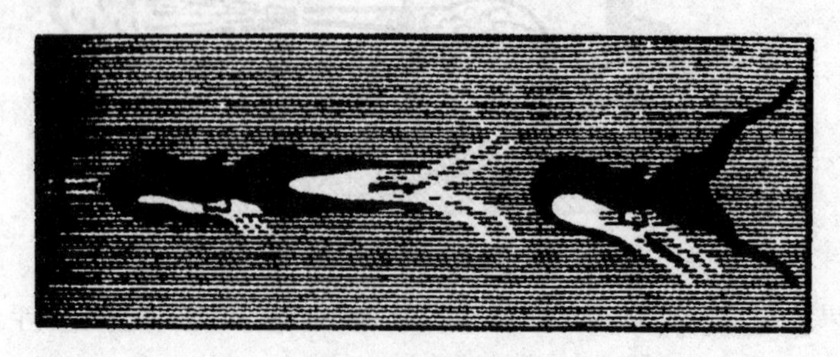

图 10　乌贼的游动

水母的游动方式也是这样的，它们依靠肌肉收缩，让水从它们那犹如钟形般的身体底部排出去的方式，获得一个反方向的推力，并且通过这种推力向前方游动。当蜻蜓的幼虫以及其他一些在水里生活的动物移动时，也会采用类似的方法。你在阅读过这一节后，还会认为这样的运动方式是不可能存在的吗？

12. 乘火箭到星球上去

还有什么事情比离开地球奔向广阔无垠的宇宙进行空间旅行，更让人感到血脉贲张的吗？我们不妨设想一下，从地球飞向月球，从一个行星飞向另一个行星……伏尔泰的《小麦加》、儒勒·凡尔纳的《月球旅行记》《赫克特尔·雪尔瓦达克》以及威尔斯的《月球上的第一批人》，还有很多作家的很多作品，都描写了令人兴奋的宇宙旅行，让人心驰神往。

长期以来，幻想进行星际旅行的人多到数不过来，难道这种想法没有实现的可能吗？从现实角度讲，小说里描写得出神入化、让读者身临其境的情景，都没有实现的可能吗？我们会在后面介绍一些关于星际旅行的可采用的合理设计，现在先来介绍一下，已故的著名苏联科学家齐奥尔科夫斯基设计的第一艘宇宙飞船。

我们可以乘坐飞机飞到月球上去吗？显然是不可能的。因为飞机是靠推动空气飞行，而地球和月亮之间并没有空气。在整个宇宙当中，不存在任何可以支撑星际飞船飞行的介质，所以，我们设计出的飞行器必须在不依靠任何介质支撑的情况下，实现自由移动和驾驶。

我们都对火箭非常了解。那为什么不制造一个巨型的火箭，将人、食物、空气筒以及各种日常必需品装进去呢？假如我们有办法让火箭携带大量的燃料，而且可以自由地操控可爆炸的气体，那么，我们指向哪个方向，火箭就会向哪个方向冲出去。这样一来，我们就真正地拥有了一艘可以实现星际旅行的宇宙飞船。想要向宇宙空间进发？想要登上月球或是其他的行星？只要坐在火箭里就行了！气体产生的爆炸力由坐在火箭里的人进行操纵，这样一来，我们可以逐渐让星际飞船加速，并且火箭的增速并不会对他们产生什么不良的影响。如果他们想要降落到某个行星上，他们只需调转飞行器的顶部的方向，将飞行速度逐渐减慢，然后缓慢地降落就可以了。最终，他们还可以利用相同的方式返回地球。

我们不妨回想一下，就在不久以前，飞行家还在蹑手蹑脚地进行飞行器的首次试飞，而现在，我们乘坐的飞机可以在高空任意畅游，飞跃高山、大陆、沙漠以及海洋。可想而知，几十年以后，星际航行说不定会像飞机一样蓬勃地发展起来！等到那个时候，人类可以挣脱那条长久以来将他们束缚在地球上的无形枷锁，奔向那无边无际的宇宙空间。

第二章

力·功·摩擦

1. 关于天鹅、虾和梭鱼拉车的话题

我们都对“天鹅、虾和梭鱼拉车”的寓言故事非常熟悉，不过假如我们从力学的角度观察这则寓言，那么，我们得出的结论是不同于作者的。

我们在这里谈到的是合成角度不同的作用力的问题。在上面谈到的这则寓言中，三种作用力的方向分别是：

天鹅向空中拉，虾往后面拉，而梭鱼则往水里拉。

如图11所示，向上的力——天鹅的拉力（OA），向侧下方的力——梭鱼的拉力（OB），向后的力——虾的拉力（OC）。我们还要记住，在这个例子中，出现了第四个力，那就是重力，它的作用方向是垂直向下的。寓言中声称“货车自始至终都停在原地不动”，也就是说，三种动物施加在货车上的合力等于零。

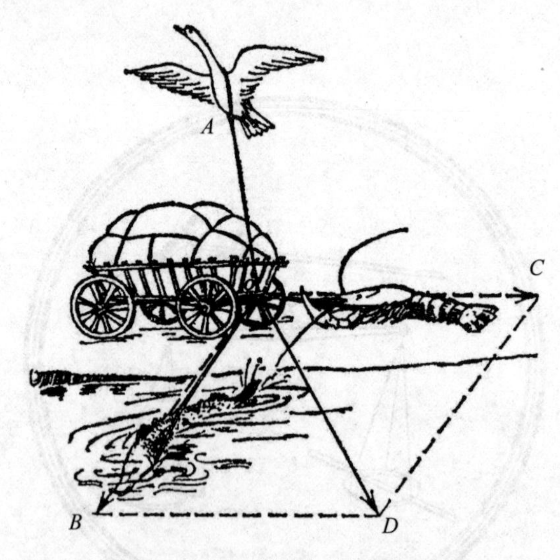

图 11　寓言故事中的物理知识

事实真的是这样吗？我们不妨来看一下，天鹅向上的拉力不但不会影响到虾向后的拉力以及梭鱼向下方的拉力，甚至减轻了它们的负担：货车的重力方向恰好同天鹅施加的拉力方向相反，所以，它减轻甚至将货车的重量彻底抵消了（事实上，货车并不是很重），寓言中出现过这样一句

话，“货车的重量在它们看来，真的非常轻”，所以，车轮与地面以及车轴之间的摩擦就会减轻。为了让我们的计算不是那么复杂，我们假设天鹅的拉力将货车的重量彻底抵消了，如此一来，三个力还剩下两个——虾的拉力和梭鱼的拉力。寓言中描述道：虾的拉力方向是朝后方的，而梭鱼的拉力方向则是朝向水里的。我们不必多说，车的前方肯定不会有河水，它肯定在货车的某一个侧面位置（克雷洛夫寓言中的拉车者不会平白无故将车拉到水里去）。换句话说，虾和梭鱼的拉力之间是存在一定角度的。倘若两个力并没有施加在同一条直线上，那么它们的合力肯定比零大。

通过力学法则，我们以OB和OC两个力为边画出一个平行四边形。它们的作用力之和就是这个平行四边形的对角线OD。显而易见，这样的合力应该能够让货车发生位置上的改变，尤其是在天鹅的拉力将货车的全部或部分重力抵消时，效果更加明显。我们还有一个问题，那就是货车的移动方向是向前、向后，还是向侧面呢？它的移动方向完全由这三个作用力之间的关系以及彼此之间形成的角度而定。

我们的读者中做过力的合成以及分解运算的人应该不难得出结论：车子的重力并不会被天鹅的拉力抵消，车子也不会一动不动地停留在原地。唯一能够让车子停在原地的条件就是：车轮与车轴以及路面之间的摩擦力比那几个作用力之和还要大。但是如果将这个条件跟寓言里谈到的“货车的重量在它们看来，真的非常轻”相比较，我们会发现它们并不相符。

不管怎么说，克雷洛夫所说“车子自始至终都停在原地不动”是不对的。但是，这样的细节并不会影响我们体会这则寓言的寓意。

2. 克雷洛夫对力学原理的背离

克雷洛夫寓言的中心思想是：如果同伴之间做不到心齐，就什么事情也做不好。我们可以通过刚才讲到的例子得出结论，他的思想跟力学原理是相矛盾的。虽然几个力的方向不同，但是说不定也会产生一些效果。

克雷洛夫曾经对蚂蚁赞赏有加，称它们是劳动者的楷模，不过蚂蚁的工作方式却鲜为人知，事实上，它们的工作方式正是我们这位寓言家嗤之以鼻的模式。不过，它们的工作模式非常成功，这是遵循力的合成规律的结果。如果我们认真观察蚂蚁是如何进行工作的，就会发现，表面上看，它们是在进行团队协作，但是每只蚂蚁都有着自己的工作，它们并不会帮助其他的同伴。

一位生物学家形象地描述了蚂蚁的工作方式：

在一块平地上，数十只蚂蚁正在拖拽一个猎物，看上去每一只蚂蚁都拼尽了全身的力气，全身心地进行着团队协作。但是，如果它们拖拽的猎物被类似毛虫之类的障碍物阻挡了前进的道路，必须进行绕行的时候，你可以发现，无论身边的同伴在做什么，每一只蚂蚁都只顾着自己，它们埋头拼命死拽，期望能够快点通过障碍物（图12和图13），它们有的向右边拖拽、有的向左边拖拽、有的向前边拖拽、有的向后边拖拽，完全就是无组织的行为。通常情况下，它们会对衔毛虫的部位以及拖拽的方向做出调整，举个例子，如果四只蚂蚁都朝着相同的方向拖拽毛虫，而六只蚂蚁则向其他的方向进行拖拽，如此一来，在合力的作用下，毛虫会向六只蚂蚁施加作用力的方向移动，因为四只蚂蚁施加的作用力小于六只蚂蚁施加的作用力。

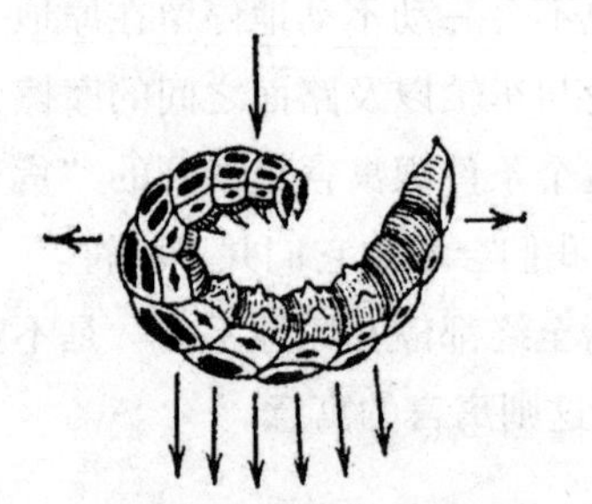

图 12　蚂蚁怎样拉毛虫

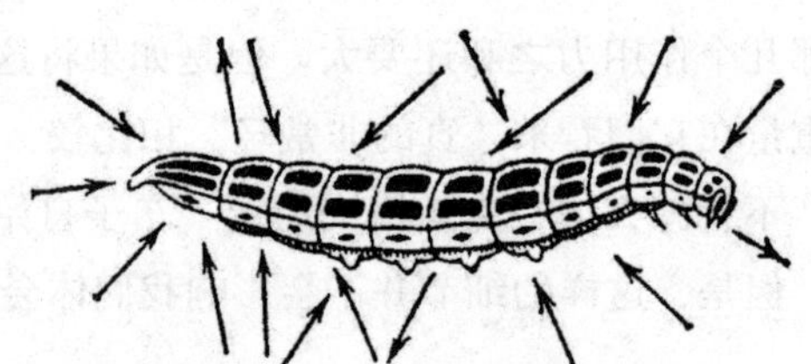

图 13　箭头指的是蚂蚁的用力方向

我们不妨再举一个例子，这个例子更适合证明蚂蚁绝不是协同工作的典型（它摘自另一位生物学家的著作）。图14向我们展示的是25只蚂蚁正在拖拽一块形状为长方形的奶酪。奶酪用极慢的速度向位于箭头A方向上的蚁窝挪动。根据我们的常识判断，前面的蚂蚁施加的拉力一定是向前的，后面的蚂蚁施加的推力肯定也是向前的，而位于两侧的蚂蚁施加的力也是向前的。但是，事实并非如此，证实这种判断很简单：准备一把刀片，用它将奶酪后面的蚂蚁统统隔离开，这样一来，你会发现奶酪比原来移动得快很多，因为奶酪后面的11只蚂蚁施加的拉力并不是向前的，而是向后的，它们向后拖拽的目的也是要把奶酪拖拽到蚁穴里去。如此一来，对于前面的蚂蚁来说，后面的蚂蚁非但帮不上什么忙，反倒是给大家拖了后腿，将前面蚂蚁的拉力抵消了一部分。四只蚂蚁能够完成的任务，却用了足足25只蚂蚁，就因为它们施加的力方向各不相同。

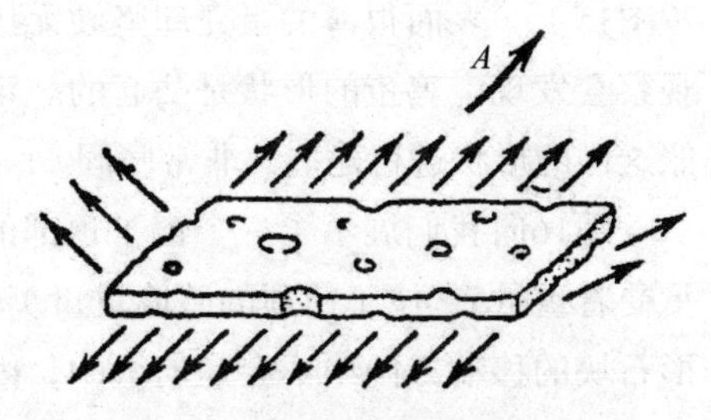

图14 一群蚂蚁如何将奶酪沿着方向 A 拖到蚁窝

其实在很早以前，马克·吐温就发现了蚂蚁独特的工作特征。他曾经描述过一只蚂蚁在发现了一根蚂蚱腿后，找来它的一个同伴帮它一起拖走蚂蚱腿的故事。他是这样描写的：

“其中一只蚂蚁咬住了蚂蚱腿的一端，另一只蚂蚁咬住了蚂蚱腿的另一侧，它们开始用力地拽，咦？它们拖拽的方向不一致啊。两只蚂蚁都意识到了事情有些不太对头，可是又不知道是什么原因导致了这样的情况，所以这两只蚂蚁大吵了一架，甚至演变成了拳脚相加。最后它们又和好如初，接着拖拽蚂蚱腿，依旧朝着不同的方向。此时，那只在打斗中负伤的蚂蚁对猎物不离不弃，将自己绑在蚂蚱腿上，没办法，那只毫发未损的蚂蚁只能拼尽全力拖走猎物以及这个讨厌鬼。”

因此，马克·吐温用幽默的表达方式描写道：“认为蚂蚁的工作方式是正确且具有效率的家伙，往往是那些经验少，还喜欢不加思考妄下结论的自然科学家。”

3. 把蛋壳弄碎很容易吗

《死魂灵》中有一个人名叫吉法·摩基维支，这个人有一个特点，凡事喜欢打破砂锅问到底，他特别喜欢研究世间的各种哲学理论。曾经，他思考过这样一个问题：“如果大象可以产下蛋，那么这样的蛋肯定刀枪不入，坚硬无比！如此一来，我们只能发明威力更加强大的武器了！”

如果果戈理描写的这位哲学家知道表面很薄的蛋壳却坚硬无比，肯定会被吓得瞠目结舌。倘若我们用双手紧紧地攥住鸡蛋，要通过使劲按压鸡蛋两侧的方式把鸡蛋弄破绝非一件易事，必须用极大的力气才有可能做到

（图15）。表面很薄的蛋壳却坚硬无比的原因在于它的形状，你如果仔细观察会发现，鸡蛋的形状是凸起的。正因如此，穹窿和拱门建筑物也都按照这样的形状进行建造，非常坚固。

图16向我们展示了一个窗子顶部的石拱。位于拱门中央的楔形石块*M*承受着重量*S*（位于窗顶的砖墙重量），我们用箭头*A*表示这样的压力。楔形石块的移动方向绝不会是向下的，因为承受重力的两块石块必须是相邻的，所以，在平行四边形的规则的作用下，力*A*被分解成了两个力，我们分别用箭头*C*和*B*来表示它们。由于受到相邻的两块石块的阻力影响，这两个力被抵消了，同样地，这两块石块也受到了来自于相邻的石块的阻力影响，所以，拱门在受到外力的作用下，并不会被轻易毁坏。不过，倘若它承受的力是由内向外发出的，那么破坏它就会变得非常简单，毕竟楔形石块的形状非常特别，虽然它能防止物体下落，但是对于物体的上升，它就无能为力了。

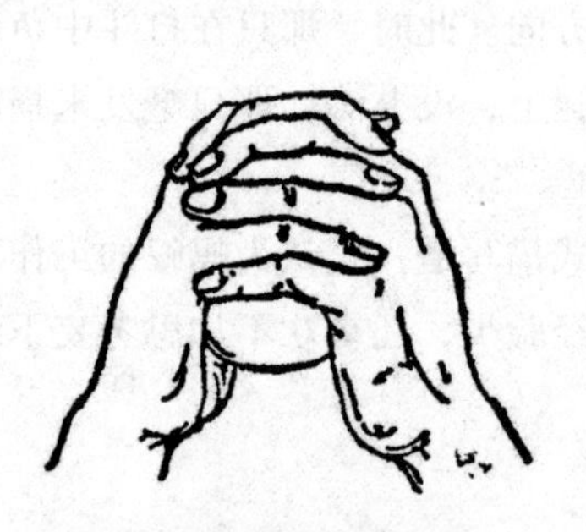

图15　这样的鸡蛋壳，想让它碎裂需要很大力气

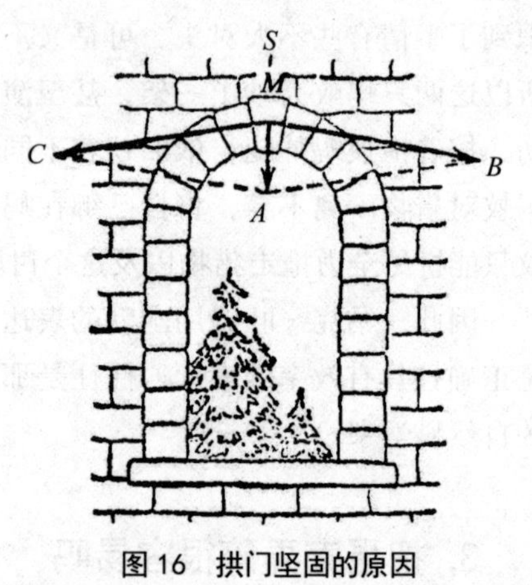

图16　拱门坚固的原因

事实上，如果我们注意一下蛋壳的结构就会发现，它的构造也是拱形的，只不过它的拱形是一个整体，而不是我们想的那样由数个部分组成，即便受到外力的压迫，也很难被压碎，看上去完全不像一个很脆弱的物体。如果我们将四个生鸡蛋分别放到一个奇重无比的四角桌的底下时，蛋壳也不会被压碎（在做这个试验时，推荐将易黏附石灰质蛋壳的石膏黏在鸡蛋的两侧，保证鸡蛋不倒下来，并且让它的受压力面扩大）。

或许我们现在能够理解为什么母鸡从不担心自己压在鸡蛋上会把蛋壳

压碎，而刚出生的，弱不禁风的雏鸡只要用小嘴轻轻地啄一下蛋壳，就可以非常顺利地将蛋壳啄破的原因了。

我们用茶匙轻轻地敲击下蛋壳，它在一瞬间就碎裂了。可是，这么坚硬无比、可以承受自然界中令人难以想象的压力的蛋壳是为小雏鸡的成长保驾护航的坚强护盾。

如果我们提到电灯泡，肯定会认为它也是个很脆弱的物体，事实上，它和鸡蛋一样，非常坚固，它的道理跟蛋壳如出一辙。甚至，电灯泡比鸡蛋更加坚固，这到底是什么原因呢？众所周知，差不多大部分电灯泡（真空式的，而不是充气式的）都是真空的，由于它的内部没有空气，因此无法抵消外面空气的压力。实际上，外部空气的压力非常强：假如一个直径为10 cm的电灯泡的两侧能够承受75 kg以上的压力（一个普通人的体重）。经过试验我们得出结论，采用真空结构的灯泡承受的压力竟然是它的2.5倍。

4. 帆船为什么可以逆风而行

我们很难理解帆船是怎么做到在逆风的条件下出航行驶的（船手们将它称为顶着前侧风行船）。坦白地说，船员会跟你这样解释：帆船在正面遇到风的时候是没有办法出航的，但是如果帆船和风向的夹角是锐角时，就具备了出航的条件。不过这个锐角只有直角的四分之一，换句话说就是22° ，我们肯定觉得这个锐角也太小了，正面迎风跟风呈22° 夹角出航同样让人觉得难以置信。

不过，从理论上讲，这两种情况是有差异的。我们现在不妨来阐述一下当帆船同风向呈现的夹角很小时，是怎样凭借吹拂的海风迎风前行的。首先，我们来观察一下，通常情况下，海风是怎样影响船帆的，换句话说，当船帆承受海风的吹拂时，它会被海风推向何处。我们或许会这样说，船帆前行的方向与被海风吹拂的方向是一致的。事实上这并不正确：不管海风吹向何处，它都会跟帆面产生一个垂直的力，并且以此来带动帆船前行。

这其中真正的原理是：我们假设图17中的箭头代表的是风向，船帆用线段AB表示。考虑到整个帆面都会受到风力的作用，因此我们把风力的

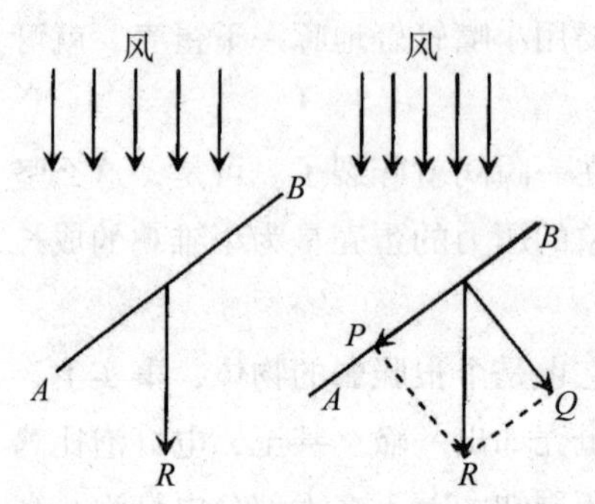

图17　风吹动帆的方向总是与帆呈直角

作用点安放在帆的中间位置，用字母R表示。这个力能够被与帆面保持垂直的力Q以及同船帆保持水平的力P分解。船帆无法接收来自力P的作用，因为风与帆面之间无法产生足够的摩擦力。而力Q之所以能够推动船帆，是因为它和船帆呈的夹角是直角。

我们了解了这一点后，就能够理解为什么呈锐角的帆船能够顶风前行了。

我们设想一下，如果我们将图18中的线段看作是船的龙骨。而那些箭头是风吹拂它的方向。帆面用线段AB表示。当我们将船帆转动起来，让帆面同龙骨以及海风吹拂的方向刚好处在角的平分线上，之后再来观察一下图18中的力是如何被分解的。力Q代表风施加在帆上的作用力，众所周知，这个力应该垂直于帆面。我们将这种力分解为两个力——力R以及力S，力R的方向垂直于龙骨线，而力S的方向则顺着龙骨线朝前方移动。如果船沿着B的方向前行，会承受相当强的阻力（龙骨吃水很深），因此，它会将力R彻底抵消。如此一来，朝向前方的力S成了唯一对船帆产生推动作用的力，我们会认为帆船是在顶风前行，通常情况下，此时帆船的移动轨迹会呈现出“之”字形，正如图19向我们展示的那样。这种现象被船员们称为顶风折线前行。

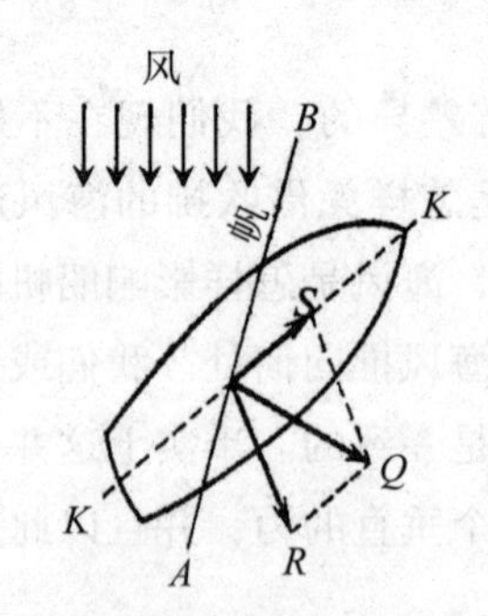

图 18　帆船是如何逆风而行的

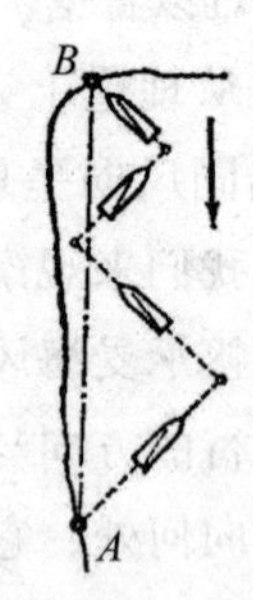

图 19　帆船逆风曲折行驶

5. 阿基米德真的可以撬动地球吗

据说发现了杠杆原理的古希腊著名科学家阿基米德曾经说过一句慷慨激昂的话，那就是“给我一个支点，我可以撬起地球”（图20）。波卢塔克的著作中还对阿基米德进行过这样的阐述：“曾经有一次，阿基米德写了一封信，寄给他的亲戚和朋友叙古拉萨国王希伦。那封信里写道，如果给他一个支点，什么样的重物他都能挪动。他证明力的无限作用已经达到了疯狂的程度，他除了说过撬动地球的话以外，还放出豪言，倘若再给他一个地球，他就能在另一个地球上面挪动我们赖以生存的地球。”

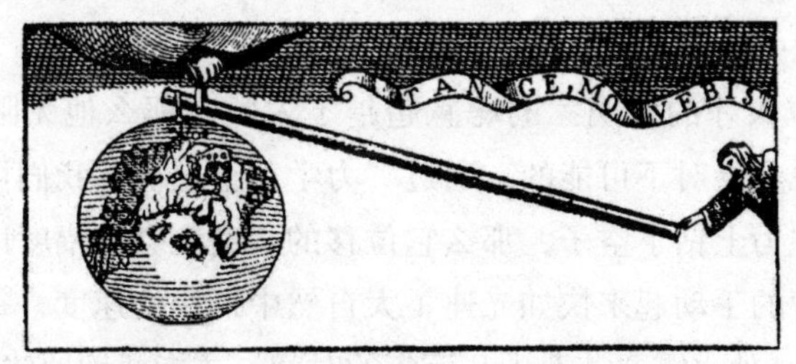

图20 “阿基米德使用杠杆撬动地球”

阿基米德是这样解释的，如果他有一根杠杆，就能抬动所有的物体，即便他使的力是最小的。我们只需把这个力作用在长力臂上，而让重物承受短力臂的作用，所以，他觉得仅凭自己的双手按压一根奇长无比的杠杆的力臂，就能轻易抬起很重的物体，即便重物的质量等同于地球。

不过，这位伟大的力学家并不知道地球有多大的质量，如果他知道了，绝对不敢再放出这样的豪言壮语。我们不妨设想一下，如果我们真的给阿基米德一个地球，让他拿那个地球作为支点，而且，他神奇般地制作了一根超长的杠杆。那么，你可以猜测一下，如果把跟地球同质量的重物抬高1 cm，究竟需要花费多长的时间？让我来告诉你答案吧！要想做到这一点，至少需要三十万万万年！

事实上，我们知道地球的质量到底是多少，如果我们把这个跟地球质量相同的重物放在地球上进行称重的话，那么它的重量差不多是：

6 000 000 000 000 000 000 000 t。

如果一个人在不借助外力的作用下，能够举起的重物达到60 kg，那么他想将“地球抬起来”，就必须准备一根长度长到令人无法想象的杠杆，它的长力臂须是短力臂的100 000 000 000 000 000 000 000倍。

经过一些简单的运算，我们可以得出以下结论，如果将短力臂抬高1 cm的话，需要在茫茫的宇宙里画出一条大到几乎没有边际的弧线，这条弧线的长度大约为：1 000 000 000 000 000 000 km。

如果阿基米德打算抬高地球哪怕只有1 cm的高度，那么，他那只向下压杠杆的手位移的长度简直超乎了人们的想象！要想做到这一点，大约需要用多久呢？举个例子，倘若阿基米德可以在1 s的时间里将60 kg的重物抬高1 m的话，那么，如果他想把地球抬高1 cm，需要的时间则达到了惊人的1 000 000 000 000 000 000 000 s，换算成年的话，就是三十万万万年啊！即便阿基米德一辈子都在拼命地向下压杠杆，把地球抬起的高度也远不及最纤细的头发丝……

就算这位天才的发明家的聪慧超越了人类，那么他无限地压缩撬动地球的时间也是绝对不可能的。通过"力学黄金定律"我们可以得知，如果一种机器在力上钻了空子，那么它位移的长度就会大幅度增加，所以，就算阿基米德的手动起来快如光速（大自然中最快的速度，每秒能够移动300 000 km），他也需要花费十几万年的时间，才能撬动地球1 cm。

6. 儒勒·凡尔纳笔下的大力士与欧拉公式

对儒勒·凡尔纳小说中出现的大力士马蒂夫，你还有印象吗？"他的身材高大，脑袋大得出奇，胸腔犹如铁匠炉的风箱一样喘着粗气，双腿跟巨大的水柱一样健壮，肩膀硬得像起重机一样，而说到拳头，那简直就是两个大铁锤。"在《马蒂斯·桑多尔夫》这部小说中，描写了很多关于这位大力士的奇闻逸事，也许你还对那件事记忆犹新：天生神力的他硬是用那双大手将正在滑下水的"特拉波科罗"号给拉了回来。

下面这则故事是由原作者亲笔写的：

船很快就要下水了，就在此时，人们已经将支撑船身两侧的重物挪走了，当我们把缆绳解开后，船自然而然会下落到海面上。船龙骨的底部仍然有六名工人在进行着最后的调试工作。周围聚了一群喜欢凑热闹的人，他们目不转睛地观察着他们。与此同时，一只快艇从一块浅滩地驶了出来，它绕过了海岸。后来我们得知，这只快艇需要进港，它必须从停靠在船坞前的“特拉波科罗”号下水之前通过这里。快艇发出的信号，很快吸引了工作人员的注意，为了不出乱子，他们迅速终止了“特拉波科罗”号下水的命令。他们必须让这艘快艇先行通过这里，否则，这艘快速冲刺过来的快艇的行进路线会被“特拉波科罗”号完全挡住，这两艘船就会不可避免地撞到一起，从而酿成大祸。

工人们立刻将手上的铁锤放下来，不再继续工作。大家齐刷刷地把目光投向了这只无比奢华的快艇，在阳光的照耀下，它的船帆闪烁着金色的光芒。顷刻之间，快艇出现在了船坞正前方的位置，上千名在船坞上工作的人被眼前的情景吓了一跳。他们中有人突然大声叫了起来，“特拉波科罗”号开始剧烈地摇晃，天啊，它快要坠下去了，与此同时，快艇正在全力向它的舷部冲刺！如果不做出补救措施，那么这两条船的剧烈相撞就会变得不可避免，更糟糕的是，现在工人们再做什么补救措施也已经为时已晚。“特拉波科罗”号开始顺着那个斜坡迅速地向下滑……此时，船底开始产生剧烈的摩擦，于是一团团的白烟从船头冒了起来，海水已经将船尾彻底掩盖（将船放下水的时候，船尾在前面）。

就在这刹那间，出现了一个人，他将系在“特拉波科罗”号船头的缆绳紧紧地抓在手里，然后拼命地蹲下身子，试图将它拉起来。他仅仅用了一分钟的时间，就将缆绳紧紧地绑在钉在地里的铁桩上。他铤而走险，用超乎常人的力气拼命地拉住了缠绕在桩上的缆绳尾部。缆绳在大约坚持了十秒钟左右，就彻底断开了，尽管十秒钟非常短暂，但是却挽救了快艇以及快艇上的人，顺利地通过了这里。

快艇躲过了这场灾难。那个突然冲出来实施救助的人叫马蒂夫，他的救助太过迅速，以至于让其他人感到措手不及，所以，大家都没帮上什么忙。

倘若有人对儒勒·凡尔纳说这根本算不上什么大事，叫马蒂夫那样的大力士来帮忙实在是大材小用了，那么，我们这位科幻小说家一定会觉得不可思议。事实上，只要是聪明的人，都能处理这样的紧急情况。

通过力学原理我们得知，只要我们将绳索缠绕在桩上，就能通过滑动产生巨大的摩擦力。而且，摩擦力会随着缠绕的圈数的增加，而逐渐增强，如果我们用算术的级数来形容缠绕的圈数的话，那么摩擦力的增强就得用几何级数来表示了，增加摩擦力的规律正是如此，所以，如果我们在某个固定的桩子上将绳索缠上3～4圈的话，那么就算是没什么力气的小孩子也可以通过抓住绳索的方式将沉重的物体托起来。

很多小孩子都是通过这样的方式，在河岸的轮船码头上，将载有上百名乘客的轮船托起来。他们之所以能做到这一点，并不是因为他们的臂力惊人，而是因为桩子和缆绳之间存在摩擦力。

18世纪，声名远扬的数学家欧拉曾经就摩擦力与缠绕在桩上的绳索圈数的关系进行过一系列的计算。我们现在将欧拉计算出的公式放在下面，以便让研究过代数语言的读者进行参考：

$$F=fe^{ka}$$

我们用公式中的f来表示施加的作用力，F表示对它产生阻力的力，e值为2.718……（自然对数的底），绳索与缆桩之间的摩擦系数用k来表示，缠绕的角度，也就是缠绕绳索形成的弧长与弧的半径形成的比率用a来表示。

我们将这个公式放到儒勒·凡尔纳笔下的那个故事中，就会得出令人瞠目结舌的结果。原来沿着船坞的下坡向下滑动的船对缆绳产生的拉力就是力F。小说中介绍过船的重量为50 t。如果船坞的斜度为$\frac{1}{10}$，那么船的重量并不会完全作用在缆绳上，而只是自身重量的$\frac{1}{10}$，换句话说就是5 t或是5 000 kg。

接下来，我们对k的数值进行一下设置，也就是缆绳和桩子之间的摩擦系数，当时，马蒂夫在桩子上绕了3圈的绳索，如此一来，计算出a的数值变得非常容易：

$$a=\frac{3\times 2\pi r}{r}=6\pi$$

r在这个公式中代表的是桩子的半径。如果我们把之前的数值代入这个公式中，可以得出如下等式：

$$5\,000=f\times 2.72^{6\pi\times\frac{1}{3}}=f\times 2.72^{2\pi}$$

未知数f（也就是所需的力量）能够用对数计算出来：

$$\log 5\,000=\log f+2\pi\log 2.72$$

我们可以因此得出：f=9.3 kg

因此，这个大力士要想将缆绳拉起来，需要的力量连10 kg都不到，看来当英雄还真是简单啊！

但是你千万别觉得10 kg只是理论猜测，事实上，我们需要的力比这小得多。我们通过计算得出的这个数值算是保守数值了，因为古代的人系船通常用木桩和麻绳，这两者之间产生的摩擦系数k比我们之前引用的数值还要大，显而易见，当时的工人采用的木桩应该非常坚固，绳索也能够承受非常大的拉力，因此，如果瘦弱的小孩在桩上缠上3～4圈的绳索后，就可以替代儒勒·凡尔纳笔下的那位大力士了，或许那个孩子还能做得更出色。

7. 怎样打结才能系得牢

毫无疑问，在日常生活中，我们经常因为欧拉的公式而获得好处。举个例子，打结大家都知道，就是将一条绳子的一端当作桩，然后在它的上面缠上绳子的剩余部分。打结的样式多种多样，比如，普通的结，例如水手结、纽带结以及蝴蝶结等，它们的结构坚固，因为摩擦力起到了关键的作用。将绳子打结和在前一节里描述的在桩子上缠绕缆绳的道理如出一辙，就是增强摩擦力。任何结都会有一些匝，我们观察到这一点后，就会得出这样的结论：随着匝和转角的数量增多，结也随着系得更牢。

缝衣服的师傅刻意将这样的原理运用在钉纽扣上。他们先把线绕上数圈，然后将它拉断，如此一来，我们只要保证线足够结实，钉上的纽扣就不会轻易掉下来。想要解释这种现象，我们必须引出一个法则，我们在之前提到过这样的例子：线的匝数呈现算术级数的增长，相对的，纽扣的稳固程度的增长却是几何级数的。

倘若它们之间不存在摩擦，那么就连纽扣也派不上用场了，因为在纽扣的重力作用下，线会不可避免地出现脱落的现象，所以，纽扣的下落也是理所当然的。

8. 倘若没有摩擦

如果你细心观察我们周围的事物就会发现，摩擦现象经常出现在我们的身边，有时候这种现象会让我们感到措手不及。我们甚至忽视了某些对我们来说非常重要的摩擦现象。但是，倘若在我们生活的这个世界里，不存在摩擦现象的话，那么我们生活中的方方面面都会发生翻天覆地的变化。

著名的法国物理学家希洛姆曾经关于摩擦力的作用进行过如此栩栩如生的描述：

读者们肯定都有在冰面上走路的经历，你们肯定会用尽一切办法防止自己摔跟头，甚至不惜牺牲自身形象，做出各种滑稽的动作，而这一切都是为了稳住自己的身体。必须承认，我们平常行走的地面非常平整，这就是为什么我们可以毫不费力地在路面上保持身体平衡。当我们在如冰面一样的路面上专心致志地骑自行车时，或是发现在柏油路上飞奔的马摔了个底朝天时，也会产生这样的想法。如果我们想要弄明白这其中的原理，就必须好好研究一下摩擦力的作用。工程师们想尽一切方法将机器部件之间的摩擦去掉，他们取得的效果还算让人满意。在应用力学中，摩擦力通常会被认为是不好的现象，这并没什么不对，但是，这种看法仅存在于极少数特殊的领域内。在绝大多数的条件下，摩擦应该成为我们需要感谢的对象，如果没有它，我们就连走路、坐着以及工作都会变得艰难无比。书本以及墨水瓶会掉落到地面上，桌子会一直滑到墙的角落里去，钢笔会挣脱我们的手。

在我们的日常生活中，产生摩擦的现象非常常见，通常在我们遇到麻烦的时候它都是不请自来，当然了，极少数的个例除外。

稳定度在摩擦力的作用下能够得到增强。木工将地板刨平，正是因为桌椅必须在地面平整的情况下，才能维持原位不动。如果轮船不产生晃动的话，放在船里的桌子上的杯盖就能牢牢地扣住杯子，因此，我们就不用总是惦记着它。

我们不妨假设一个不存在摩擦力的情况。在这样的情况下，无论是庞大的石块还是肉眼几乎看不到的沙粒都会因为彼此之间失去支撑，而纷纷出现滑动和滚动的现象，最终，它们会像一块地毯一样铺在地上。如果摩擦力彻底消失，那么地球就会成为一个纯平的球体，犹如一堆难看的泥巴。

以上便是希洛姆对摩擦力的描写，我们可以往里面添加一些东西：如果钉在墙上的钉子和螺丝失去摩擦力，它们就会掉到地面上，我们再也无法将东西牢牢地拿在手里，暴风和声响将会永不停歇。在这样的情况下，我们的房间里将会出现永不消逝的回声，因为没有了摩擦力，我们无法减弱在墙壁间反射的回声。

我们每一次在光滑的冰面上走路时，都会清楚地意识到摩擦力是不可或缺的。倘若我们在马路上行走时碰到了光滑的路面，那可真是不走运了，因为我们随时都有可能摔个人仰马翻，下面是我们从报纸（1927年10月份）上节选的一篇报道：

伦敦21日讯，今天伦敦的街道上出现了非常厚的冰层，严重阻碍了街车和电车的正常行驶。此外，大约有1 400人因为把四肢摔坏，被送入医院接受治疗……

三辆汽车和两辆电车在海德公园附近，发生了严重的碰撞，导致油箱爆炸，所有的车辆全都被炸毁了……

巴黎21日讯，巴黎以及近郊的道路变成了光滑的冰面，严重的交通事故接踵而至……

但是实际上，冰面的摩擦力真是微乎其微，我们还可以将它行之有效地运用在应用技术上。我来举一个常见的例子，想必读者们都见过雪橇，冰路的运输线充分利用了摩擦力这一点，我们把木材放在这条线路上，将它们从伐木场运到铁路站或是转运站，事实证明这种选择是正确的，因为，在这样的线路上，两匹马可以拉动的装有重物的雪橇重量多达7 t（图21）。

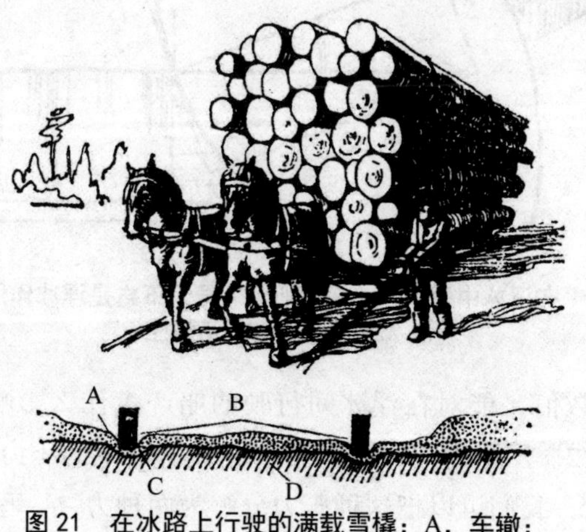

图21　在冰路上行驶的满载雪橇：A，车辙；B，滑木；C，被压实的雪；D，土质路基

9. "切留斯金"号失事的物理学原因

读者不要因为看过上一章就认为：在任何的情况下，物体与冰之间的摩擦力都是微乎其微的。如果温度接近零度，物体与冰之间的摩擦力就会增强。在破冰船上工作的人曾经深入地研究过北极的浮冰与船钢壳之间产生的摩擦力，他们得出了这样的结论：它们之间产生的摩擦力超乎我们的想象，它的强度完全不亚于铁与铁之间的摩擦力。我们知道船钢壳和冰之间的摩擦系数是0.2。

图 22　在浮冰中失事的"切留斯金"号，下方是浮冰作用于船舷 MN 的几个力的示意图

研究这些数值，能对在浮冰间行驶的船产生什么影响呢？下面我们再来观察下图22。图中的MN代表船舷，P代表浮冰的压力，压力P将力施加在船舷MN上，我们可以把这种压力分解为两种力——垂直于船舷的力R和相切于船舷的力F。P与R之间的角等同于船舷对垂直线的倾斜角α。用

摩擦系数0.2乘以力R与浮冰和船舷之间的摩擦力Q相等，换句话说就是，$Q=0.2R$。倘若力F比摩擦力Q大，那么在船身上进行挤压的冰块就会被力F推到海里去，此时，船体经过浮冰，并不会遭到破坏。如果力F小于摩擦力Q，那么冰块的移动就会受到摩擦力的阻碍，此时的冰块会一直挤压在船舷上，久久不会退去，从而导致破裂。

那么，在什么情况下$Q<F$呢？显而易见：

$$F=R\cdot\tan\alpha$$

而$Q=0.2R$，所以，我们可以将$Q<F$的不等式改成：

$$0.2R<R\cdot\tan\alpha \text{ 或者 } \tan\alpha>0.2$$

通过观察三角函数表我们得知，11°是正切函数为0.2°的角，当$\alpha>11°$时，$Q<F$。通过这些数值我们可以计算出，我们必须将船舷的倾斜度保持在11°以上，才能让轮船安全地在浮冰里行驶。

我们现在来研究一下“切留斯金”号失事的原因。“切留斯金”号不是一艘破冰船，而是一艘轮船。它在发生意外前，已经从北部海洋的航线上毫发无损地通过了，不过当它碰到白令海的浮冰时，却发生了意外。“切留斯金”号受到浮冰的推动，漂到了北部的海面上，在压力的作用下，它被撞得粉碎（1934年2月）。悲惨的船员们被困在了一座冰山上，足足经受了两个月的折磨，才被冒死赶来的飞行员救了起来。那些亲身经历这场海上事故的人们是不会忘记此情此景的，下面就是有关被困人员的一段表述：

“用金属制成的船体异常牢固，这艘船的损坏并不是发生在一瞬间，”考察队队长施米特通过无线电汇报了当时的情况，“我注意到，船舷受到了冰块的挤压，浮冰上方的铁舷板在压力的作用下，由内向外肿胀了起来，变得凹凸不平。船边不断有冰块涌现出来，虽然它们的速度很缓慢，但是来势却很凶猛。肿胀的铁板出现了裂缝，上面的铆钉在压力的作用下，全被崩了出来，发出了噼噼啪啪的声音。顷刻之间，船的左舷处，从前舵到船尾的一整块甲板都掉到海里去了……”

读者们看完这些表述以后，应该能够明白造成这次灾难的原因了。

我们还可以通过这个原理得出一个有用的结论：当我们设计专门在冰

面上行驶的船时，船舷的倾斜度不能比11° 小。

10. 可以自己保持平衡的木棒

让我们来做一个实验。

请你模仿图23把两根食指分开，然后将一根表面很滑的木棒放在上面，之后把这两根手指合并在一起。结果让人难以理解，木棒并没有像想象的那样掉到地上，而是依旧维持平衡的状态。即便你反复做这个实验，而且频繁改变这两根手指的摆放位置，最后的结果都是一样的，木棒始终保持着自身的平衡。如果你用绘图尺、带杖头的手杖、打弹子的杆、擦地板的刷子代替你手头上的木棒就会发现，得出的结果仍然跟先前一样。

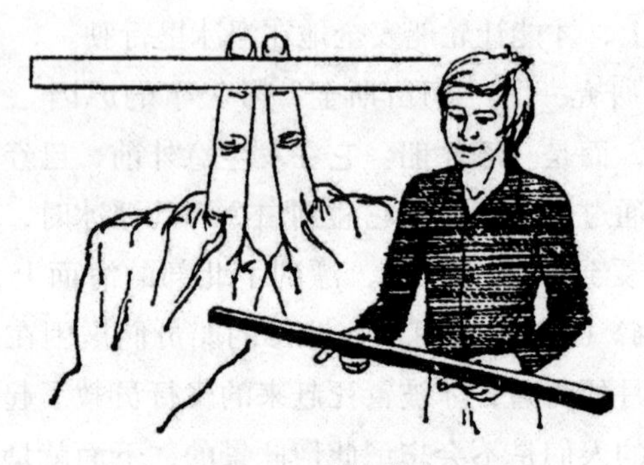

图 23 木棒实验

为什么我们得出的结果总是惊人的相似呢？

我们先要明白一个道理：我们都看到了，即便我们将两根手指合并在一起，木棒仍然能够保持平衡，这种现象证明了一点，木棒的重心肯定在两根手指位置的中点（让物体保持平衡的条件是将其重心下面的垂直线维持在支撑物的范围内）。

当两根手指之间的距离较远时，那根距离木棒重心更近的手指将会承受更大的重量。承受的压力越大，摩擦力就越大，所以，要想让摩擦力大的那根手指在木棒的下方移动，就会变得格外困难，所以我们会选择移动那根距离木棍重心较远的手指。如果两根手指因为移动的关系与木棍的重心距离发生了改变，那么当另一根手指距离木棍的重心更远时，就该轮到它移动了。两根手指就这样来回移动，一直到它们合并在一起。考虑到移动的手指总是距离木棒重心较远的那根，因此，两根手指肯定会在木棒的重心下方合并在一起。

我们不妨再做一个实验，这次我们需要准备的是擦地板的刷子（图24），我还要问读者们一个问题：假如我们将刷子在两根手指合并的地方分成两段，然后我们将它们放在天平上进行称重，你认为是带柄的那一段更沉呢，还是带刷子的那一段更沉呢？

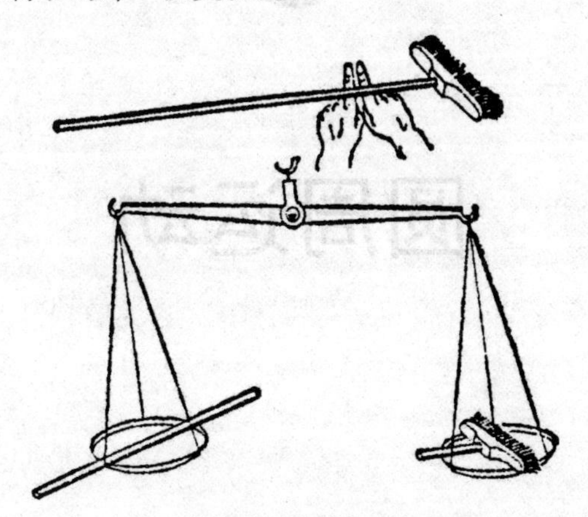

图 24 刷子实验

我们想当然的认为被分成两段的刷子既然能在手指上保持平衡，那么也应该能在天平上保持平衡。然而，这两段刷子之间的重量还是有些差异的，相比较而言，带着刷子的那一段的重量更重。其实解释这里面蕴含的原理很简单，众所周知，刷子之所以能在手指上维持平衡，是因为分成两段的刷子将重力施加在了长度不同的杠杆的两端，但是当我们将目光转移到天平上会发现，两端刷子分别将重力施加在了长度相等的杠杆的两端。

我精心制作了一组拥有不同重心位置的木棒，并且把它们赠送给列宁格勒文化园的趣味科学馆。假如我们在重心的位置上，将这些木棒切成两段，分别为较长的一段，以及较短的一段，然后在天平上称它们的重量，得出的结果会让你目瞪口呆：较短的一段的重量竟然比较长的一段的重量还要重。

第三章

圆周运动

1. 旋转的陀螺不会倒的原因是什么

各位读者，你们小的时候肯定都对抽陀螺非常痴迷，但是我下面要提出的这个问题，却很少有人能够给出正确的答案：垂直甚至近乎倾斜的陀螺，不但能够旋转，而且还能保持平衡，这到底是为什么？促使它在这样极不稳定的状态下保持平衡的神秘力量是什么？重力对它产生的作用不会有效果吗？

其实旋转的陀螺上存在两种力，但我们在这里暂且不解释陀螺的理论，因为解释它会非常困难，所以我们只解释一下旋转的陀螺能够维持自身平衡的原因。

仔细观察下图25中的箭头A和对面的箭头B。A代表的是与你相反的旋转方向，B代表的是面向你旋转的方向。我们现在不妨将陀螺的轴面向我们，然后仔细观察A、B两侧的运动情况。此时，我们会看到A侧开始朝上方倾斜，而B恰好与它相反，朝下方倾斜，如此一来，同之前运动成直角的推动力会均匀地作用在A侧和B侧。可是，在飞速旋转的情况下，陀螺的圆周速度会变得非常快，而我们扳动它的速度与它的圆周速度相比，实在是微乎其微。快速和慢速合并在一起与飞速运转的圆周运动的速度别无二致，因此，陀螺的运动并没有发生本质的变化。此时，将陀螺扳倒的力受到了陀螺的强烈“抵抗”，陀螺能够维持平衡就是因为这种“抵抗”在产生作用，顺便说一句，陀螺旋转的速度会随着质量的增大而变快，速度越快，它对扳倒的力量的“抵抗”就越顽固。

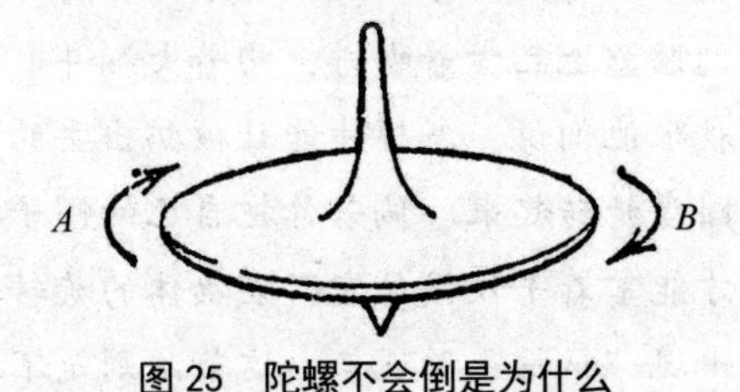

图 25　陀螺不会倒是为什么

事实上，还有一个定律跟旋转且不会倒的陀螺之间存在很重要的联系。陀螺上的任何一点，都在垂直于旋转轴的平面上做着一种运动——圆周运动。通过惯性定律我们得知，陀螺上的任何一点都在尽自己的最大努力沿着圆周的切线从圆周中分离出去。不过，圆周的切线无一例外全都处于圆周的同一平面上，所以，陀螺上的点在移动时，会尽可能地让自己停留在垂直于旋转轴的平面上。因此，同旋转轴保持垂直的陀螺平面，也会尽可能地让自己维持在空间的位置，换句话说就是，旋转轴为了让自己的方向保持不变，也会垂直于所有的陀螺平面。

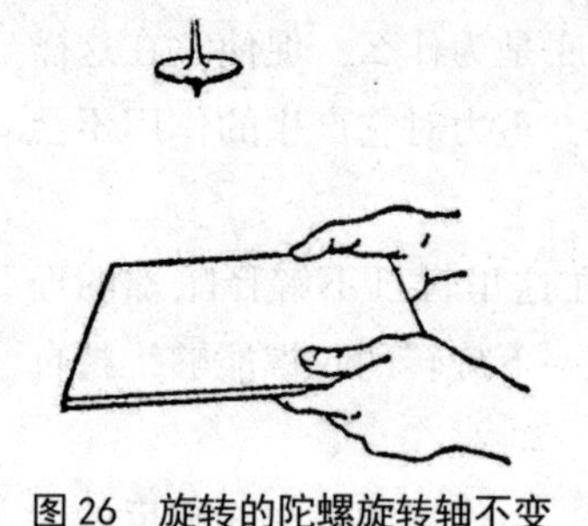

图 26　旋转的陀螺旋转轴不变

因为篇幅有限，我就不在这里逐一解释在外力作用下陀螺能够进行的各种运动了。这里就是想让大家明白，物体是如何在旋转的同时，还能不改变旋转轴的移动方向（图 26）。我们将物体旋转的原理广泛地运用到了实际的生活当中。根据陀螺的原理，我们在轮船和飞机上安装了罗盘、稳定仪等种类多样的回转仪器。

你是不是觉得很惊讶？这么一个不起眼的玩具，作用还挺大。

2. 手技

种类多样的手技节目中会出现很多让人匪夷所思的情景，究竟是什么神秘的力量在这些表演的背后起着作用呢？答案是旋转的物体能够维持旋转轴的方向不变的原理。英国的物理学家约翰 · 培里的著作《旋转的陀螺》是介绍陀螺原理的佳作，我将其中的一节摘录在下面，供读者们欣赏：

曾经，我在伦敦庄严神圣的维多利亚音乐厅，将一些我做过的实验分享给了大家，听众们惬意地品尝着咖啡，叼着大烟斗。我想了一个法子吸引他们的注意力，我跟他们说，怎样才能让被扔出去的圆盘下落到指定的地点，答案就是将圆盘旋转起来。倘若你把自己的帽子扔出去，必须让帽子旋转起来，别人才能拿着手杖接住它。当物体的旋转轴发生改变时，物体的旋转会频繁地出现“抵抗”的现象，这条法则是不容置疑的。随后，我又跟他们说道，将炮弹从抛光的炮膛发射出去，是很难击中目标的，所以，要想让炮弹击中目标，我们必须在炮膛里面刻上螺纹线也就是来复线，如此一来，在火药爆炸产生的推力的作用下，炮弹在滑膛里开始做旋转运动，炮弹的轨迹才会稳定。

当然，从炮口飞出去以后，炮弹并不会停止旋转运动。

硬币在手技者手上也能玩出花样（图27和图28）。

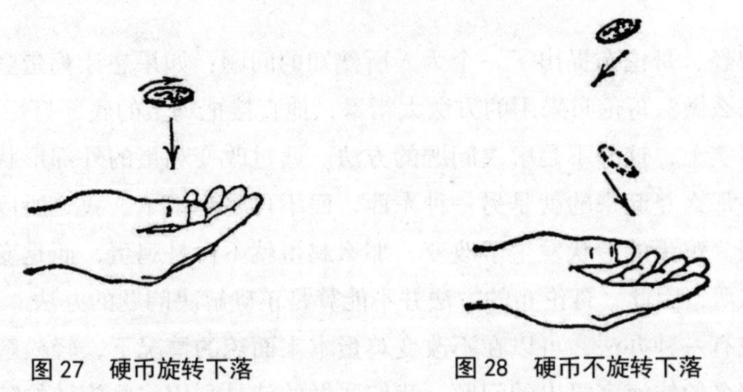

图 27　硬币旋转下落　　图 28　硬币不旋转下落

我在当时，只是随口说了说，原因在于我并没有将手技——掷帽子和耍盘子表演给听众们（图29）。

但是，当我说完上面的话后，两个手技演员突然来到了舞台的中央，他们打算表演一些手技。他们决定表演的手技节目，恰好能够准确地证明我之前说的物体旋转的原理，他们开始将帽子、圆环、盘子以及伞等物体旋转起来，然后将它们抛给对方。其中一个演员竟然将几把刀子扔到了空中，然后徒手接住了它们，他的表演完美无瑕。就在不久前，听众们听了我讲解的关于旋转物体的现象的解释，他们知道了这其中的奥秘，激动地欢呼雀跃。他们心里明白，这位手技表演者精准地徒手接住每一把下落的刀子的原因，是他在抛出刀的一瞬间，让它旋转了起来。他在表演的时候，我也没有注意到这一点，不过，登台表演绝活的手技演员用真实的例子证明了我之前阐述的关于旋转的陀螺的原理。

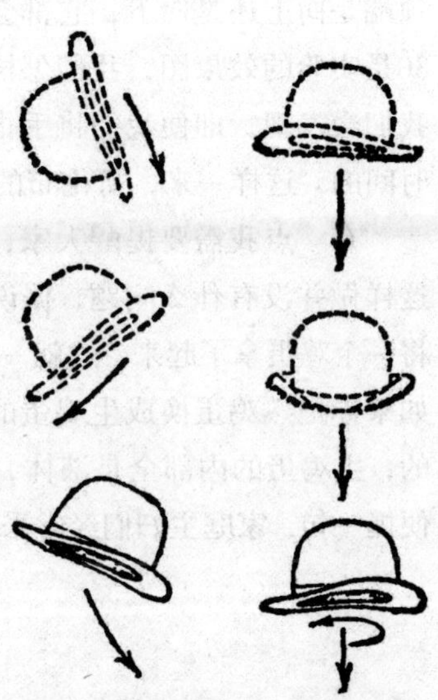

图 29　如果帽子被抛起时仍然沿着自己的轴线旋转，就很好接住

3. 与哥伦布不一样的竖蛋方法

曾经，哥伦布提出了一个为人所熟知的问题：如果想让鸡蛋竖起来，应该怎么做？哥伦布采用的方法太粗暴，他直接把鸡蛋的底部打烂了。

事实上，这并不是解决问题的方法。通过改变鸡蛋的外部形状将它竖起来，那么竖起来的就是另一种东西，而不再是鸡蛋了。我之所以这样说就是因为鸡蛋的形状发生了改变，那么鸡蛋就不再是鸡蛋，而是变成了其他的东西，因此，哥伦布的方法并不能算是正确解决问题的办法。

我有一种办法，可以在不改变鸡蛋本来面貌的情况下，轻松解决这位举世闻名的航海家提出的问题，我们要做的就是利用一些旋转的陀螺的原理。我们让鸡蛋旋转起来，并且让它时刻围绕着自己的长轴，不管鸡蛋的顶端是向上还是向下，它都会屹立不倒，虽然竖起来的时间非常短暂。图30是实验的效果图，我们怎样让鸡蛋旋转起来呢？用手指拨动它就行了。我们会发现，即便我们将手指从鸡蛋上拿开，旋转的鸡蛋还是会直立一段时间的，这样一来，哥伦布的问题就迎刃而解了。

有一点我需要提醒大家，做这个实验用到的鸡蛋必须是煮熟的。我们这样做并没有什么问题，据说他当时提出这个问题的时候，随手从餐桌上将一个鸡蛋拿了起来。这就一目了然了，放在餐桌上的鸡蛋肯定是煮熟的。如果你把熟鸡蛋换成生鸡蛋的话，那么想要让它直立起来，几乎是不可能的，生鸡蛋的内部全是液体，而旋转在液体的阻碍下会完全失去作用。顺便提一句，家庭主妇们经常采用这样的办法来辨别鸡蛋的生熟。

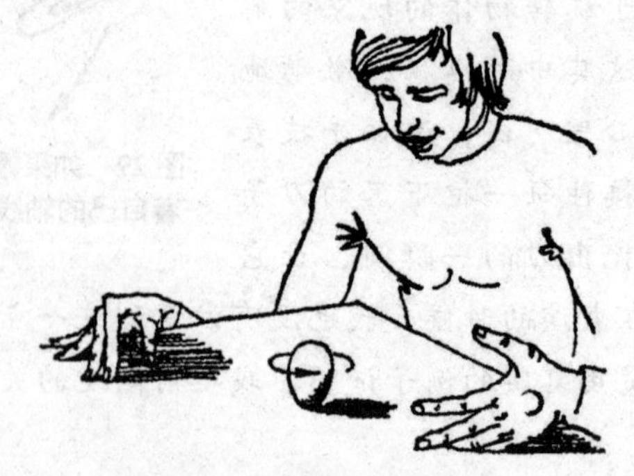

图 30　旋转的站立鸡蛋

4. 失重现象

早在两千多年前，亚里士多德就这样写道："如果我们旋转盛有水的器具，里面的水不会被甩出来，就算是让器具底朝天，里面的水仍然掉不出来，旋转在这里起到了至关重要的作用"。图31生动地向我们展示了这个实验，读者们肯定都会对这样的情况感到熟悉：如果旋转的水桶的转速足够快的话，那么就算是让水桶的顶部向下，也不会让水掉落下来。这就是所谓的"离心力"，它可以解释上述现象。通常情况下，我们认为"离心力"是一种施加在物体上的力，物体受到离心力的作用后，就会从旋转轴心的力中分离出去。事实上，这个世界上不存在离心力，物体从未从旋转轴心中分离出去，导致这样的结果是因为惯性的作用，而任何由惯性引起的运动，都有一个明显的特征，那就是这些运动都缺乏力的介入。物理学是这样解释离心力的：离心力是一种真实存在的力量，它能够让旋转的物体对系线产生拉力或是压在其曲线的轨道上。离心力并不会把力施加在运动的物体上，它起到的作用是阻碍做直线运动的物体的移动，比如拉线和弯曲部分的轨道等。

我们在这里不谈离心力是否存在的概念，我们今天要研究的是为什么将水桶旋转起来会发生这样的现象。首先，我们问自己这样一个问题：假如我们在桶壁上弄出一个孔，桶中的水流的流动方向是怎样的？如果我们撇开重力不谈，那么，在惯性的作用下，水流会顺着圆周AB的切线AK流淌出来（图31）。不过水流并不是没有重量的，因此，水流在重力的影响下，会顺着曲线AP（抛物线）掉落下来。倘若圆周速度达到足够快的时候，我们会

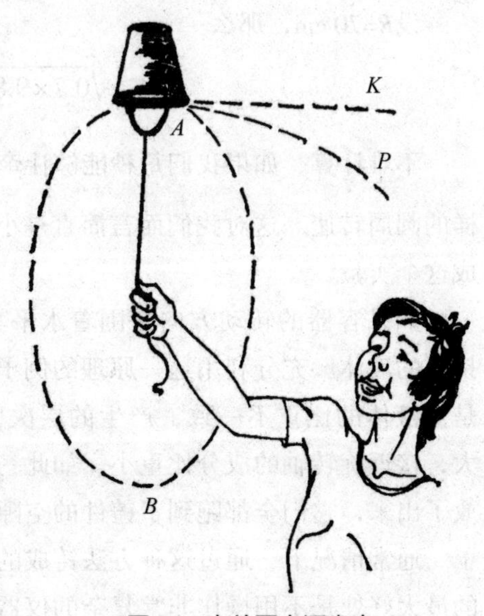

图 31　水并不会洒出来

在圆周AB的外围发现曲线AP。通过这股水流我们可以得知，假如我们将桶壁去掉，桶里的水的流动线路是怎样的。我们现在都已知道，水流的流动方向绝不是竖直向下的，所以，水流不会从桶内直接落到地上。这样一来，只剩下一种情况，那就是水的流动方向跟桶口朝向与旋转方向保持一致。

我们可以做这样的计算，在这个实验中水桶在多大的旋转速度下，才能避免桶里的水被甩出来。从理论上讲，旋转木桶的向心加速度必须大于重力加速度，水桶才能获得这样的转速。只有在这样的情况下，桶里被甩起来的水才会落在移动的水桶圆周轨迹的外侧，如此一来，水桶可以随意旋转，而不担心桶里的水被甩出来。我将计算向心加速度W的公式列在了下面：

$$W=\frac{v^2}{R}$$

v在公式里代表圆周速度，圆形轨迹的半径则用R来表示。如果我们将地球表面的重力加速度g=9.8 m/s^{2}考虑进去的话，我们就会得出如下不等式：

$$\frac{v^2}{R}\geqslant 9.8$$

设R=70 cm，那么

$$v\geqslant\sqrt{0.7\times 9.8}=2.6\text{ m/s}$$

不难计算，如果我们每秒能够让牵绳子的手旋转$\frac{2}{3}$圈，就可以达到这样的圆周转速。这对我们而言简直是小菜一碟，所以，我们可以圆满地完成这个实验。

如果容器的转动方向是围着水平轴转动的，那么容壁上就会出现被挤压的液体。充分利用这一原理的例子就是离心浇铸技术。它利用的原理是：液体的比重不一致，产生的层次也就不同。远离旋转轴的成分比重大，接近旋转轴的成分比重小。如此一来，存在于金属溶液中的气体被释放了出来，它们全都跑到了铸件的空隙之处，将原本产生气泡的空间占用了。通常情况下，通过这种方法铸成的铸件没有气泡，非常坚固。而且它的最大好处是不用操作非常复杂的仪器，因为离心浇铸的成本大大低于普通的浇铸成本。

5. 这一次，你就是伽利略

列宁格勒的游乐场里有一个独具匠心的娱乐项目，名叫“魔法秋千”，它是专门为那些喜欢找刺激的人准备的。费多所著的一本科学游戏集中对这种秋千进行过描述，我将其中的一段摘录下来，供读者们欣赏（图32）：

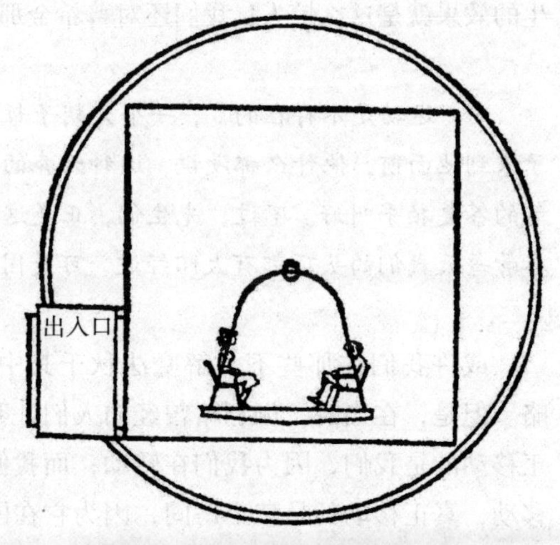

图 32 “魔法秋千”构造示意图

这种“有魔法”的秋千的摆放位置非常独特：它悬于房间顶部一根无比坚实的横梁上。等观众坐满后，工作人员会把出入口的大门关上，将走进屋子的踏板拿掉，然后跟游客们说，很快，大家就会在他的带领下，进行一次时间短暂的空中旅行，换句话说就是，他会把秋千轻轻地推起来，紧接着，他跑到秋千的后面坐稳，仿佛坐到驾驶座上的司机，或者直接从屋子里离开。随着时间的推移，秋千的摆动幅度变得越来越大，天啊，它的摆动高度都快碰到横梁了。最后它的摆动高度竟然比横梁还高，它在横梁的周围转了一整圈。尽管那些坐在摆动幅度逐渐变大的秋千上的人，都提前知道了眼前看到的全是假象，不过，他们纷纷表示自己确实感觉到在随着秋千一起进行快速的摆动。当他们感觉到自己的脑袋向下面悬空的时候，会不由自主地将前排座位的后背紧紧地抱在怀里，防止自己从半空中掉下去。

过了一会儿，秋千开始减缓它的摆动幅度，摆动的高度也不再比横梁高了，秋千的摆动在几秒过后彻底消失。

实际上，秋千的位置一直没有变过，它一直都在原地，游客产生假象的原因在于一种很简单的机械在推动这个房间，它围绕游客进行上下翻滚的运动。屋子里的家具全都被固定在了地板或墙壁上。那些看上去很容易掉落的带大灯革的台灯也都经过了焊接，非常牢固。游客们以为工作人员真的将秋千轻轻地推了起来，事实上，那是为了转移游客们的注意力，以便辅助启动这间屋子。在这些“小动作”的帮助下，所有的游客都被骗了。

看吧，人产生的错觉并没有那么神秘。不过，就算现在我们知道了这是个骗局，我敢打赌我们再去玩这个魔法秋千，还是会被它骗的。错觉产生的效果就是这么惊人！我们还对普希金那首名为《运动》的诗有印象吗？

“‘运动是不存在的’，一个大胡子哲人如是说道，另一位哲人踱着步子来到他面前，他什么都没说，这种无声的反驳是最有力的。大家都为他机智的答复拍手叫好。不过，先生们，正是这个趣闻让我联想起另一个事例，尽管每天我们的头顶都有太阳经过，可是固执的伽利略却是正确的。”

或许我们在那些不了解魔法秋千其中的奥秘的人面前化身成了伽利略。但是，在当时，伽利略曾经向人们证明：太阳和行星并没有移动，真正移动的是我们，因为我们在转动；而我们向大家证明的是：我们并没有移动，真正移动的是整个房间，因为它在围着我们旋转。或许有人会骂我们是睁眼瞎，不过，伽利略当年也承受了这样的侮辱。

6. 存在于我们之间的争论

也许证明你的观点是正确的，并不总是像你预想的那般容易。举个例子，试想一下，你在魔法秋千上，企图劝说邻座的游客，让他明白自己看到的全都是假象。假如你试图劝导的游客就是我，我跟你一同坐在魔法秋千上，秋千剧烈地摆动了起来，很快它就超过了横梁，游客们开始头朝下了，此时，我们开始了激烈的争论：到底是秋千在转动，还是这个房间在转动？我在这里必须提一点，我们在剧烈争论的时候，一定要提前带上一把铝锤、一个弹簧秤以及一个砝码，而且我们不能从秋千上下来，你说：毋庸置疑，我们是待在原地不动的，真正运动的是房间啊！假如秋千真的倒转了过来，我们两个人不仅会脑袋朝下，还会用脑袋着地呢！不过我们的脑袋并没有着地。这足以说明，真正转动的是房间，而不是秋千。

我反驳道：但是，你现在可以回忆一下上一节讲过的原理：当水桶在做圆周运动时，就算水桶的底部朝上，也不会把里面的水洒出来，就算运动员头朝下在“魔环”里骑自行车，他也不会掉下来（见后）。

你接着说道：如果你非要这么说，咱们不妨来计算一下向心加速度，结果能够向我们证明，它取得的数值是否足以让我们头朝下从秋千上坠落。假如我们知道自身距离旋转轴有多远以及每秒的转数，那么我们就能通过公式算出结果。

我觉得我应该打断你：我们不必浪费时间去计算了。发明“魔法秋千”的人肯定早就预言了你我之间的争论是不可避免的，所以他们提前告诉我，它的转数跟做圆周运动的物体不会掉落的基础数值是相匹配的。也就是说，我们不用劳神去计算，就能解决我们的争论。

你固执己见，说道：不过，我依然有十足的信心能够说服你。你看，地板上并没有从杯子里甩出来的水迹……你可以接着用旋转水桶的例子跟我对峙。但是我早有准备，现在我手里有一把铝锤，它的重心自始至终都在冲着我的脚，换句话说就是，它的重心方向是朝下的。如果这间屋子并没有旋转，而真正旋转的是我们的话，那么它的重心方向应该一直是朝下的，也就是朝向地板，在旋转的秋千上的重力方向则是时而朝着我们的头顶，时而朝着我们身体的一侧。

我控制着自己的情绪反驳道：这样你就大错特错了，假如我们的转速非常快，那么铝锤会沿着旋转的半径朝外部抛出去，换句话说就是，情况跟我们观察到的一样，它的重心方向一直朝向我们的脚的方向。

7. 争论的结局

我现在给你提个建议，保证你在争论中大获全胜。下次你坐上“魔法秋千”时一定要事先准备一个弹簧秤，将一个砝码放在秤盘里。仔细观察指针的指示方向，你会注意到，如果砝码的重量是1 kg，那么指针指示的刻度也会显示在1 kg上。我们这么做是为了证明秋千本身没有什么问题。

如果我们手里拿着弹簧秤，绕着轴线做旋转运动时，砝码除了要承受重力的作用以外，还要承受离心力带来的影响。产生离心力的地方分布在圆周轨迹的下半部分的点上，砝码在离心力的作用下，会增加自身的重量。如果产生离心力的地方在圆周轨迹的上半部分，那么砝码会减轻自身的重量。如此一来，我们可以得出一个结论：有时砝码比较重，有时砝码比较轻，甚至几乎没有重量。如果这种情况并没有在这间屋子里发生，那么真相就一目了然了：我们并没有转动。

8. 了解“魔球”

在美国境内，坐落着一处休闲胜地，那里面有一个能够让人身心愉悦的娱乐设施，它是一个形状犹如转盘的球形小屋（下称魔球）。当我们进入这间小屋后，一种古怪的感觉就会油然而生，我们仿佛一瞬间来到了一处梦境或魔幻般的童话故事里。

还记得我们之前谈到的转速很快的圆形平台吗？回想一下我们站在那上面是什么感觉？人站在旋转的平台上会有一种被向外甩出去的感觉；如果我们向外的倾斜度以及承受的拉力大，就说明我们离中心非常远。我们现在将双眼紧闭，就会感觉到我们踩着的地面是一个斜面，而不是一个平面，在这样的情况下，想要保持平衡是件很困难的事。仔细看一看图33中向我们展示的人体受力情况，就能理解其中的奥秘了。向外的离心力C和向下的重力G同时作用于我们的身体；在平行四边形规则的作用下，这两个力合并为一个力——向侧下方倾斜的力R。随着站台旋转速度的加快，这种合力的力量越来越大，随之变大的还有倾斜的角度。

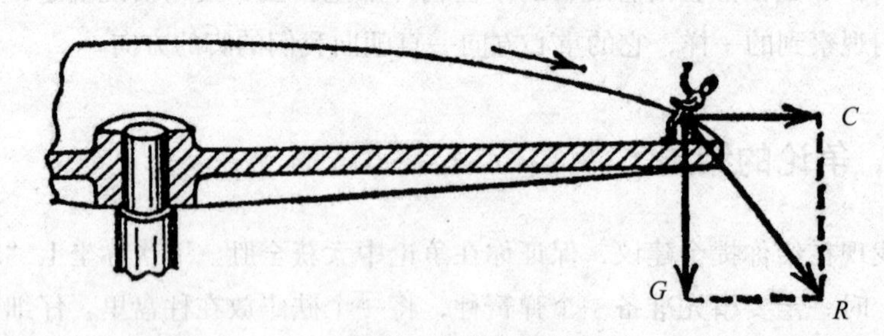

图 33　这样很危险

假设这个站台采用的是外围向上弯曲的结构（图34），那么想在上面保持平衡，不被自己的脚绊倒几乎是不可能的。如果我们旋转站台的话，就会出现不一样的情况。当这个倾斜面保持一定的速度时，它在我们眼里就是一个平面，因为力C和力G的合力同样拥有倾斜的方向，弯曲的站台边缘同两个力的合力方向呈直角。

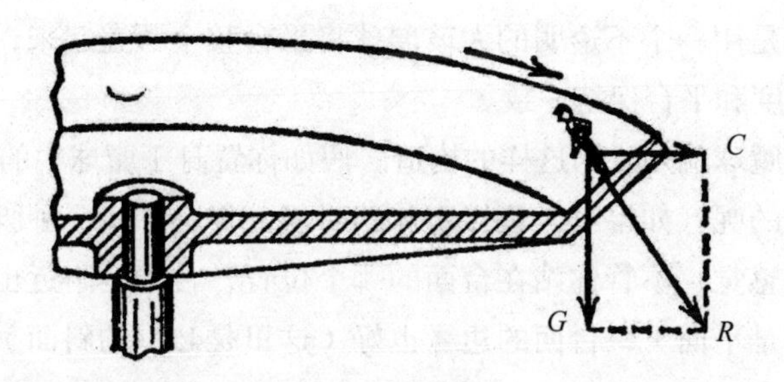

图 34　这样很安全

设想一下，假如我们将站台变成曲面，它的旋转速度也达到了我们的要求，让两个力的合力方向垂直于站台的表面，这样一来，所有站在站台各点上的人都会产生一种自己站在平面上的假象。我们可以通过计算得出结论，我们假定的这个曲面，是一个抛物体的面，它是一种非常独特的几何体。

如果我们将一个盛有半杯水的杯子围绕一个竖直轴旋转，然后我们加快杯子旋转的速度，如果挨着杯壁的水蹿起来，而水杯中间的水位却出现下降的话，那么此时的水面就是一个精确的抛物面。

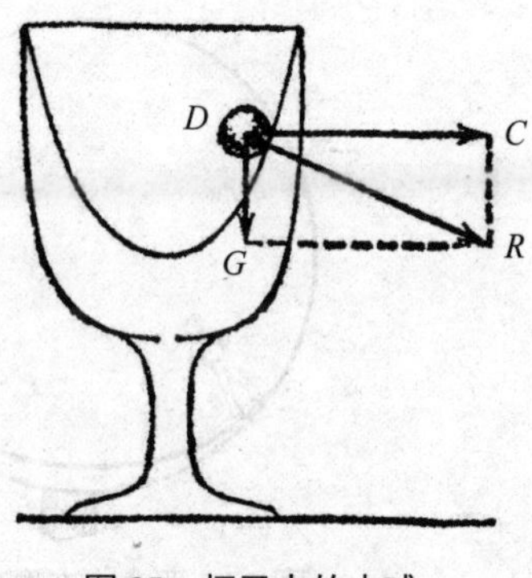

图 35　杯子中的小球

假如我们将水换成倒入杯里的溶化的蜡，然后让它在杯子里加速旋转，等到蜡液完全凝固的时候再停下来，那么完全凝固下来的蜡的表面也会产生一个非常标准的抛物面。如果我们给这样的表面添加一定的转速，你会发现它仿佛变成了一个平面：如果我们在它的上面放上小球的话，它就会停留在上面，而不会从上面掉落下来（图35）。

现在我再来解释魔球的构造就变得简单多了。魔球（图36）的底部是一个很大的站台，它是可以旋转的，呈抛物面的形状。想让魔球旋转起来，我们只需在平台下安装一些有动力的机械就行了。话虽这么说，但是我们必须让围绕着站台上的人和物一同旋转，否则站台上的人会觉得头晕目眩。怎样才能让平台上的人意识不到自己处于运动状

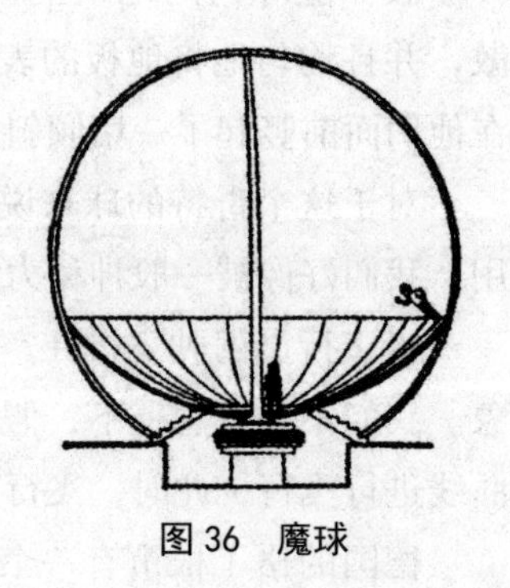

图 36　魔球

态呢？方法是用一个不透明的大玻璃球将平台整个覆盖起来，并且让玻璃球的旋转速度和平台保持一致。

转盘式魔球就是采用这样的构造。假如你置身于魔球中的站台上时,感觉会是怎样的呢？如果有人旋转魔球的时候，你会产生一种脚踩着水平的站台台面的感觉，不管你站在台面的哪个位置，台轴的附近也好（这里的台面一直都是平面），台面的边缘也好（这里是45° 的斜面），全都是一样的情况。这个站台在你看来，就是一个曲面啊！

但是，你要知道视觉和感觉是不一样的。如果你从站台的一端走到另一端，会产生一种飘飘然的感觉，就好像一个肥皂泡在空中飘浮一样，你走起路来，竟然能够跟得上站台的滚动频率，这样的假象是由另一种错觉产生的：无论你站在哪个点上，都会认为自己站在一个平面上。此外，你还会惊讶地发现，其他倾斜着站在站台上的人仿佛在墙壁上爬行的苍蝇一样（图37，38）。

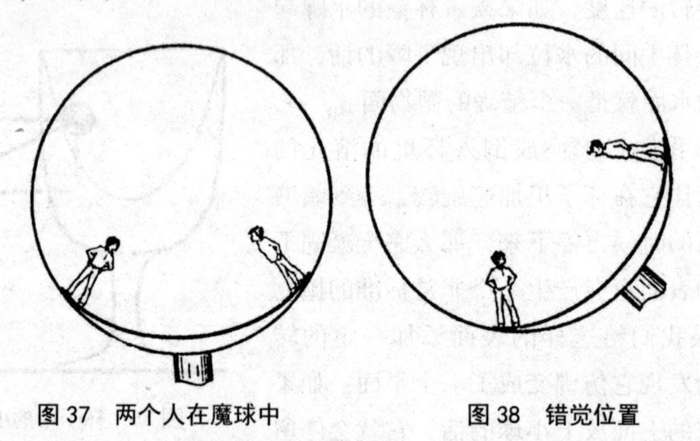

图 37　两个人在魔球中　　　图 38　错觉位置

假如魔球内的地板上被人洒了水，那么水就会顺着球曲面向四周扩散，并且均匀地将地板的表面完全覆盖起来。对于球里面的人来说，仿佛在他们面前竖起了一堵倾斜的墙壁。

对于这个奇特的球来说，现实生活中的重力定律似乎对它产生不了作用，我们好像被一股神秘力量带进了一个奇妙的童话世界中……

当飞行员驾驶飞机在空中做出快速旋转的动作时，也会产生类似的假象。我们不妨设想一下，假如时速200 km/h的飞机围绕一个半径为500 m的曲线进行飞行，此时，飞行员会认为地面是一个拥有16° 斜角的斜面。

德国的格丁根市有一个科学观测实验室。它的构造跟魔球非常类似。

这个实验室呈圆柱形，能够旋转，直径3 m，每秒的转速能够达到50转（图39）。屋子里的地板非常平整，因此，当实验室转动起来的时候，靠着墙站着的观察人员会产生一种幻觉（图40）：房间好像在向后面倒下去，他被吓得赶紧紧贴着他认为向后倾斜的墙壁。

图 39 旋转实验室实际的情况

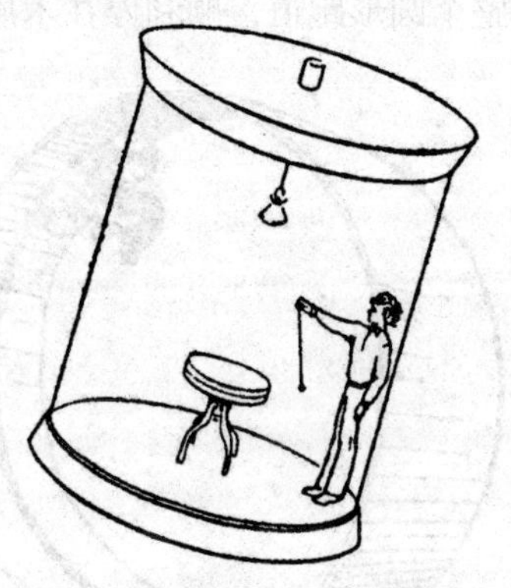

图 40 旋转实验室人认为的情况

9. 液体镜头望远镜

你知道什么东西拥有最完美的抛物面吗？那就是反射望远镜的反射镜镜面，换句话说就是，将液体倒进快速旋转的容器后展现在你眼前的形状。设计人员为了达到这样的效果不分昼夜的工作，通常情况下，制作这样的反射镜片需要数年的时间。美国物理学家罗伯特·伍德发明了一种镜面，能够大大缩短镜片的制作时间，那就是液体镜面：他将水银倒进一个快速旋转的广口容器里，这样就能得到一个精准的抛物面，之所以倒入水银是因为它能将光线清晰地反射出来，这是制作反射镜的最佳材料。

当然这种望远镜也不是没有缺点，液体镜面不允许出现任何振动，即便最轻微的振动也不行，因为振动能够在液面上产生波纹，它会扭曲映像效果，而且，用它观察的物体十分有限，只能观测天顶的天体。

10. “魔圈”

你肯定去过马戏团吧？对那种令人眼花缭乱的车技表演还有印象吗？表演的人在一个圆形的跑道上自上而下骑着自行车转圈。当他骑到这个圆形跑道的顶部时，就会出现头朝下的情况。如果你仔细观察一下舞台上的木制跑道，就会发现那上面有几处圆圈状的物体，呈直立状态，如图41所示。这个跑道的起点是一段斜坡，演员骑着自行车从这个斜坡上冲下来，用很快的速度攀升到圆环的顶端，继续用头朝下的方式骑行，一直到他安全地骑完整个圆形跑道，顺利停在木质的平地跑道上。

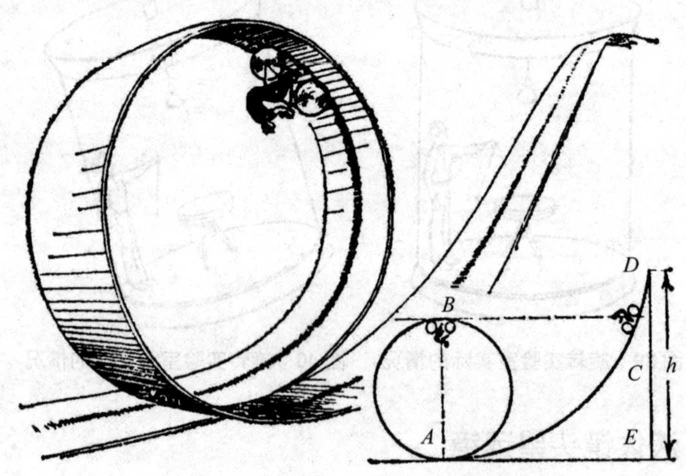

图 41 “魔圈”。右下角为计算图

通常情况下，观众认为演员之所以能表演这种令人眼花缭乱的杂技是因为演员的车技娴熟。一头雾水的观众肯定会迷茫地问道，究竟是什么神奇的力量，帮助这位大胆的车手用脑袋朝下的方式骑行的呢？甚至有些感到疑惑的人会觉得自己被欺骗了，杂技表演中绝对不存在任何超自然现象。其实我们可以用力学定律来解释这种看似神秘的现象，就算我们让一颗子弹顺着这条木质跑道滚落，它也可以非常顺利地完成这段看似不可能完成的路程。

发明并且表演这种杂技的人做了一个实验，他准备了一个重量等于演员与自行车之和的大球，让它用相同的方式从圆形跑道里滚落，以此来检测这种魔圈是否坚固，如果没发生什么意外的话，演员就可以进行这种头朝下的骑行表演，而没有任何后顾之忧了。

所以，读者现在应该知道产生这种奇特现象的原因了，它的原理跟无法将旋转的桶里的水甩出来如出一辙。但是，表演并不是万无一失的。我们必须提前算出车手出发点的准确高度，即便计算有一丁点儿的误差，都会变成一场悲惨的事故。

11. 杂技里的数学

我知道有些人特别痴迷物理学，不过当他们面对一大堆“死气沉沉”的公式时，就会全然丧失兴趣。但是，对数学不感兴趣的人不愿意用数学的概念来认识生活中的各种现象，因此，他们也无法体会现象的形成过程以及产生的条件带给我们的乐趣。我们不妨拿上一节举个例子，我们用到的就只有两三个公式而已，通过这些公式我们可以准确判断，演员在什么条件下才能完成这种令人眼花缭乱的魔圈表演。

现在，我们可以利用那几个公式进行一下计算。

算式中的数值用字母表示出来：

自行车手出发点的高度用h表示；

h中高出魔圈最高点的长度用x表示，可以从图41中看出，$x=h-AB$；圈的半径用r表示；

自行车手和自行车的质量之和用m表示，用mg表示它的重量，地球的重力加速度用g表示；

自行车手到达魔圈的顶点的速度用v表示。

下面我们将这些字母代入两个方程中。首先，自行车顺着斜坡下落到和B点等高的C点位置时（见图41），它的速度和位于B点的速度是保持一致的，用方程式$v=\sqrt{2gx}$或者$v^2=2gx$将它表示出来，所以，自行车手的速度在B点和$\sqrt{2gx}$相等，换句话说就是$v^2=2gx$。

那么，当自行车手冲到魔圈的制高点时，想要继续保持头朝下行驶，获得的向心加速度必须大于重力加速度（风“失重现象”一节），也就是说，$\frac{v^2}{r}>g$。我们知道$v^2=2gx$，因此，

$$2gx>gr$$

$$x>\frac{r}{2}$$

这样一来，我们能够得出结论，我们必须建造一种特殊的装置，才能保证这种令人惊叹的表演顺利完成，这种装置的跑道斜坡的制高点必须比

圆圈跑道的顶端还要高，并且它们之间的高度差相当于圆圈半径的$\frac{1}{2}$，或圆圈直径的$\frac{1}{4}$。其实重要的不是跑道的坡度，而是跑道的高度。举个例子，如果圆圈的直径是16 m，那么演员下落的最高点应该至少高于20 m。假如最高点无法达到这样的高度，那么就算是车技再娴熟的车手也无能为力：他骑到圆圈的上端时，肯定会头朝下摔下来。

我们并没有把自行车的摩擦力的影响代入到计算当中，我们暂且认为自行车在经过C点和B点时，拥有相同的速度，跑道长度不能太长，坡度要尽量陡一些。否则，当摩擦力作用在自行车上的时候，它在B点的速度比在C点的速度慢。

必须指出一点，节目的表演用车是没有安装车链的，完全是靠重力的作用前行的，因此车手没必要增加或减缓车速。自行车的前进路线必须不偏不倚地压在木制跑道的中心线上，如果路线稍有闪失，就有可能面临从跑道中偏离出去，被狠狠地抛到场地外的危险。在直径为16 m圆圈跑道上前行的自行车的车速非常快，自下而上跑一圈仅需3 s，这样的速度等同于一小时行驶60 km！我们骑自行车很难达到这样的速度，但是如果我们参照力学定律的话，达到这样的速度就很简单了。曾经有一位车技演员写过一本名为《自行车特技表演》的小册子，我摘录了其中的一段话：

“如果设备的数据非常准确，使用的材料也很结实，那么这种危险的表演就会变得安全无比。真正会带来危险的只有演员而已。假如演员因为紧张而手脚发颤或者静不下心来，失去自控能力，或者在重压下没有正常发挥，那么就很有可能出现惊险的事故。”

想必读者们都看过飞机在空中做出各种类似翻滚的特技表演，其实它也运用了同样的原理。当飞机在表演翻跟头时，驾驶员娴熟地驾驶飞机是最重要的环节，他的操作必须快速且精准。

12. 重量的缺失

曾经有一次，一个喜欢开玩笑的人跟大家说，他有一种方法，可以不做任何手脚只靠货物的分量把大家的钱全都赚走。他的方法就是，从位于赤道的国家采购货物，然后卖给南北极附近的人们。

众所周知，如果我们将同一个物体分别放在赤道附近和两极附近进行称重，你会发现，它在赤道附近时比在两极附近时轻一些，同样都是1 kg的砝码，在两地的重量差异达到了5 g。不过当我们进行这样的交易时，切忌使用杆秤，我们只能使用弹簧秤，而且这个弹簧秤的刻度是在赤道附近刻出来的，要不然那个人的方法就不奏效了，因为秤砣会随着货物重量的增加而增加。举个例子，如果我们从秘鲁的境内采购黄金，然后拿到意大利去卖，我们就能用这样的弹簧秤实施我们的小把戏，但是，两地之间的运费不能算在内。

我觉得通过这种小把戏经商是不可能赚钱的，但是，这个喜欢开玩笑的人说得并没有错，赤道附近的重力确实比较小，离赤道渐远，重力会随之增强。我们都知道地球是旋转的，拥有最大圆周的旋转物体存在于赤道附近，而且在赤道上，地球具有最大的凸出角度。

造成重力微弱的原因主要在于地球的自转，在自转的情况下，同样重量的物体在赤道附近时比在两极附近时轻$\frac{1}{290}$。

如果我们把一个轻如羽毛的物体从一个纬度放到另一个纬度上进行称重，那么它几乎不会出现重量变化。倘若我们将这个物体换成一艘位于莫斯科的重量为60 t的轮船，那么这两地之间的重量差异就很明显了，从莫斯科开到阿尔汉格尔斯克，轮船会增加60 kg的重量，如果开到敖德萨，那么轮船会减轻60 kg的重量。在斯匹次卑尔根群岛，每年有300 000 t煤被运往南方诸港，如果我们将这些港口换成赤道附近的港口，那么我们用弹簧秤称重那些从斯匹次卑尔根运送来的煤，你会得到一个惊人的发现，300 000 t煤减轻了1 200 t的重量。一艘重量为20 000 t的名为阿尔汉格尔斯克的军舰，通过赤道附近的海域时，会减轻80 t。但是我们一般是无法察觉到这种重量的差异的，毕竟减轻重量的不只有它而已，其他一切物体也纷纷减轻了重量，就连海洋中的水的重量也减轻了。

设想一下，如果地球的自转速度突然加快（比如，一天的时长从24小时缩短到4小时），那么物体在赤道上和两极上会出现更悬殊的重量差异。如果一天的时长是4小时的话，那么在两极附近称重为1 kg的砝码，在赤道重新称重，重量会减轻到875 g。类似这样的情况是真实存在的，我们可以从土星上找到物体出现重量差异的现象：将同一重量的物体分别在土星的两极附近和赤道附近进行称重，你会发现它的重量要比赤道上的重$\frac{1}{6}$。

众所周知，速度和向心加速度之间的平方是成正比的，所以经过计算我们能够得出，要想让赤道上的向心加速度比之前增加290倍，也就是说增加到和地球的重力加速度保持一致，地球需要达到比现在快17倍的自转速度才行（$17 \times 17 \approx 290$）。一般的物体在这样的情况下会丧失对支撑物的压力，换句话说就是，赤道上的物体的重量会彻底消失。如果我们将地球换成土星，那么想要产生相同的情况，只要将自转速度提高1.5倍就可以了。

第四章

万有引力

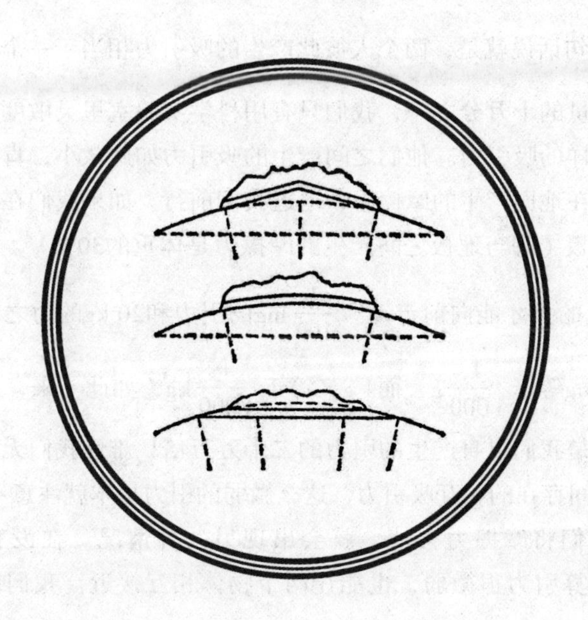

1. 引力有多大

著名的法国天文学家阿拉哥曾经写过这样一句话："如果落体的现象并不是每时每刻都在发生，我们会觉得难以置信。"对于我们来说，地球可以对地面上的任何物体产生吸引力是很正常的事情，因为我们认为这是亘古不变的物理定律。不过，有些人却对我们说，相互吸引的现象也同样存在于两个物体之间，关于这样的现象，我们不太能接受，毕竟我们并没有在日常的生活当中碰到过两种物体相互吸引的现象。

那么，我们需要怎么做才能让看不见摸不着的万有引力显现在我们的日常生活中呢？如果相互吸引真的存在，那么桌子、西瓜以及人体之间应该是互相吸引的才对，为什么我们感觉不到它们对我们产生的吸引力呢？因为产生在质量较小的物体之间的引力非常微弱。我举一个例子你就明白了：两个人面对面站着，他们之间的距离是2 m，彼此之间存在相互吸引的力，但是这种引力实在太微弱了，体型中等的人产生的吸引力只有$\frac{1}{100}$ mg，换句话说就是，两个人彼此产生的吸引力相当于一个压在天平盘上的砝码重量的十万分之一，我们只有用科学实验室里灵敏度最高的天平才能测出这样的吸引力。他们之间产生的吸引力如此微小，肯定无法让我们摆脱脚踩在地面产生的摩擦力，逼迫我们前行。如果我们在脚下放上一个木制的地板（脚与地板之间产生的摩擦力是体重的30%），那么我们需要20 kg以上的力才能向前走动。$\frac{1}{100}$ mg的引力和20 kg的力之间根本没有可比性，1 mg等于$\frac{1}{1\,000}$ g，而1 g又等于$\frac{1}{1\,000}$ kg，如此一来，让我们迈开步子的力量是我们自身产生的引力的二十万万倍！难怪我们无法察觉地球上的物体之间存在的相互吸引力，这么微弱的引力根本就注意不到。

如果我们将摩擦力去掉，就会出现另一种情况。在没有摩擦力的情况下，就算引力很微弱，也能让两个物体相互接近。我们假设引力是$\frac{1}{100}$ mg，那么两个物体互相接近的速度是很难察觉到的。通过计算我们发现，将摩擦力去掉的话，两个人面对面站着，彼此间有2 m的距离，一小时过后，两人彼此之间的距离缩短了3 cm；两小时过后，他们彼此间的距离会再缩短9 cm；三小时过后，距离再缩短15 cm。随着他们向彼此移动的速度逐渐变快，大约5小时后，他们两个人就会贴到一起去。

如果摩擦力不对这种引力产生任何影响的话，那么我们还是能够观察到地球上物体之间的相互引力。在地球引力的作用下，挂在线上的重物会垂直于系它的绳子。假如有一个体积庞大的物体恰好在这个重物的旁边，那么，系它的绳子就不会垂直向下，而是向地球引力与其他物体的引力（它很小）矢量和的方向倾斜。1775年，马斯基林首次在苏格兰观测到山群附近的铅锤并不是垂直向下的。当时马斯基林正在将小山的两侧铅锤的指向同对星空极指向之间产生的夹角进行比较，结果发现了这一现象。随后，人们用更加精密的天平对地球上的物体之间产生的引力做了更加精确的实验，才确切地得出结论，地球上确实存在互相的吸引力。

即便质量不大的两个物体之间也能产生微弱的引力，质量与引力的乘积成正比，但是很多人却大大高估了这种引力的力量。曾经有一位研究动物学的科学家拼命说服我，他确定两艘海船之间相互吸引是因为万有引力的作用。但经过计算我们得出结论，他的结论完全不靠谱。两艘海船都拥有25 000 t的重量，就算它们之间的距离只有100 m，彼此最多也只能产生100 g的引力，这样微弱的引力根本不可能改变海船的位置。我会在第六章里详细地解释为什么船舶之间会产生互相吸引的力。

虽然质量较小的物体间产生的吸引力非常微弱，但是如果将物体换成巨大的行星，那么这种引力就会变得相当可观。海王星——离我们很远的一颗行星，尽管它的运动轨迹在太阳系的边缘地带，仍然可以对地球产生惊人的1 800万吨引力！尽管太阳和地球之间的距离并不算近，但是如果没有太阳的引力影响，地球才不会老实地在自己的轨道上旋转。如果有一天太阳对地球产生的引力不起作用了，那么，地球会顺着太空轨道的切线飞向浩瀚无垠的宇宙深处（图42）。

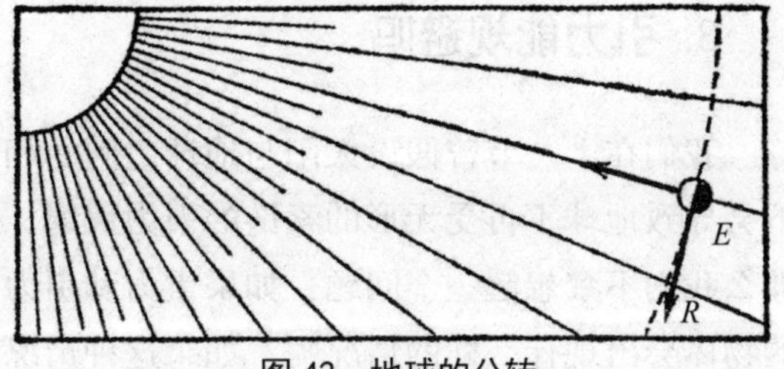

图 42　地球的公转

2. 将地球和太阳连在一起的钢索

如果有一天，无比强大的太阳引力在一瞬间消失不见了，那么地球上的人们就会面临灭顶之灾，因为地球会沿着轨道切线向黑暗、充满危险的宇宙深处飞去。假如这种情况变成现实，应该怎么办呢？工程师会把那个看不见摸不着的引力链条换成一根结实的绳索，或者说把地球用一条非常结实的钢索拴在太阳上，这样一来，地球还会按照原先的轨道继续绕着太阳旋转。但是能够承受超过100 kg/mm^{2}拉力的物体真的存在吗？我们不如用一根直径为5 km的巨大钢柱试一下。这根钢柱拥有20 000 000 m^{2}的切面，能够承受的拉力足有2 000 000 000 000 t。

在太阳上将这根钢柱放下来，用它来连接地球和太阳。我们可以想象一下，究竟需要多少根这样的巨型钢柱，才能让地球继续沿着之前的轨道绕着太阳旋转，而不飞离太阳系呢？答案是二百万根！如果在大陆和海洋上放上这样的钢柱，那就会变成漫无边际的钢柱森林。如果我们无法体会到这种景象有多宏大，那我就来描绘一下这样的场景：如果朝向太阳的半球装下了这一整片钢柱森林的话，那么钢柱跟钢柱之间的距离有多大呢？比钢柱的横截面大不了多少。可以想象出来，如此庞大的钢柱森林能够承受的压力等同于在太阳和地球之间产生的那个看不见摸不着的引力。

其实这种引力还是可以观测到的，在引力的作用下，每一秒钟，地球的旋转轨迹都会偏离切线3 mm，所以地球的轨道很像一个完整的椭圆形。真是难以置信，这么大的引力只让地球移动了3 mm！这充分说明地球的质量是非常大的。

3. 引力能规避吗

我们在上一节曾假设太阳与地球之间的相互引力不复存在，这种情况下会导致地球不再受无形的索链的引力束缚，从而飞向浩瀚的宇宙深处。那么我们不禁想起一个问题：如果重力和引力一同消失的话，那么地球上的物体会出现什么样的情况呢？如果这种情况真的发生了，那么没有什么东西可以保持在原地不动，即便受到的触碰有多轻微，都会飞向深邃的宇宙中去。说实话，想让它们飞出去，根本不必亲自去碰它们，地球的表面上所有跟地球没有直接关联的物体，都会在地球自转的作用下飞向深邃的太空。

英国作家威尔斯曾经写过一本名为《月球的第一批造访者》的幻想小说，其中提出了一种被称为星际旅行的奇特想法。故事的主人公是一位科学家，他研制出了一种具有将引力屏蔽掉的特殊性质的化合物。无论是什么物体，只要沾上了这样的化合物，就会失去地球对它产生的引力，但是，并不影响它承受别的事物对它产生的引力。在这部小说中，威尔斯给这种化合物取名为“凯伏尔剂”，而名字中的凯伏尔就是该小说中发明这种化合物的人的名字。

小说家这样写道：

众所周知，万有引力也是重力的其中一种，任何物体都会受到它的影响。为了防止光线照射在物体上，我们可以在物体和光线之间设置障碍物，以此阻隔光线的照射；想要阻挡无线电波，将物体用金属叶片包裹起来就可以了。可是你可曾听说过有哪种物体可以让太阳引力或地球重力失去作用吗？我们也不清楚，为什么自然界里缺少让引力失效的物体呢？凯伏尔想要一探究竟。在他看来，通过自己的特殊合成方法可以制出这种让引力失效的物质。

就算是那些缺乏想象力的人也可以想象出来，我们带着这样的物质，将会颠覆整个世界。举个例子，你想象举稻草一样轻松惬意地将一艘巨型轮船举起来吗？很简单，只要在船底抹上一些凯伏尔剂就可以了。

通过合成得到这种特殊的化合物后，小说的主人公开始建造航天飞机，他打算开着这种飞船去月球旅行。他设计出来的航天飞机拥有极其简单的结构，任何推动装置都没有，完全依靠天体间的引力飞行。我们将作者对这种飞船结构的描述摘录在了下面：

你脑海中的航天飞机的模样应该是这样的：飞船的空间非常宽敞，足以装下两个人以及他们的行李。它的壳是双层的，分为内壳和外壳，内壳的材料是厚玻璃，而外壳是由钢制成的。凯伏尔将压缩空气、压缩食品以及用来制作蒸馏水的器具装进了飞船里。飞船呈一个圆球的形状，钢外壳表面被一层“凯伏尔剂”盖得严严实实，玻璃内壳是完全密闭起来的，舱门是唯一的入口。拼接在一起的钢板组成了飞船的外壳，每一块钢板都可以随意地卷起来，犹如窗帘一般。它是用特制的弹簧制作出来的，对制作的技术要求不高。坐在玻璃舱内的人通过操纵由白金导线传输过去的电流来控制钢制外壳的升降。这些是对飞船的技术性描述。飞船外壳上的“窗子”和涂有凯伏尔剂的“窗帘”是飞船最重要的部分。如果我们把所有的“窗帘”都拉下来，它会将船舱完全覆盖起来，不管是光线、辐射还是万有引力都无法穿透它。可以想象，如果我们打开的那扇窗户恰好正对某个物体，那么这个物体就会开始吸引我们的飞船。如此一来，我们就可以不用任何燃料，自由自在地进行星际旅行了：如果我们被不同的星球来回吸引的话，那么我们就会依次飞向吸引我们的星球。

4. 威尔斯小说的主人公们是用什么方法飞往月球的

小说家威尔斯生动有趣地描写了主人公驾驶星际飞船遨游太空的故事。飞船的外壳涂了一层“凯伏尔剂”，瞬间失去了所有的重量。我们知道，大气层的底下不允许失重的物体存在，哪怕是停留片刻也不行，就如同沉在湖底的软木塞失去重量后会上升到水面上一样。随后，在地球自转的惯性作用下，这些失重物体会被甩到大气层的边缘，紧接着飞离大气层，进入深邃的宇宙。小说的主人公们就是利用这样的原理遨游太空的。他们进入太空后，将外壳上的窗户打开，依次让飞行器承受太阳、地球以及月球的引力，从而获得足够的动力来到月球表面。最后，主人公们中的其中一人再次乘坐这艘飞船返回地球。

我并不打算在这里探讨威尔斯的幻想是否真实，如果你想了解这些内容，可以参阅我写的另一本书《星际旅行》。事实上，这样的幻想并非无中生有，我们暂且承认小说家威尔斯描述的是对的，就让我们跟着他笔下的主人公们去月球旅行吧。

5. 月球上的半个小时

我们现在来讨论一下，当威尔斯小说的主人公们来到重力比地球小得多的月球后，会是什么样的感觉？

我将小说《月球上的第一批造访者》中关于登陆月球后的描述摘录在了下面。讲述者是一位刚刚踏上月球表面的地球人。

我把飞船顶端的舱门打开了，保持跪下的姿势将上半身探出舱外。可是外面是一片雪景，就在距离我的头顶3英尺（1英尺约为0.3米）远的下方，这片来自月球的雪并未展示出任何生命的迹象。

凯伏尔在船舱边坐了下来，身上披着一层被子，他谨慎地把脚放了下来。不过当他垂下的脚距离地面还有半英尺时，突然开始变得犹豫了起来，最终，他还是把脚垂到了月球的表面。

我在飞船的玻璃壳里目不转睛地看着他。不过，他还没走出几步就停在原地了。他开始来回张望，随后莫名其妙地将走路变成了翩翩起舞，虽然在玻璃的折射下，他的身影非常扭曲，不过我看得很清楚，他随便一跳，就能落在距离我六至十米远的地方。他在一块岩石上站着，冲我打手势，或许他在打手势的时候，还大声喊来着，不过他的喊声是无法传到我的耳朵里的……可是，他为什么不好好走路，而是跳着往前走呢？

我实在是感到好奇，所以也从舱口爬了出来，跳到月球的表面上，我下落的地方在一个雪坑的附近。我走出第一步后，也改成了跳步前进。

我感觉自己在天上飞，几乎是在一瞬间，我就来到了凯伏尔站的岩石旁边，那家伙一直在那里等我呢。我想要顺手把这块岩石抓起来，不过令我感到诧异的是，我不但没有把岩石拿起来，反而挂在了那上面。

凯伏尔哈下身子，冲着我大喊大叫，告诉我要注意安全。此时的我早已忘记，地球的引力可是月球的六倍啊！当我被挂在岩石上，我才想起来引力差异的事。

我开始谨慎地走动，最终来到了岩石的顶端。我看起来跟个风湿病人似的，迈着踉跄的步伐来到面向太阳的岩石坡上，肩并肩跟凯伏尔站在一起。我们乘坐的飞船就在距离我们30英尺以外的地方，飞船下面的积雪已经出现融化的迹象了。

“快看啊，”我转过来，打算跟凯伏尔说话。

不过，凯伏尔竟然连招呼也没打，就失去了踪影。

我被这突如其来的情况弄得困惑不已。等我缓过神来，便打算看看他是不是在岩石的后面，我一着急就冲着岩石的背面跑了过去。可是，我忘了一件事，我现在是在月球上。如果我在地球上迈出当时在月球上奔跑的一步，跨出的距离只有一米，但是，用相同的力量在月球可以一下子跨出六米远。我只用了一步就落到了距离岩石旁边五米远的地方。

此时的我感觉自己在做梦，一种在天上飘来飘去，下落时又仿佛坠入了万丈深渊的梦。如果一个人在地球上下落，那么他在第一秒就会拥有五米的下落速度，但是换成月球，他的第一秒的下落速度就变成了八十厘米。这就是为什么飞下九米，还能保持身体平衡的原因。我认为下落的时间有三秒，这对于生活在地球上的人来说算是相当长了。我宛如飘浮在空中的羽毛，缓慢地下落到了岩石的底部，陷入了跟膝盖同深的雪堆里。

“凯伏尔！”我环顾四周，大声喊着他的名字。不过我连他的脚印都看不到。

“凯伏尔！”我开始敞开嗓子喊。

突然之间，我从距离我大约二十米的一处荒凉的峭壁上发现了他，那家伙正在一边笑，一边冲我打手势呢。虽然他说的话我听不到，但是他的手势我能看懂：他的意思是让我跳到他站的峭壁那里去。

这对于我来说可不简单，他距离我实在是太远了。不过我马上意识到，如果凯伏尔可以跳到那里去，那么我也可以。

所以，我朝后面挪了一步，拼尽全力冲他的位置跳了过去。我飞快地冲向了天空，仿佛一支离弦的箭，永远也不打算下落一样。这真是一种奇妙无比的感觉，尽管感觉上像是在做梦，但是从中感受到的惬意是真实存在的。

很显然，我跳得太猛了，直接从凯伏尔的脑袋上飞过去了。

6. 在月球上打靶

如果我们摘录苏联著名科学家齐奥尔科夫斯基的《在月球上》中的一段文字，就能更好地理解物体在重力的作用下如何运动。物体在地球上运动时，需要承受周围大气的干扰，所以虽然落体定律非常简单，但是必须附加一些条件，让运动的条件复杂多变。考虑到月球上不存在任何空气，所以，我们最好能在月球上建立一个专门针对落体的实验室，做一些重力的科学研究。

在我摘录这段文字之前需要跟大家声明，以下这段对话是小说中的两个人在月球上完成的，而射出的子弹如何运动是他们当时研究的话题。

“不过，火药在月球上真的会起作用吗？”

“在真空的环境下，爆炸物产生的力量肯定比在空气里的强大，因为冲击力的扩散会受到空气的阻碍。我们在这里不用考虑氧气的问题，因为火药本身包含了足够的氧气量。”

“我们不如把发射的方向调整为向上，如此一来，炮弹的弹壳就会掉落在我们附近……”

随着一道亮光在我们面前出现，我们似乎听到了“砰”的声响，地面出现了微微的颤动。

“枪塞跑到什么地方去了？它不应该跑到别的地方去啊！”

“枪塞是跟子弹同时滑膛而出的，但是它的位置不一定在子弹的后面，由于受到了大气的干扰，它的速度会受到影响，而在真空的环境中，由于没有空气的阻碍，即便是上升或是下落的羽毛产生的速度也和石头保持一致。我们可以做一个小实验，你准备一片羽毛，我准备一个小铁球，然后我们分别拿手里的东西扔向靶子，即使靶子再远，手持羽毛的你也可以像我一样不费吹灰之力命中靶子。物体的重力在真空中是非常微弱的，如果我将手里的小铁球扔出四百米远，你用同样的力气扔羽毛，也能扔出四百米的距离。况且，你扔羽毛的动作不会对你产生任何的负面作用，因为你扔羽毛时，根本使不了多大的力气。我们两个人都用同样的力量，瞄准远处那块红花岗石，将手里的东西扔过去吧……”

你会发现羽毛犹如被暴风带着呼啸前行，它的速度甚至比铁球还要快一些。“为什么射出去三分钟后的子弹，仍旧看不到它的踪影？”“两分钟过后，你就看见它了。”

没错，过了两分钟后，我们突然觉得地面出现了微微颤动的迹象，原来枪塞在离我们不远的地方来回蹦跳呢。

“我感觉这颗子弹好像飞了很长时间啊！它的飞行高度到底是多少呢？”

“七十千米。考虑到这里缺乏空气的阻力影响，重力又非常微弱，因此，这样的飞行高度实属正常。”

下面，我们来亲自计算一下。倘若射出的子弹从枪口飞出的一瞬间拥有500 m/s的飞行速度（这个数字比较保守），那么这颗子弹在地球缺乏大气的地方的飞行高度应该是：

$$h=\frac{v^2}{2g}=\frac{500^2}{2\times10}=12\,500=12.5\text{ km}$$

如果我们将子弹的飞行地点换成引力为地球的$\frac{1}{6}$的月球，那么，子弹在月球上的飞行高度应该是：

$$12.5\times6=75\text{ km}$$

7. 在深不见底的竖井里

我们对地心的情况了解得非常少。如果你问厚度为100 km的坚硬地壳下面是什么，有人会说是炽热的液浆，有的人会说地球从地表到地心全都是固态的。想要正确回答这个问题确实非常难，因为目前人类挖掘的最深的矿井也只有区区7.5 km深，允许人进入的深度只有3.3 km。顺着地球的直径凿穿地球是个得知地心情况的好办法，但是，地球的半径可是长达6 400 km啊！

人类目前的科技水平还非常落后，无法做到这一点，尽管我们在地壳上挖出的矿井总长度比地球的直径长度还要长。18世纪的数学家莫佩尔蒂以及哲学家伏尔泰曾经提出过这样一种设想：凿穿地球，用隧道将两端连接在一起。法国的天文学家费拉·马里翁也曾经有过这样的设想，但是他的设想不同于前面的二位，并且规模也没有那么浩大。他曾经以这个题材写过一篇文章，我对这篇文章中的插图进行了一些调整，放在了下面（图43）。

图 43　沿地球直径挖个深井

没错，人类一直到现在也没有尝试他的设计。我们暂且认为设计这样一个深不见底的竖井，有助于研究一个非常有意思的问题。那么你觉得，假如你不慎跌入了这口竖井，如果不计空气阻力，你的命运会是怎样的呢？考虑到这口竖井深不见底，你并不会被摔得粉碎，不过你会在什么地方停下来呢？地心吗？答案是否定的。如果你坠入了地心的内部，由于你下落的速度非常快（差不多8 km/s），想要停留在这个点上是完全不可能的。你会快速经过这个点，而且继续以飞快的速度向下坠落，随后你下坠的速度会慢慢降下来，直到你到达这口竖井的另一端。此时你需要做的就是用双手紧紧地抓住井的边缘，如果不这样做的话，你还得再来一次这样的竖井下坠旅行，重新回到你之前坠下竖井的地方。倘若你在那一边也没抓住井沿的话，那么，很不幸，你还得再来一次这样的下坠之旅。假如你每次都抓不住井沿的话，那么你就会反复下坠，被困在这口竖井里（图44）。通过力学的原理我们得出结论，如果不考虑竖井里的空气阻力，在这种条件下，下坠的物体是不会停止运动的。

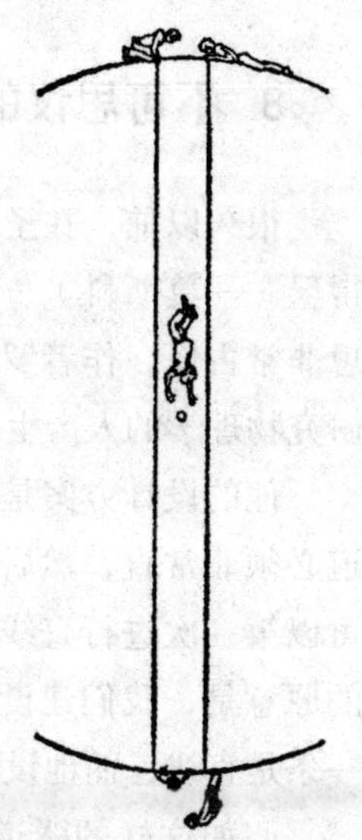

图44　如果落入深井便会被困在里边

那么，我们计算一下，从竖井的一端下坠到另一端需要多久。答案是84分24秒，差不多一个半小时的时间。费拉·马里翁接着描写道：

假如这口竖井的两端连通着地球的两极，就会得出这样的结果。不过如果我们改变掘凿的地点，更换一个纬度，比如将纬度换到欧洲、亚洲或是非洲大陆的话，我们就还要考虑地球自转产生的影响。众所周知，地球表面上的任何一个点都保持着很快的运动速度，这种运动速度在赤道地区为465 m/s，在巴黎为300 m/s。随着地球拉长自转轴的距离，圆周的速度也会相应地加快，所以，在竖井里下坠的小铅球移动方向并不是垂直向下的，而是会向东面偏移一些。因此，如果我们将这口竖井放在赤道地区，就必须将它的宽度或是斜度大幅度扩大，因为在这口竖井里下坠的物体移动路线肯定会向东偏移，远离地心。

假如我们将井口放在南美洲的一个高原上，我们将高原的高度设定为2 km，而井口的另一端与海面连通，这样一来，在竖井里下坠的人先会从另一端的井口飞出来，然后再窜上海面以上2 km的高空。

假设我们将两端的井口都放在海面上，那么当下坠到竖井里的人从井口的另一端飞出来的时候是没有任何速度的，在这样的情况下抓住他很简单，只要伸伸手就行了。反观之前的那种情况，我们要做的就是尽可能地避开他，因为跟这样一个空中飞人撞在一起可不是什么好玩的事。

8. 不可思议的隧道

很久以前，在圣彼得堡出现了一本名为《自行滚动运行式铁路（圣彼得堡——莫斯科）——科幻小说（三章，未完）》的小册子。这本书的构思非常古怪，作者罗德内赫提出了一种无与伦比的设计方案，使那些喜欢研究物理学的人产生了浓厚的兴趣。

他的设计方案是这样的：挖掘一条长度为600 km的地下隧道，这条隧道必须非常直，然后把俄国的旧都和新都连接在一起。如此一来，人类就可以第一次进行直线的旅行，而不是像往常一样沿着曲线旅行了。（作者的原意是，我们建设的道路都是沿着呈弧形的地面建造而成的，所以没有一条是直线，而他设计的隧道则是完全的直线。）

假如这样的隧道能够成功，那么它将具备这个世界上所有道路都没有的一种神奇的特性：在这种隧道里行驶的车辆全都会自动行驶。我们不妨回忆一下刚才说过的连接地球两端的竖井吧。从列宁格勒（即圣彼得堡——译者注）到莫斯科的隧道跟它非常相似，它们之间唯一的不同是它的开掘不是沿着地球的直径，而是沿着地球的一条弦。没有错，从图45上我们能够发现，乍一看这条隧道是水平的，仅凭自身的重力很难推动机车行驶。不过，我们这么想就错了，如果，我们分别在隧道的两端将一条地球的半径线画出来（半径的方向是垂直的），就会恍然大悟，原来隧道跟垂直线的方向呈的不是直角。换句话说，隧道并不是水平的，它有略微的坡度。

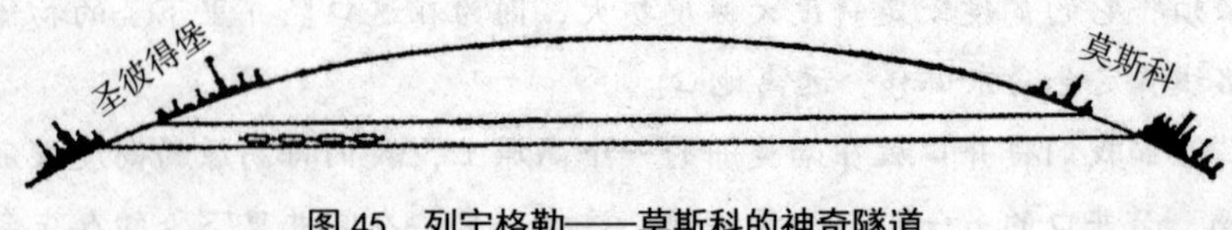

图 45　列宁格勒——莫斯科的神奇隧道

任何物体在这样具有坡度的隧道里，都会受到重力的作用，在重力的影响下，它们会顺着隧道的底面反复地移动。如果我们将铁轨铺在隧道上面，火车就可以在不用燃料的情况下自己向前滑行，推动它滑行的是将火车头替换成机车的自身的重力。一开始，火车移动的速度并不快，但是它的速度会变得越来越快，用不了多长时间，我们会发现，它达到的速度，足以受到来自隧道中的空气的阻力影响。

我们先避开阻碍火车前行的空气不谈，它的存在致使很多奇思妙想无法成为现实，我们还是接着聊聊这列火车是如何运行的吧。火车抵达隧道尽头时的速度比滑膛而出的炮弹的速度快很多！火车在这样的速度下行驶，甚至能够一直跑到隧道的另一头。不考虑摩擦作用的话，我们可以删除句中的“甚至”一词，因为这列从列宁格勒行驶到莫斯科的“无头”火车，完全可以自动行驶。我们经过计算得出结论，火车在这个隧道里行驶一趟的用时等同于物体在无底竖井里坠落一次的用时，都花费了42分12秒。最让人感到不可思议的是，花费的时间跟隧道的长短没有直接关系，无论是从莫斯科到列宁格勒，还是从莫斯科到符拉迪沃斯托克或是墨尔本，花费的时间都是相同的。

如果我们把火车换成别的车，例如检道车、马车或是汽车会怎么样呢？结果是一样的。这样的道路真是太奇怪了，道路本身不移动，但是在上面行驶的车辆却能自己从一端跑到另一端，而且还具有超快的速度！

9. 如何开掘隧道

你可以观察下图46，它为我们展示了三种开掘隧道的示意图。你可能会问，这三种开掘方法里包括水平开掘吗？

答案是肯定的，中间那幅图就是水平开掘。如果我们观察中间这幅图时会发现那上面有一条弧线，这条弧线上的点与垂直线（也就是地球半径线）呈直角。考虑到隧道的曲度与地面的曲度保持一致，所以这条隧道是水平的。

通常情况下，绝大多数隧道都会按照最上面的图修建：它的走向可以完全重叠在隧道两端与地面相切的直线上。这种隧道的构造很有趣，一开始略微翘起，随后又略微凹陷。这样设计的优势在于隧道里不易积水，因为隧道存在坡度，所以水会顺着下坡流向洞口。

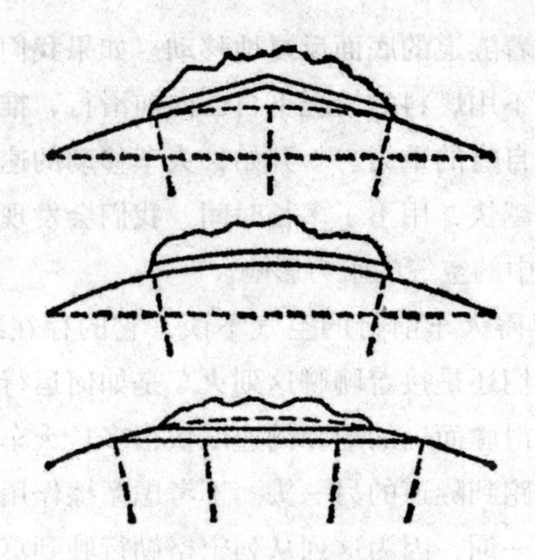

图 46　穿山隧道的三种开掘方法

假如我们严格按照水平开掘的要求修建隧道，那么幽长的隧道表面就会出现弧形的形状。如果这种隧道里有积水，它并不会沿着隧道表面流到洞口，因为隧道里任意一点上的水都维持着平衡。假如这种隧道的长度比15 km还要长的话，那么我们站在一端是无法看到隧道另一端的，因为隧道的顶端把我们的视野遮挡住了，隧道的顶点的高度比两端的高度高4 m左右。

最后，倘若我们顺着将两端连接在一起的直线开掘隧道，那么等到隧道建成后，你会发现它的形状呈中凹状。这种隧道里的积水不仅无法自行流到洞口，而且全都会积在隧道里最低的位置。如果一个人从这样的隧道的一端向里望去，就能看到隧道的另一端。

等我们仔细观察图46后，自然可以领悟这些道理。

第五章

乘炮弹到月球去

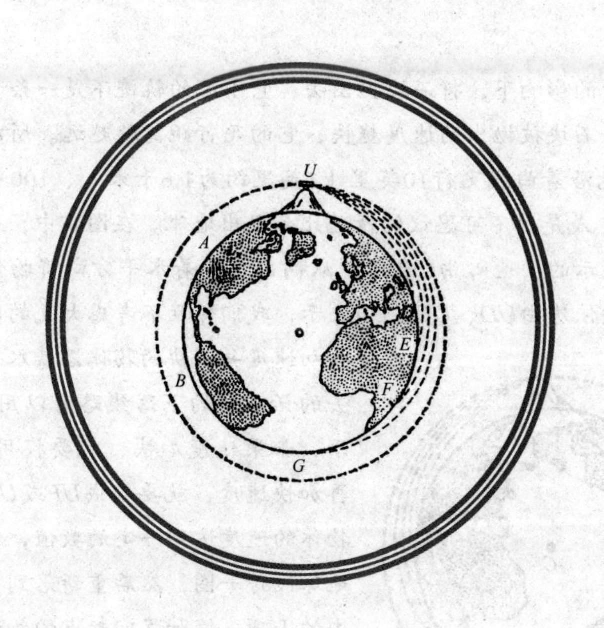

关于运动以及引力定律方面的话题将在这里告一段落，我们现在不妨思考一个问题，儒勒·凡尔纳在《从地球到月球》和《环月旅行》两篇小说中描写的月球之旅，听上去既虚幻又让人充满期待。如果我们读过他的小说，绝对不会忘记巴尔的摩尔大炮俱乐部的会员，北美战争结束以后，他们实在是百无聊赖，所以打算凑在一起制造一门巨炮，决定利用这门巨炮将一发装有乘客的巨型空心炮弹射到月球的表面，让那些乘客有机会去月球一探究竟。

这样的构思是不是有点太科幻了？我们先要问一个问题，我们能否给物体赋予一种速度，让它能够持久地驶向月球且中途不停歇呢？

1. 牛顿山

我先要在这里援引万有引力的发现者牛顿的一段论述。他曾经在《自然哲学的数学原理》中写过这样一段文字（为了方便读者理解，引文为原文的意译）：

在重力的影响下，将石块抛出去，它下落的轨迹不是一条直线，而是一条曲线。石块被抛出的速度越快，它的飞行距离就越远。所以，这块石头很有可能沿着曲线飞行10英里（1英里约为1.6千米）、100英里，甚至1 000英里，或是更不可思议的情况比如飞出地球。在图47中，地球的表面是用*AFB*表示的，地心由*C*表示，从高山顶沿着水平方向将物体抛出的速度逐渐加快依次由*UD*、*UE*、*UF*表示，我们暂且不考虑大气的阻力影响，将初速度并不快的物体沿着水平方向抛出去的话，它的下落线路可以用曲线*UD*表示，如果速度加快，就要换用*UE*表示，再加快速度，就要换成*UF*或*UG*。如果该物体的速度达到一定的数值，它就会绕着地球飞行一圈，然后重新落到将它投掷出去的山顶。假如落回起点的物体速度比它被抛出时的初速度还要快的话，那么它会继续沿着之前的那条曲线飞行。

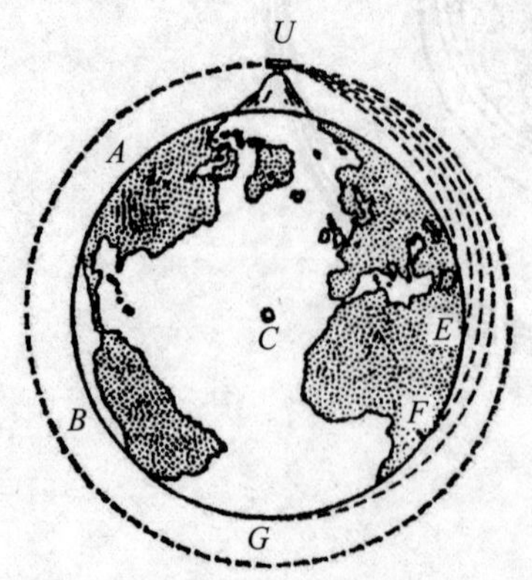

图 47　各种速度炮弹的不同轨迹

我们不妨做一个这样的假设，我们在一座高山的山顶放一门大炮，如果从它的炮膛里射出的炮弹加速到一定的速度时，它就会绕着地球转个不停，而不是落到地面上。我们可以进行一些简单的计算得出结论，所谓一定的速度就是8 km/s。换句话说就是，如果从炮膛里飞出来的炮弹可以加速到8 km/s，那么它就会变成地球上空的一颗卫星，而永远不会落到地面上。这颗炮弹的飞行速度比赤道上的任何一点的速度都要快出17倍，绕地球转一圈的时间达到了惊人的1小时24分。

如果炮弹拥有更快的速度，那么它围绕地球旋转的路线就会变成椭圆形而不再是圆形，这种椭圆的端点离地球并不算近。假如我们再次加快炮弹的初速度，那么它就会飞向深邃的宇宙之中，不会围绕地球旋转了。计算得知，想要摆脱地球的引力，需要的初速度至少在11 km/s（我们在进行判断前并没有将空气的阻力考虑进去）。

我们现在来验证一下儒勒·凡尔纳提出的月球旅行是否可行。我们现在设计出的大炮无法让炮弹的初速度超过2 km/s，要想飞上月球这还差得远呢，需要的速度是它的五倍还多。但是小说的主人公们有着自己的想法，他们认为只要将大量的火药装进造好的巨炮里，就能够产生让炮弹直接飞到月球表面的初速度了。

2. 虚构的大炮

在大炮俱乐部会员们的埋头苦干下，这门巨大的重型大炮终于被制造出来了，它全长250 m，与地面保持垂直，埋在地下。他们还制造出了跟巨炮体积相当的重型炮弹，拥有8 t的重量，里面设置了客舱。

我们将160 t重的硝化棉火药放进炮膛里。假如我们可以相信儒勒·凡尔纳所说的话，那么炮弹飞出炮膛时的速度是16 km/s，即便将空气的阻力考虑进去，它的速度仍然高达11 km/s。如此一来，这颗炮弹脱离大气层后，仍然具备飞到月球表面的速度。

凡尔纳在小说中是这么描述的。但是如果我们用物理学去验证它，会出现什么情况呢？

儒勒·凡尔纳的设计是完全没有科学依据的，这其中最大的问题不是制造火炮和炮弹的可能性，而是即便放入大量的火药，从炮膛里射出的炮弹的初速度也无法达到3 km/s（我在《星际旅行》一书中做了相关的论证）。

其次，儒勒·凡尔纳并没有把空气阻力的影响考虑进去，炮弹在空气中飞行的速度过快，它的飞行轨迹肯定会发生巨大的改变。就算我们不说空气阻力的事，乘坐炮弹去月球旅行的设想本身也无法得到大多数人的支持。

对于乘客来说，坐在炮弹里飞行是相当危险的事情。出现危险的时间段并不总是在从地球飞向月球的途中，如果炮弹从炮膛里射出去后，乘客们都很安全的话，那么，他们在随后的旅途中碰到意外的概率就不是很大了。尽管载有乘客的炮弹在宇宙中的飞行速度极快，但是坐在里面的乘客不会受到什么影响。这种情况跟生活在地球上的居民非常类似，尽管地球围绕太阳旋转的速度比炮弹的飞行速度快得多，但是地球上的居民并未受到这种速度的影响。

3. 沉重的帽子

你知道什么时候坐在炮弹里的乘客会面临最大的危险吗？那就是他们乘坐的炮弹在射出炮膛之前的百分之几秒。他们的运动速度在百分之几秒的时间里，要从0加速到16 km/s，怪不得小说的作者描写了乘客在即将发射的时候，被吓得脸色铁青的画面。巴尔比根声称，乘客在炮弹从炮膛里射出来的时候，面临的危险等于站在飞出炮膛的炮弹前面，他的判断是正确的。没错，当这种带有客舱的炮弹从炮膛里射出来时，一种自下而上的力量会从客舱的底部产生，猛烈地作用在乘客的身上，这种力量跟炮弹在飞行中命中目标的力量差不多。小说的主人公忽视了这种力量的作用，在他们看来，最多也就是脑袋磕在客舱的顶上……

不过，在现实当中，结果就没这么乐观了。由火药爆炸产生的气压的力量会逐渐加强，在它的作用下，炮膛里的炮弹开始加速。在短短不到一秒的时间里，它的速度可以从0加速到16 km/s。为了便于理解，我们将这种运动看成一种匀加速。如此一来，如果我们要在极短的时间内将炮弹加速到这一数字，那么它的加速度则达到了惊人的600 km/s^2（下一节会讲它的计算方法）。众所周知，通常情况下，地球表面的重力加速度大约是10 m/s^2，它跟炮弹的加速度完全没有可比性。通过上述的数据我们可以得出结论，当炮弹发射的时候，任何存在于炮弹里的物体都会受到来自舱底的压力的作用，这种压力是物体重量的60 000倍。换句话说就是，乘客们感受到的压力是他们平时的几万倍！他们在如此强大的重力的作用下，会在一瞬间被压成一摊肉泥。此时，巴尔比根先生戴在头上的帽子会突然增加15 t以上的重量。这么重的重量能够轻而易举地将巴尔比根先生压扁。

4. 怎样减轻速度急剧增加带来的伤害

通过力学定律，我们知道了缓和速度急剧增加的办法。我们唯一需要做的就是将炮筒加长数倍。

不过，假如坐在炮弹里的乘客在炮弹发射时承受的重力等于地球的重力的话，那么我们必须大幅度加长炮筒的长度。经过粗略的计算，我们必须把炮身的长度加长6 000 km才行。换句话说就是，儒勒·凡尔纳的“哥伦比亚”号大炮必须伸向地球的深处，直插地心……如此一来，坐在炮弹里的乘客才不会出现任何不舒服的感觉，因为他们除了承受自身的重量，还承受了加速度产生的重量，所以会出现各种难受的症状，他们此时感受到的重量比自身的重量增加了一倍。

但是，如果让人在极短的时间内承受几倍的地球重力，并不会对身体产生什么负面影响。举个例子，当我们乘坐雪橇，从山顶往山下滑行的路途中突然发生了路线上的改变，那么顷刻间，我们的体重就会出现明显的增加，换句话说就是，我们可以更有力地将自身的重量作用于雪橇之上。我们的身体完全能够承受两倍的重力。我们不妨假设一下，人在短时间内可以承受10倍的重力，这样的话，在建造这门巨炮的时候，将它的长度设计为600 km就足够了。不过，我们需要指出的是，从技术的层面来讲，我们无法建造出这样的巨炮。

因此，儒勒·凡尔纳提出的乘坐炮弹进行月球旅行的疯狂计划是不可能实现了。

5. 写给数学爱好者们

在我们的读者当中，一定有人想验证一下前面那一节提到的一些数据。那么我们现在就来算一算。不过我需要声明一点，我们得出的都是近似的数值，因为我们假设炮弹在炮膛里进行匀加速的运动（事实上，速度的增加不是均匀的）。

我们需要用下面的两个匀加速的运动公式进行计算：

当t秒结束时，速度v和at是相等的，这里的a是加速度，也就是：

$$v=at;$$

我们用s来表示在t秒内走过的距离，我们可以用下面的公式求出：

$$s=\frac{at^2}{2}$$

首先，我们需要利用这两个公式将炮弹在“哥伦比亚”号大炮的炮膛中的加速度求出来。

通过小说我们得知，没有填装火药的巨炮炮膛的长度为210 m，也就是说，炮弹滑行的距离为s，我们知道，炮弹最后的速度v=16 000 m/s，那么我们有了s和v这两个数值，可以求得t。

炮弹在炮膛里的运动时间是：

$$210=s=\frac{at^2}{2}=\frac{16\,000\,\mathrm{t}}{2}=8\,000\,\mathrm{t} \quad t=\frac{210}{8\,000}\mathrm{s}\approx\frac{1}{40}\mathrm{s}$$

想不到炮弹在炮膛里的滑行时间只有$\frac{1}{40}$ s！倘若我们把这个数值代入到公式$v=at$里，可以得出：

$16\,000=\frac{1}{40}a$，因此，$a=640\,000\ \mathrm{m/s^2}$

换句话说就是，炮弹在炮膛里移动时的加速度为$640\,000\ \mathrm{m/s^2}$，或是说比重力加速度大64 000倍。

那么，炮膛需要达到多长的长度，炮弹的加速度才能变成重力加速度的10倍，也就是$100\ \mathrm{m/s^2}$呢？

我们知道$a=100\ \mathrm{m/s^2}$，$v=11\,000\ \mathrm{m/s^2}$（不考虑大气阻力的话，这样的速度就够了）。

从公式$v=at$可以得知：

11 000=100 t，可知t=110 s。根据公式，我们得出炮膛的长度为：

$s=\frac{at^2}{2}=\frac{100\times110^2}{2}$=605 000 m，也就是大约600 km。

通过这些数据，我们轻松地否定了儒勒·凡尔纳小说里的“完美”计划。

第六章

液体和气体的特性

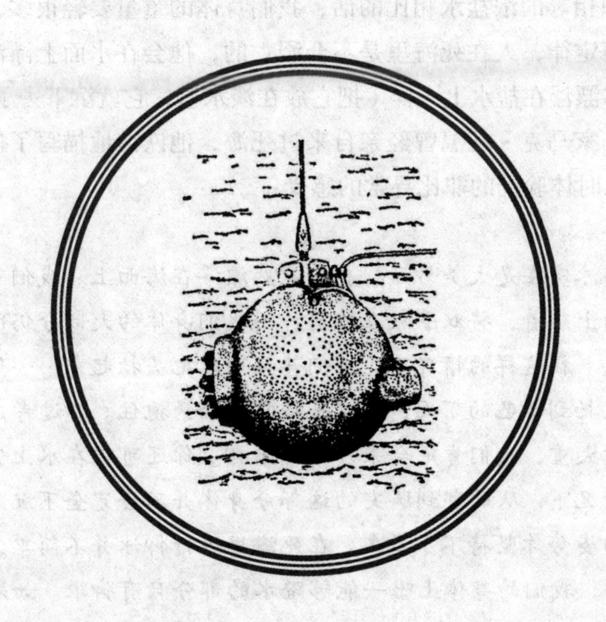

1. 不会让人溺水的死海

很久以前，人们就知道这个世界上有一片海，人跳下去会浮在水面上，这就是声名远扬的死海。死海里的水盐分的含量很高，几乎没有生物可以在里面生存。在西亚炎热久旱的气候的作用下，死海里的水开始大量蒸发，不过它蒸发掉的全都是水分，留在死海里的是溶解于水中的盐分，所以，死海在逐渐地增加盐的浓度。这就是为什么死海海水的含盐量能够达到惊人的27%以上。一般的海洋的含盐量只有2%～3%，随着海水深度的不断加大，含盐量会越来越高。因此，死海里的盐分在它所含的溶质中占据的比例达到了$\frac{1}{4}$。它的盐的总含量大约为400万吨。

超高的含盐量赋予了死海一种特性：跟一般的海水相比，这里的海水要重很多。在密度如此之大的液体里，人会漂浮在海面上，因为我们身体的重量比它还要轻。

同体积相等的浓盐水相比的话，我们身体的重量要轻很多，所以，依照阿基米德定律，人在死海里是不会溺亡的，他会在水面上漂浮，这就好比鸡蛋能够漂浮在盐水上一样（把它放在淡水里，它就沉下去了）。

幽默作家马克·吐温曾经亲自来过死海，他诙谐地描写了他和同伴在死海里游泳时体验到的非比寻常的感受：

这种游泳实在是太美妙了！我们竟然漂浮在海面上。我们可以伸直身子，在海面上躺着，将双手放在胸前，而我们身体的大部分仍旧平稳地在海面上漂浮。在这样的情况下，我们甚至可以把头抬起来……你还能够惬意地把膝盖抬到下巴的下面，用双手将它们紧紧抱住。不过考虑到我们的头部的重量太重，我们肯定会来一个倒滚翻。你还可以在水上完成倒立，在这样的情况下，从胸部到脚尖的这部分身体并不会完全下沉到海水里，但是这样的姿势你坚持不了多久。在死海里进行仰泳并不简单，你的脚在海面上漂浮，我们的身体上唯一能够蹬水的部分只有脚跟。如果我们把泳姿换成俯泳，那么你不但没法往前游，还会朝后面退。在死海里，人没法游泳，也没法保持直立，唯一能做的就是侧身躺着，看上去跟一匹马似的。

通过观察图48，我们发现一个人轻松惬意地在死海的海面上平躺着。在密度大的海水的作用下，他可以用这种平躺的姿势看书，甚至撑起一把伞遮挡火辣辣的阳光。卡拉博加兹戈尔湾（里海的一个海湾）里有一个湖名叫埃尔通湖，它的含盐量也达到了27%以上，因此，它也具备死海的特性。

图48　死海水面上漂着的人

采用盐水浴治疗的病人，往往也有这样的体验。假设水的含盐量太高，例如旧鲁萨的矿物水，病人想要将自己的身体贴至浴盆底，必须拼尽全力。我曾听一位在旧鲁萨疗养的妇女埋怨道，浴盆的水总是将她推向外面。她一度认为疗养院的管理人员存在过失，她完全没有想到这是阿基米德定律在产生作用……

不同的海洋拥有完全不同的含盐量，所以船只在不同的海洋里，吃水的深度也会存在差异。或许有些读者曾经在船身的侧面吃水线附近观察到了“鲁意记号”。它的作用是标记船只在密度不同的水域中能够承受的最大吃水限度。图49中的满载标记，

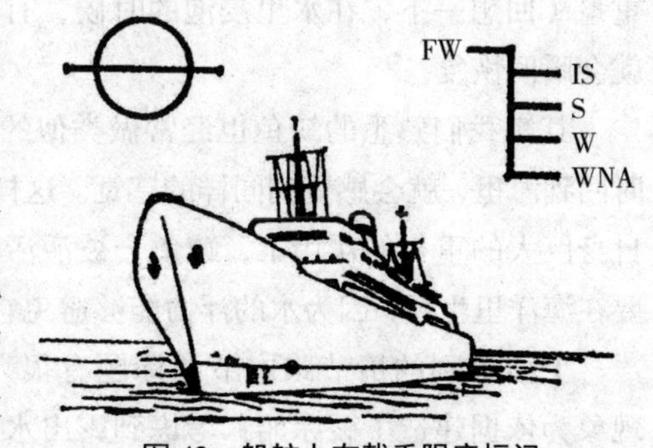

图49　船舷上有载重限度标记

也就是船只在不同的水域中的最高吃水线：

在淡水里（Fresh Water）——FW；

在印度洋里，夏季（India Summer）——IS；

在咸水里，夏季（Summer）——S；

在咸水里，冬季（Winter）——W；

在北大西洋里，冬季（Winter North Atlantic）——WNA；

从1909年开始，每只船只上都会有这样的标记。

最后，我再告诉大家一点，有一种形态的水名为重水，在不含任何杂质的情况下比普通的水重，密度为1.1。也就是说，它跟普通的水相比，密度要比普通的水大10%。所以，在重水池里，就算是旱鸭子也不会溺水。重水的化学分子式是D_2O（构成它的氢原子的重量是普通氢原子的重量的一倍，它的符号用字母D表示），普通的水里含有的重水非常少：一桶饮用水中含有的重水大约为8g。

现在，我们已经具备了制取不含任何杂质的重水的技术（一般的重水中拥有多达17种不同的成分）。普通的水在这样的重水中的含量只有不到0.05%。

2. 破冰船是怎样工作的

当我们下次洗完澡以后，不妨做一个实验。我们从浴盆出来之前，先把放水孔打开，然后在盆底平躺一段时间。随着时间的推移，我们身体露出水面的部分会越来越多，我们会有一种身体在慢慢变重的感觉。此时，我们可以清晰地感受到，只要整个身体一露出水面，那么它在水里失去的重量（回想一下，在水里浸泡的时候，有种地球的重量都变小了的感觉）就会瞬间恢复。

其实我们熟悉的鲸鱼也经常做类似的试验，当鲸鱼在退潮时，未能及时回到海里，就会感受到同样的感觉。这样的情况导致的后果是致命的：在自身巨大的重力的作用下，鲸鱼会被活活压死。怪不得像这样的庞然大物要在海洋里生活，因为水的浮力能够避免它自身的身体重量带来的伤害。

上面讲到的情节跟本节的标题有很大关系。科学家就是以同类物理现象为依据建造了破冰船：考虑到露出水面的船身的重量并没有被水的浮力作用所抵消，因此，它的重量和它在“陆上”的重量是一致的。当破冰船在海上行驶时，如果你认为它是靠船头的压力将冰层切开的，那你就大错特错了。只有切冰船才会用这样的方法，破冰船的破冰方法跟它完全不同。切冰船只能冲破厚度比较薄的冰层，碰上厚的冰层就无力回天了。

同切冰船相比，海洋破冰船的破冰方法完全是另一个级别的。破冰船通过自身强劲的功率，将船头推到冰面上，因为船头拥有斜度极大的吃水部分。在这样的条件下，船头可以将自身的全部重量彻底恢复，在如此之大的重量的作用下，冰层被瞬间压碎了。

通过这样的作用，破冰船可以将厚度不超过半米的冰层压碎。如果冰层的厚度超过半米的话，我们就要换一种方法了，用船来撞击冰层。首先，让破冰船朝后面退，然后用自身的重量猛烈地撞击冰层，此时已经不再是它的重量，而是运动着的船的动能在起作用了；现在的破冰船仿佛成了一个速度不大但拥有很大质量的炮弹或是拥有巨大动能的撞锤。

在坚硬无比的破冰船的船头数次不停地撞击下，几米高的冰群也会被撞得四分五裂。

1932年，举世闻名的“西伯利亚人”号破冰船开辟了极地航线，当时船上的船员之一马尔科夫是这样描写破冰船的工作的：

眼看着，“西伯利亚人”号就要进入一个由几百座冰山组成的区域了，属于它的战斗就要开始了。为了可以顺利通过这里，驾驶台指示盘的指针不停地工作了五十二个小时，它自始至终都在从“全速后退”跳到“全速前进”。“西伯利亚人”号上的船员们连续奋斗了十三班，每班四小时的海上作业，最终打通了一条路。在这些日子里，破冰船时而加快速度用船头撞击冰块，时而把船头推到冰上将它们压碎，时而又朝后面退回，继续新一轮的冲撞和碾压。最终，在巨大的压迫下，厚度达到$\frac{1}{4}$ m的冰块给破冰船让路了。在破冰船撞击的时候，它的每一次撞击只能向前推动船体长度$\frac{1}{3}$的距离。

3. 失事的船沉到哪儿去了

没接触过航海的人，甚至是一些船员都认为，在海洋里失事的船只并不会一直下沉到海底，而是会静止地漂浮在海洋的某个地方，那个地方的海水因为深度的关系而拥有很大的密度，可以完全将沉船的船体支撑起来。

即便是《海底两万里》的作者儒勒·凡尔纳也赞同这样的说法。他所作其中一部小说的一个章节里就有关于沉船静止地悬浮在深海某个地方之类的描写，在另一章里，也曾经出现过“锈迹斑斑的沉船悠然自得地漂浮在海洋里”的字句。

那么，这样的说法存在合理性吗？

从科学的角度看，它似乎有点道理，深水确实有相当大的水压。物体在10 m深的水域时，每1 cm^2所承受的水压只有1 kg，水深为20 m时，承受的压力会增到2 kg。如果水深变成100 m时，承受的压力则是10 kg，当水深到达1 000 m时，每1 cm^2承受的水压达到了惊人的100 kg。要知道，海洋中某些水域能够达到数千米的深度，在太平洋的某些水域甚至可以达到11 km以上的深度，比如马里亚纳海沟。因此我们可以轻松算出，如果物体下沉到如此之深的地方需要承受的压力得有多大。

假如我们将一个被塞子塞紧瓶口的空瓶子扔到非常深的海里，然后再将它捞上来，可以发现在巨大的水压的作用下，瓶塞被挤到了瓶子里，瓶子里也被水充满了。著名的海洋学家约翰·默里在《海洋》一书中描写了一个他曾经做过的试验：准备三根玻璃管，必须粗细各不相同，把玻璃管的两端烧熔封死，用一块帆布将它们彻底盖住，然后将其放进一个由铜制成的圆筒里，并且在这个圆筒上弄上一些孔洞，以便让水出入自如。将圆筒放到5 km深的海域之中，等我们将它从海里捞上来时能够看到，被帆布包裹起来的玻璃管变成了跟雪花一样的碎玻璃渣。倘若我们将一块木头扔进深度相同的海域里，然后再捞上来，将其放到一桶水中，它就会一路沉到底，看上去就跟一块砖头似的，因为在水压的作用下，它的密度变得比水的密度还要大。

如此一来，我们自然而然产生了一种联想：在深海力量巨大的压力的作用下，海水被压得密实无比，在这样的情况下，重物下沉到这里就无法再继续下沉了，就好比水银里的铁秤锤无法下沉一样。

不过，我想要在这里声明一下，这样的观点纯粹是无稽之谈。实验表明，水和普通的液体没什么两样，是很难被压缩的。在1 kg的压力作用下，1 cm^2的水的体积只能缩小$\frac{1}{22\,000}$，随后每增加1 kg的压力，缩小的程度也只能和它相当。假如我们想把海水压缩到将铁放进去也不下沉，那么我们需要把水的密度加大7倍。我们都知道，水的密度加大一倍，体积减小一半的话，那么每1 cm^2的水需要承受11 000 kg的压力（如果水在这样大的压力下，压缩率可以保持不变），这样的压力只有在海面以下100 km深的地方才会存在！

所以我们可以由此得出一个结论：不能认为深海里的海水密实无比。即便在目前已知海洋最深的地方，水的密度也只增大了$\frac{1100}{22000}$。也就是说：它的密度仅比普通的水的密度大$\frac{1}{20}$，即5%。

这样的密度无法让任何物体漂浮起来，更不用说浸在如此幽深的海域里的固态物体了。它们也同样承受着这种压力，所以自身的密度也变得更加密实了。

因此我们明白了一个道理：沉船肯定会一直下沉，直到沉到海洋的底部。默里也曾经说过："只要是放在水杯里能够沉底的东西，那么掉到海里依旧能够沉底。"

我常听到有人对此持反对态度。假如我们将一只杯子倒转过来，谨慎地将它放到水里，那么它就能在水面上漂浮起来，产生这种现象的原因在于它排出去的水的重量刚好等于杯子的重量。假如我们把杯子换成重量较重的金属杯，它同样可以悬浮起来，尽管位于水面以上的部分要比之前的杯子少，但它并不会下沉到水底。如果倾覆的巡洋舰或是什么别的船只下沉时也会漂浮起来，而不是沉下去。假如船只上的某个地方有密闭的空气，那么当沉船沉到一定的深度以后，就不会继续下沉了。

其实海底有很多船只是底朝天的，所以在这些沉船之中肯定存在没有沉入海底，而是在某处幽暗的深海里漂浮的。但是，只要它们稍微受到一点触碰，就会失去平衡，如果将它倒转过来，那么船里就会被海水灌满，朝着海底的方向沉下去。不过，海洋的深处永远都是寂静无比的，即便是暴风雨也对它产生不了作用，那么，哪里才有这种可以打破平衡的触碰呢？

从物理学的角度看，所有这些论证的理由都是不正确的。将杯子倒过来放，它并不会下沉到水底，它和木块或塞上瓶塞的空瓶子没什么两样，它想要沉入水底，必须依靠外力的作用。同样地，倒转过来的船只也不会下沉，而是在水面上漂浮，它绝不可能停留在从海面向海底下沉的半路上。

4. 儒勒·凡尔纳和威尔斯的幻想是如何实现的

现代的潜水艇在很多方面不仅追上了，而且超过了儒勒·凡尔纳幻想出来的“鹦鹉螺”号。尽管，现代的潜水艇的速度仅为“鹦鹉螺”号的一半，也就是每小时24海里（1海里约等于1.8千米），而凡尔纳幻想出来的“鹦鹉螺”号的速度为每小时50海里。现代潜水艇的最远的航程距离相当于环绕地球一周的距离，而“鹦鹉螺”号在船长尼摩的率领下完成了双倍的航程距离。不过，“鹦鹉螺”号只有1 500 t的排水量，以及区区二三十名船员，在水底最多只能连续停留48小时。而1929年制造的隶属于法国舰队的“休尔库夫”号潜水艇拥有惊人的3 200 t排水量，船员的人数足有150人之多，连续在水下停留的时间达到了令人瞠目结舌的120小时。

曾经有一次，这艘潜水艇从法国港口一直开到了马达加斯加岛，在这两地之间，它没有在任何一个港口停靠过。“休尔库夫”号船员的生活条件可以和“鹦鹉螺”号相媲美。此外它还具备一个特点，可以在甲板上安装防漏的水上侦察机机库，尼摩船长的潜水艇在这一点上真是相形见绌。此外，儒勒·凡尔纳并没有为“鹦鹉螺”号配备标准的潜望镜，所以他的潜水艇无法在海里观察海面以上的情况。

现代的潜水艇只有一点比不上儒勒·凡尔纳虚构的潜水艇，那就是潜水的深度。不过我要在这里说明一点，儒勒·凡尔纳的幻想在这一点上超出了实际可接受的范围。从他的小说中，我们能够发现这样的话语：“船长尼摩将潜艇下潜到距海面3 000、4 000、5 000、7 000、9 000和10 000 m的深海里”。还有一次，“鹦鹉螺”号破天荒地潜到了16 000 m深的深海里！小说的主人公这样描述了当时的情景：“我觉得潜水艇铁甲上的拉条在剧烈地发颤，它的支柱也弯了下来，在海水的挤压下，窗户开始朝里面凹陷。好在我们的船仿佛一块铁疙瘩一样坚固，否则潜水艇在顷刻间，就会被压成铁饼。”

他的担心是完全有必要的，因为16 000 m深的深海里（假设海洋里有如此之深的水域），水的压力能够达到16 000 ÷ 10=1 600 kg/cm^2，也就是1 600个大气压，虽然如此之大的压力还是无法将钢铁压碎，但是破坏船体结构还是绰绰有余的。不过，我们无法在海洋图上发现深度如此之深的水域，在儒勒·凡尔纳时代（大约是1869年），考虑到当时的测深工具非常简陋，人们经常大大高估海洋的深度。当时的人们用麻绳当测缍线。这样的测缍线下潜的深度越深，就越容易受到它与水之间产生的摩擦力的阻碍，当它下沉到一定的深度后，摩擦力就会增大到无论放开的测缍线有多长，测锤也不会再接着下沉的程度，当出现这种情况时，麻绳只不过是把自己缠住了。这么巨大的误差给我们造成了水很深的印象。

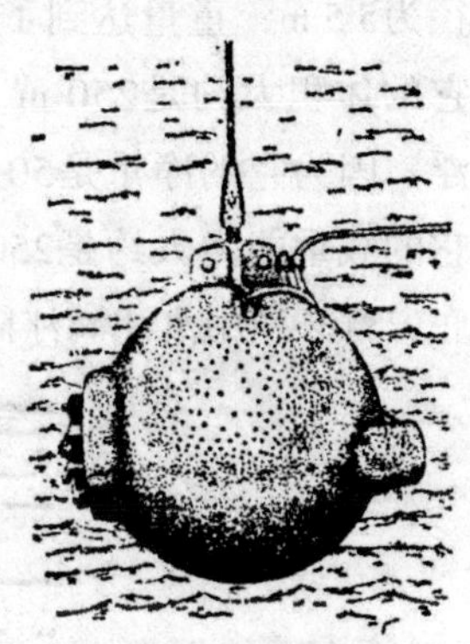

图 50　潜水球

现代的潜水艇能够承受的压力极限是25个大气压的压力，这从侧面说明了它们的潜水深度最多也就是250 m。倘若我们想要下潜到比这个深度深得多的海域，就必须依靠一种叫潜水球的特殊装置（图50），这种潜水球是专门用来研究深海动物群的，它与儒勒·凡尔纳的“鹦鹉螺”号有所不同，反倒非常接近威尔斯小说《海洋深处》中的深水球。这篇小说的主人公乘坐的就是这种外壁奇厚无比的钢球下潜到9 000 m深的海底的。这个潜水球在海底工作时，并没有系索，而是带着可以卸掉的重物，当它下沉到海底后，只要把这些可以拆卸的重物马上卸掉，潜水球就能飞快地上浮到海面上。

曾经有科学家冒着生命危险乘坐这种潜水球下沉到了900多米深的水域。潜水球利用系在船上的钢索下沉到深海，坐在潜水球里面的人还可以通过电话同船上的人保持联系。

5. 打捞“萨特阔”号

在广阔无垠的大海里，每年失事的船只多达数千艘，尤其是在战乱纷争的年代更是如此，因此各国开始将那些很有价值和方便打捞的沉船打捞上来。苏联的水下特种作业队的工程师以及潜水员顺利打捞出的大型船只多达150艘，在世界范围内享有盛誉。在他们打捞上来的沉船中有一艘名为“萨特阔”号的大型破冰船，它于1916年5月在白令海域沉没。这艘保存完好的破冰船在海底等了足足17年后，终于被打捞了上来，并且再次投入使用。

我们都非常熟悉阿基米德定律，将沉船打捞上来的技术就是依靠它发明的。潜水员需要在沉船的底部开掘出12道浅沟，在每一道沟里都穿过一条坚固的钢带，将钢带的两头固定在沉船两侧特制的浮筒上。打捞的全部工作必须在海面以下25 m深的水域完成。

浮筒是一种空心的铁筒，它是完全密闭的（图51），长度为11 m，直径为5.5 m，重量达到了50 t。我们可以轻松地通过几何定理计算出结果，它的体积大约是250 m³。显而易见，这样的空心浮筒肯定能在海面上漂浮，因为它的净重是50 t，但是排水量却达到了惊人的250 t，如此一来，它的载重能力大约是250 t减去50 t，也就是200 t。如果我们想让它沉入海底，就必须用水注满浮筒。

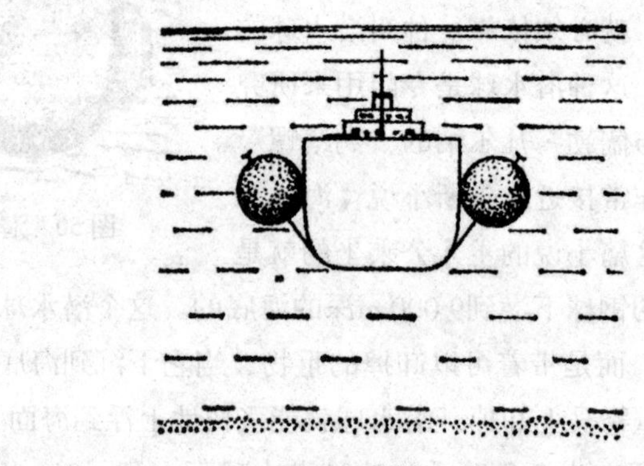

图 51　打捞示意图

当我们将12条钢带全都固定在沉入海底的浮筒上后，就可以用输气管将压缩空气压入到浮筒里（见图51）。25 m深处的水的压力为2.5个大气压+1，换句话说就是3.5个大气压。如果我们想要把水从浮筒里排出，只要向里面压入4个左右的大气压的空气就可以了。“瘦身”后的浮筒在自身浮力的作用下，以很大的力量向海面上浮，仿佛气球向空中上浮似的。当浮筒里面的水被全部排出去后，我们可以轻松计算出它们的总浮力是200 × 24=4 800 t，这一重量已经超过了沉入海底的“萨特阔”号的重量，所以，我们须排出浮筒里的一部分水，才能让沉船更加平稳地浮上来。

即便如此，打捞这艘沉船也不是一帆风顺的。当时负责这项打捞工作的水下特殊作业队的主任兼船舶工程师博布里茨基曾经这样写道：

在“萨特阔”号被成功打捞上来之前，水下特殊作业队曾出了四次事故。其中三次的情形是这样的：我们都在焦急地等待，但是令我们感到失望的是打捞起来的是混在波涛和水沫中冲上海面的一些浮筒和碎裂的输气管，而不是沉船。还有两次，我们已经将这只破冰船从海里拉到了海面以上，但是还没等我们把它牢牢地系住，它就再一次沉到了海底。

6. 水力“永动机”

纵观众多的“永动机”设计方案，其中有很多都是依照物体可以在水中漂浮的原理设计出来的（图52、图53）。下面我来举个例子，我们建一座高度为20 m的塔，用水注满这座塔，在塔的顶部和底部各装一个滑轮，然后将一圈结实的缆绳缠在滑轮上，这样一来，塔的内外就产生了一条环形带。我们将14只空的方形铁皮箱系在这条环状带上，这些方形的铁皮箱的规格是：边长为1 m，完全密闭，不透水。

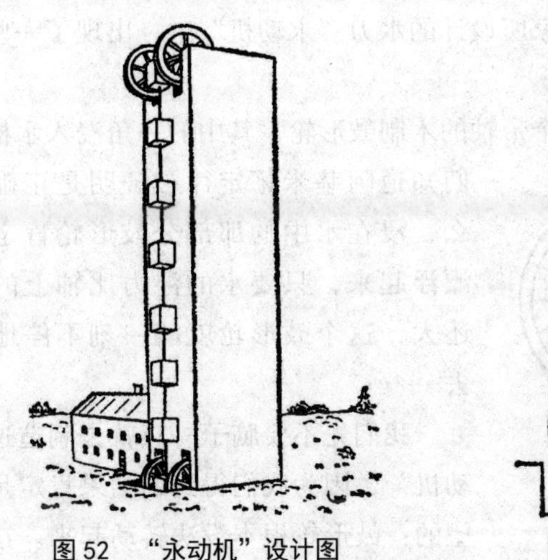
图 52 “永动机”设计图

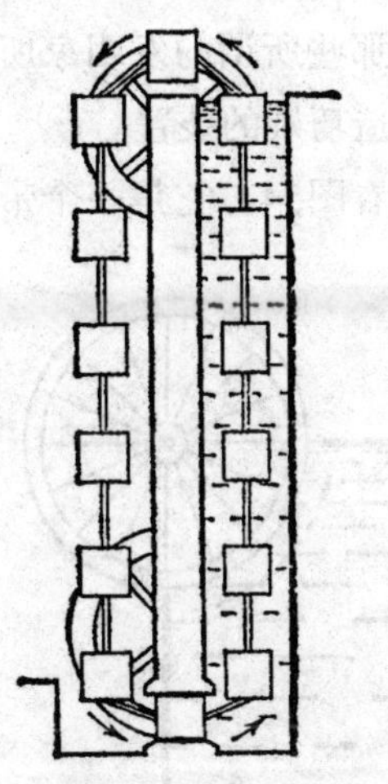
图 53 水塔剖面图

那么我们该如何运作这个装置呢？所有熟悉阿基米德定律的人都知道，在塔里的水的作用下，方形的铁箱子会向上漂浮起来。它们的总排水量等于推动它们上升的力，也就是说，1 m^3的水的重量乘以浸在水里的方形的铁箱子数。从图中我们可以清晰地看到，水里有6只像这样的方形铁箱子，所以，6 m^3的水的重量就等于将其上推的力，也就是6 t。当然，在塔内上浮的方形铁皮箱的自重也会产生一种压力，但是它产生的压力可以抵消在塔外下沉的方形铁皮箱的自重产生的压力。

如此一来，塔里必须产生6 t向上的牵引力才可以保证环形带的正常运转。显而易见，这个力会迫使缆绳不停地在滑轮上转动，此时，它每转一周所做的功等于6 000 × 20=120 000 kg · m。

很明显，如果我们将这样的水塔大规模地建在全国各地，我们就能从它们那里获得无穷无尽的能量，足以供应我们国家全部的国民经济部门。此外，它还可以让发电机运转起来，这样我们就得到了无限的电力！

不过，假如我们静下心来好好研究一下这个设计，就会发现，缆绳并不能像我们期望的那样，听话地转动起来。

我们必须让这些方形铁皮箱从下面进入水塔，然后从上面离开水塔，这样才能保证这条环形带持续地转动。不过我需要指出的是，方形铁皮箱在进入水塔时，需要克服高度达到20 m的水柱的压力！经过计算我们得知，这个水柱的压力为20 t，而向上的牵引力总共加在一起只有6 t，牵引力太小，根本无法把方形铁皮箱拉进水塔里。

在那些所谓的发明家所设计的水力“永动机”中，出现了一些设计简单、构造巧妙的装置。

请看图54。它是一个带轴的木制鼓形轮，其中的一角浸入水槽中。我们知道阿基米德定律被证明是正确的，那么，浸在水中的那部分鼓形轮肯定会向上漂浮起来，只要水的浮力比轴上的摩擦力还大，这个鼓形轮就能一刻不停地转动下去……

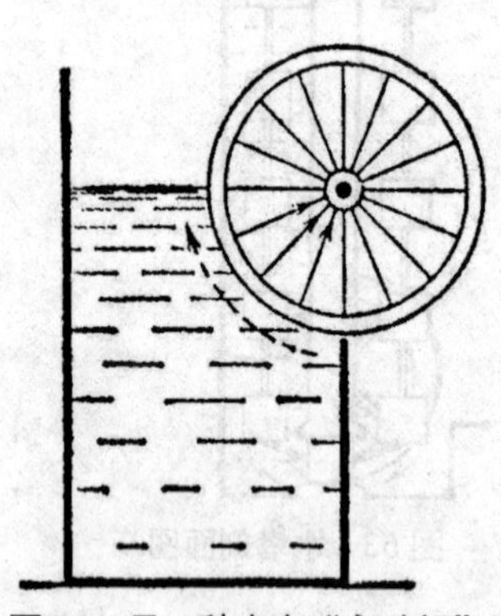

图 54　另一种水力“永动机”

我们先不要脑子一热就去制造这种“永动机”，因为我们得到的结果肯定是令人失望的：鼓形轮根本没法转动起来。这到底是什么原因呢？难道我们的推理出现了问题？事实上，我们的推理总体上还是很正确的，但是我们把作用力的方向忽略掉了。这里的作用力自始至终都跟鼓形轮的表面呈垂直的方向，也就是说它与轮边各点和轴心之间的半径方向保持一致。任何有日常生活经验的人都明白，沿着轮子的半径方向施加作用力，轮子不会转动起来。必须沿着轮子的切线方向施加作用力，轮子才能转动起来，现在想必大家都明白了为什么这种装置是无法实现“永动”的。

对于想法丰富的“永动机”的发明者来说，阿基米德定律真的是一种致命诱惑，在它的激励下，他们想尽一切办法制作出结构精妙的装置，为的就是能够找到取之不尽用之不竭的动力。

7. “气体”和“大气”这两个词是谁创造出来的

科学家们创造了“气体”一词，跟这类词意思相近的还有“温度表”“电”“电流计”“电话”，还有标题上提到的“大气”一词。跟伽利略属于同一时代的荷兰化学家、医生黑尔蒙特（1577—1644）利用希腊语“混沌”一词创造出我们所熟知的“气体”一词。他发现，空气里面包含了两种成分，其中一种成分具备助燃和自燃的特性，另一种成分则不具备这样的特性，黑尔蒙特曾经如此写道：“我将以气体状态存在的物质称为气体，因为它跟古代的混沌一词几乎没有差异可言”（“混沌”一词的本义是指混杂的空间）。

但是，这个词在被创造出来的很长一段时间里，都未得到广泛使用，直到1789年，著名的化学家拉瓦锡才再一次提出这个词，当时的孟格菲兄弟乘热气球在天上飞行轰动了世界。因此，这个词得到了广泛使用。

罗蒙诺索夫在他的著作中用“弹性液质”来指代气态物质。我在这里有必要提醒大家，罗蒙诺索夫在这方面为人类做出了巨大的贡献，他将一系列科学术语引入俄语中，例如“大气”“气压计”“空气泵”“胶黏性”“结晶”“物质”“压力计”“光学”“光酯”“电酯”等，现如今，这些词汇早已成为专业的科学术语。

这位俄国自然科学的天才奠基人在谈到这个问题时这样说道：“我觉得有必要用一些全新的名词来给一些物理仪器、物理作用以及自然物质命名，尽管当我们第一次听到这些新的名词的时候，会觉得非常古怪，不过我希望，这些专业术语会逐渐被人们所熟悉。”

结果和我们预想的一样，罗蒙诺索夫的希望并没有全盘落空。

而与之刚好相反的是，后来，达里（著名的《现代俄罗斯语详解词典》的编纂者）建议用“宇气”或“地气”替代“大气”，不过他并没有成功。此外，他还创造了类似“天地”的词语来替代“纬线”，可惜也没有成功。

8. 一个看起来很简单的问题

如果将摆在你面前的茶炊装满水，它的容积刚好是30杯水。将一个茶杯放在它的龙头的下面，把龙头打开，然后，你一刻不停地观察手里的秒表，看看将杯子注满水到底需要花费多长时间。举个例子，将杯子注满水需要半分钟的时间。现在我要提出问题了，假如你把龙头打开，那么，到底需要多长时间才能让茶炊里的水彻底流尽呢？

这样的算术题简单到连小孩子都能解答出来：如果流出一杯水需要半分钟的时间，那么你只需15 min的时间，茶炊就能流出30杯水。

不过我们现在不妨先来做个实验。做完实验你会发现，茶炊里的水全部流完所需的时间是半个小时，而不是像你预想的一样，需要15 min的时间。

这到底是怎么回事呢？难道我们算错了？

这个计算虽然简单，我们也没有计算错误，但是计算出的答案未必是正确的。如果我们认为水从茶炊流出的速度自始至终都没有变化，那我们就大错特错了。第1杯水从茶炊里流出后，水压会随着水位的下降而有所减少。这样一来，我们需要多花一些时间来注满第2杯水，之后注满各杯的时间同样会逐渐变长。

任何一种装在没有盖的容器中的液体，从孔洞流出的速度都与孔洞上方的液柱的高度成正比。伽利略的学生、天才的物理学家托里拆利第一次用一个简单的公式将这种关系表示了出来：

$$v=\sqrt{2gh}$$

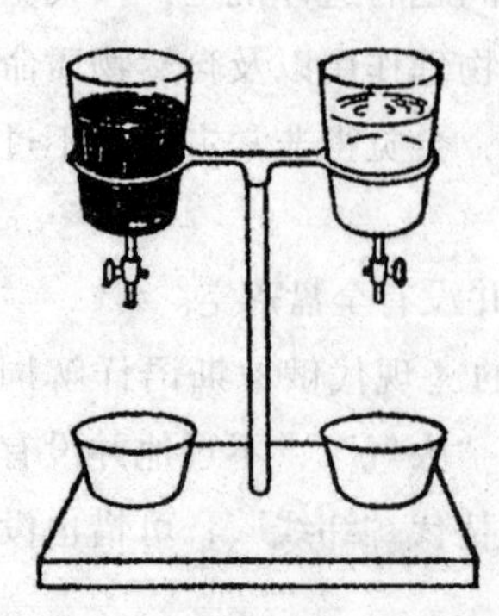

图55　液面等高情况下水银和酒精哪个流速快

液体流出的速度用v表示，重力加速度用g表示，从孔洞到液面的高度用h表示。通过这个公式我们得出结论，液体流出的速度跟密度并没有直接的关系：在液面等高的条件下，质量轻的酒精与质量重的水银，都是用相同的速度从孔洞里流出来的（图55）。

我们还可以通过这个公式得出，我们在月球将一杯水注满花费的时间大约是在地球上所需时间的2.5倍（月球的重力仅为地球的

$\frac{1}{6}$）。那么我们现在思考一下本节的问题。如果茶炊里的水已经流出了20杯，水面（从龙头口算起）就会下降到原来的$\frac{1}{4}$，通过公式计算我们得知，注满第21杯水所需的时间相当于注满第1杯时的2倍，倘若水面持续下降到原来高度的$\frac{1}{9}$时，那么，从现在开始每注满一杯水花费的时间就是注满第1杯时的3倍之多。可以想象一下，当茶炊里的水就快要流干净的时候，水流出的速度得有多慢。我们可以用高等数学来解答这道题，得出的结论是让容器中的液体彻底流干净所需时间，正好等于同样体积的液体在原来的水面高度保持一致的条件下彻底流出所需时间的2倍。

9. 水池的问题

我们延伸一下上一节讲述的问题，再来讲一个关于水池的问题。任何一本算术和代数习题集都会收录关于水池的问题，想必大家都还记得那个时间久远且枯燥乏味的习题：

将两根水管放进一个没有水的水池里。第一根水管花费了5小时的时间将水注满水池，然后花费10小时时间用第二根水管将整个水池里面的水全部清掉。假设我们将这两根水管同时打开，那么请问我们需要多长时间才能将水注满空的水池呢？（图56）

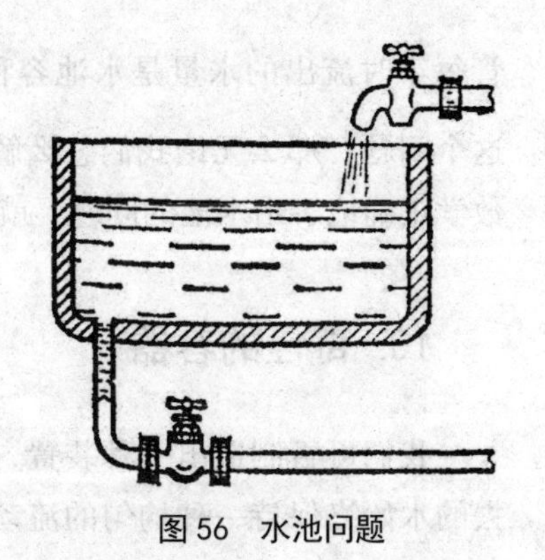

图56　水池问题

这类问题早在两千年前就出现了。最早提出这样的问题的人是古希腊亚历山大城的希罗。下面这个问题是他提出的众多问题中的一个，这个问题跟他的后辈提出的题目比起来，确实简单一些：

有一个大水池，以及四个喷泉。

用第一个喷泉将水池注满水需要花费一个昼夜的时间。

第二个喷泉做完同样的工作需要花费两个昼夜的时间。

第三个喷泉的工作效率要比第二个更差一些，它需要花费三个昼夜的时间才能将水池注满水。第四个喷泉的效率最差了，它需要花费四个昼夜的时间才能将水池注满水。那么倘若这四个喷泉同时喷水，需要花费多长时间才能将空水池注满水呢?

人们在两千年的时间里，不停地解答类似这种关于水池的问题，不过两千多年过去了，他们给出的答案依旧是错误的，想不到墨守成规的陋习产生的力量竟然如此巨大！为什么说人们解答的问题是错误的呢？如果你刚才看了那道关于茶炊的问题后，你就会明白这其中的原因了。

通常情况下，我们该如何解决关于水池的问题呢？

比如第一个问题，我们应该这样解答它：在一小时内，第一根管子注进水池的水是水池容积的$\frac{1}{5}$，而第二根管子排出的水是水池容积的$\frac{1}{10}$；如果我们同时打开两根管子，那么每小时流入水池的水应该是水池容积的$\frac{1}{10}$。我们可以按照这个公式推算出，我们至少需要10个小时的时间才能将水池注满水。但是这种推算并不正确，即便水能够在压力不变的条件下均匀地注入水池，但是随着流进水池的水量不断增多，水面会越来越高，在这样的情况下，水是无法均匀地从水池流出去的，因此，我们不能因为听到第二根水管能够在10小时内将水池里的水全部放掉，就认为第二根水管每小时流出的水量是水池容积的$\frac{1}{10}$。如果我们用中小学的算术来解答这个问题，那么无论我们怎么解都得不出正确答案。既然我们无法用初等数学正确地解出水池的问题，就不该把它归入算术的习题集里。

10. 奇怪的容器

我们可否制造出一种装置，无论容器里的液体的液面怎么降低，流出去的水始终保持一种均匀的流动状态，并且不会越流越慢呢？如果你看过前几节，应该会得出一个结论：这是不可能做到的。

不过，你错了，我们完全可以做到这一点。图57向我们展示的就是这种奇异容器的示意图，它看上去就是一只非常普通的窄颈瓶，只不过我们将一个玻璃管插在了瓶塞上。假如我们将位置比玻璃管的下端还要低的龙头C打开，液体就会均匀地向外流出，直到容器中的液面降低到与玻璃管下端（瓶壁塞B的水平线）保持水平为止。倘若我们把玻璃管下端与龙头C放在同一水平线的位置，那么容器里全部的液体就会均匀地从容器中流出来，只不过它的流势相当微弱。

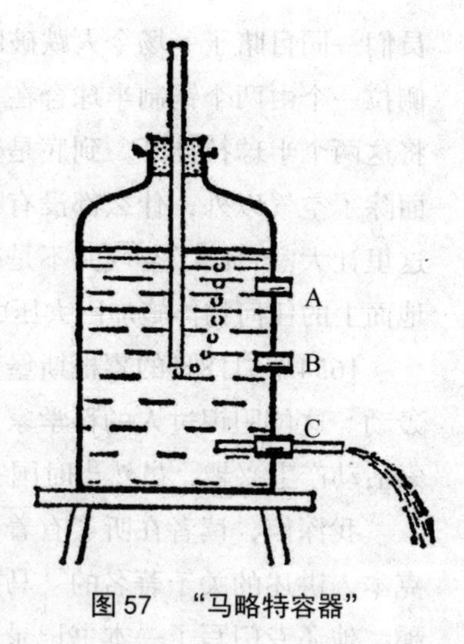

图 57 “马略特容器”

让我们静下来思考一下，我们将龙头C打开后，容器会发生哪些变化呢？我们首先发现的是容器中水的持续外流，容器中的水位开始逐渐降低，此时外面的空气就会通过玻璃管从底部钻进瓶子里，我们发现气泡陆续从水中冒了上来，开始在容器上部的水面上聚集起来。现在，壁塞B的水平面上所承受的压力等同于大气压。换句话说就是，龙头C只有依靠BC那一层水的压力，才能让瓶子里的水流出来，因为我们能够抵消容器内外的大气压。又因为BC那层水的厚度是保持不变的，因此从龙头C流出的水才会保持相同的流速。

那么我们现在可以试着回答一下这个问题：假如我们将与玻璃管下端相平的壁塞B拔掉，龙头的出水速度会出现怎样的变化？

原来，里面的水根本就不会往外流（前提是塞孔必须非常小，否则水会在同孔洞直径的厚度相一致的那层水的压力的作用下向外流动）。这时，容器内外的压力跟大气压保持一致，水并未受到任何力量的压迫，所以无法向外流。

但是如果我们将比玻璃管下端高的壁塞A拔掉的话，那么容器里的水非但无法向外流出，还会让容器外的空气涌进来。这又是怎么一回事呢？原因太简单了：因为容器里的空气压力比容器外的大气压小。

著名的物理学家马略特是发明这个奇怪的容器的第一人，所以该装置又被人称作“马略特容器”。

11. 空气的力量

17世纪中叶累根斯堡城的居民与以斐迪南三世为首的累根斯堡皇室成

员们一同目睹了一场令人跌破眼镜的表演：将16匹马分成两组，分别向两侧拉一个由两个铜制半球合在一起的大球，它们使出了浑身解数，也没有将这两个半球拉扯开。到底是什么东西让这个球变得如此之紧呢？“那里面除了空气以外，什么都没有。”市长奥托·冯·盖里克如此说道。他在这里让大家目睹了空气并不是毫无作用的，它是具有重量的，并且能够对地面上的任何物体施加巨大压力的物质。

1654年5月8日的累根斯堡市，有人做了这样的实验，当时的场面非常轰动。这位胆识过人的科学家市长希望通过这个实验让大家对他的科学探索活动产生兴趣，虽然当时国家的政局一团糟，到处都在打仗。

我深信，读者在听了有着“德国的伽利略”之称的著名物理学家盖里克本人讲述的关于著名的“马德堡半球”的实验后，会对它产生浓厚的兴趣。他还专门写了一本书记录了这个实验，以及很多其他的实验，该书的内容很长，其拉丁文版于1672年在阿姆斯特丹向读者问世，它同这个时代的所有的书一样，都有一个很长的书名：

奥托·冯·盖里克

在真空的环境里进行的所谓新的马德堡实验

一开始由维尔茨堡大学教授卡斯帕尔·萧特策划

著者自己出版，该版本是内容最详细的版本，并附有各种新实验

下面我们将关注的重点放在介绍关于马德堡半球的第二十三章。现在我将把其中的一段译文放在下面：

这个实验向我们证明：空气的压力能够将两个半球紧紧地贴合在一起，甚至连16匹马一同使劲也无法将它们拉开。

一开始，我定做了两个直径为四分之三马德堡肘（1马德堡肘等于550毫米）的铜制半球，但是取来的半球的直径只有0.67肘，因为工匠工艺的精确度不能达到我们的要求，但是，两个半球却可以完全贴合在一起。为了抽掉球里的空气，我们在一个半球里装了一个阀门，并且防止外面的空气涌入到球里。而且，我们分别在两个半球上安装了两个固定的拉环，并且将绳子穿过拉环，套在马鞍上。此外，我还专门让人缝制了一个皮

圈，在石蜡和松节油的混合液中将它充分浸透，紧紧地夹在两个半球的贴合处，如此一来，外面的空气就很难进入合闭的半球里了。接下来，我们将抽气筒的管子接在阀门上，将半球里的空气全都抽掉。我们会意外地发现，用皮圈夹住的两个半球现在牢牢地贴合在了一起，由于外面的空气对这两个半球产生了挤压，因此它们紧紧地贴住了，甚至连16匹马都无法将它们拉扯开，或者需要拼尽老命才能将它们拉开。随着两个半球被卖力的16匹马拉开，犹如开炮一样的震耳欲聋的巨响传到了我们的耳朵里。

不过，我们扭开阀门，让外面的空气涌入半球，就算用手也能轻易将它们掰开。

我们通过一些简单的运算就会明白将一个真空的球体拉扯开为什么需要用这么大的力。每1 cm^{2}的空气压力大约为1 kg，直径0.67肘（37 cm）的圆的面积为1 060 cm^2。换句话说就是，每一个半球承受的空气压力超过了1 000 kg。倘若想要彻底抵消半球外的空气压力，每一边的马匹都应具备1 t的拉力。

对于8匹马来说，1 t的拉力似乎并不是很大。但是我们不要忘了，当马在拉1 t的货物时，要克服的是比1 t小得多的力，这个力通常是车轮和车轴、路面之间的摩擦力。这种摩擦力在公路上仅仅是货物重量的5%，换句话说，每吨货物的摩擦力只有50 kg（实际上，当8匹马一起拉货时，要损失一半的拉力，我们暂且不谈这一点），所以，8匹马的1 t拉力跟拉动20 t重的货车的拉力是相同的。我们可以想象一下，马德堡市长的马在拉闭合的两个半球时，需要使出多大的力量来抵消外面的空气压力！它们无异于在拉一个没有停在铁轨上的小火车头。

有人曾经测量过，1匹身体健康的马在拉货车时用的力量只有大约80 kg。通过计算我们得知，在正常情况下，要想将马德堡半球拉扯开，每一边需要1 000 ÷ 80 ≈ 13匹马。

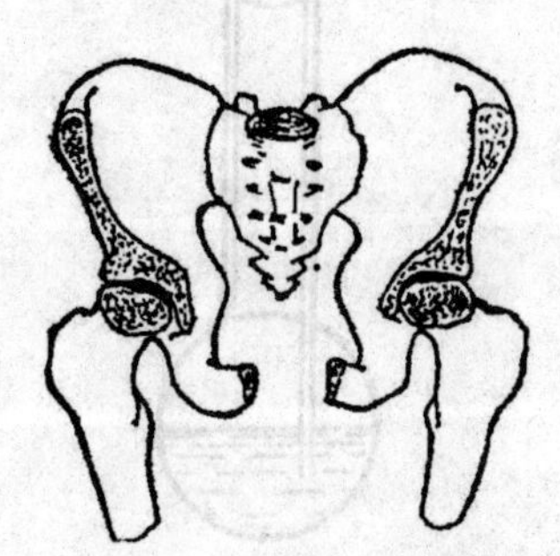

图58 关节和马德堡半球的原理一样

如果我跟你说，我们人类的某一些骨关节正是因为这个原因才不会脱落，你是不是觉得很神奇？我们的髋关节犹如一个马德堡半球（图58），就算我们去掉连接这个关节的肌肉和软骨，股骨依旧会连在一起，因为关节之间的间隙是完全密闭的，里面并没有空气，外面的大气压力将它们紧紧地挤在了一起。

12. 让人眼前一亮的新式希罗喷泉

许多读者肯定都亲眼见过普通的喷泉，我们现在见到的这种喷泉的创始人是古希腊亚历山大城的力学家希罗。我首先说一下它的结构，然后再向你介绍一种新式的希罗喷泉。希罗喷泉（图59）是由三个容器组成的：它的上面是一个没有盖子的容器（a），下面是两个不透气的球状容器b和c。我们用三根导管将这三个容器连接在一起。当我们向容器a里注入一些水，将球状容器b注满水，而让球状容器c充满空气的时候，希罗喷泉就开始工作了：水顺着导管从a流入c，因此，容器c里面的空气受到压迫进入容器b，所以，在空气挤压的作用下，容器b里的水会顺着导管往上升，如此一来，希罗喷泉就在容器a里形成了。要想让喷泉停止工作，只要让容器b里面的水流干净就可以。

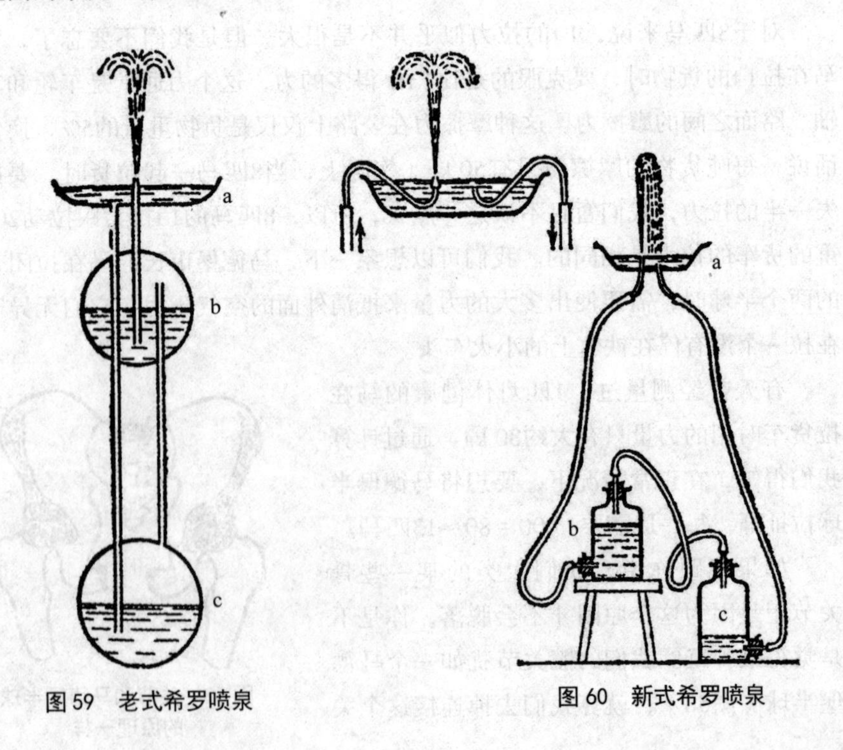

图59　老式希罗喷泉　　图60　新式希罗喷泉

以上便是古老的希罗喷泉的工作原理。意大利有一位中学教师因为受制于本校仪器的匮乏，便将希罗喷泉的构造做了部分简化，创造出了一种全新的喷泉，制造它非常方便，我们只需要一些简单的装置（图60）：用两个药瓶替代球状容器，用橡皮管替代玻璃或金属导管。我们不用把上面的容器穿孔，只要将两根橡皮管的一端放进这个容器里就没问题了，如图60所示。

经过改造的仪器使用起来变得非常方便：当容器b里的水通过a流进容器c时，我们只要把b和c的位置互换一下，喷泉就会再一次喷发出来。但是一定要切记，别忘了把喷嘴移到另一条管子上。

新式喷泉还有一点非常方便，那就是我们可以随意改变仪器的位置，以此来研究每个容器的水面之间的高度差对喷射水流的高度产生的影响。

假设我们想把水流喷射的高度增大数倍，仅需做出两点改变：将容器下面的水换成水银，用水替代空气就搞定了（图61）。它的原理很好解释：水银从瓶c流进瓶b时，它就会占据瓶b里的水的位置，从而产生喷泉。众所周知，水银的比重是水的13.5倍，通过计算我们能够得出水流的喷射高度。请你观察图61，我们分别用h_1、h_2、h_3表示各个液面之间的高度差。那么，我现在问你一个问题，瓶c中的水银流向瓶b的力是多少？将瓶c、b的管连接在一起的水银承受着两个方面的压力。右面承受的压力等于h_2的水银柱的压力（等于$13.5h_2$）以及h_1的水银柱的压力之和。而左面承受的压力与h_3的水柱的压力相等。如此一来，水银承受的压力就是$13.5h_2+h_1-h_3$。

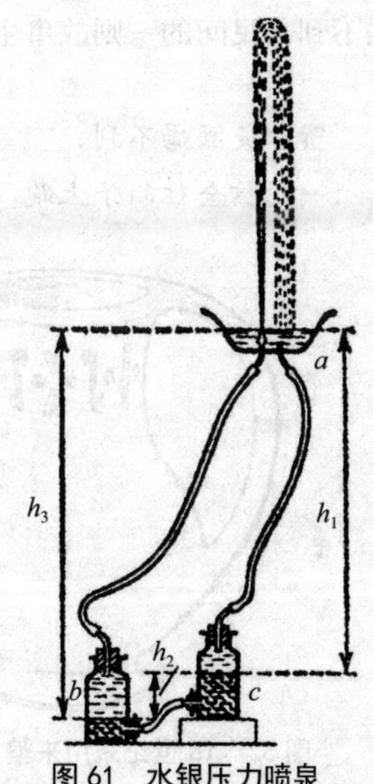

图 61　水银压力喷泉

考虑到$h_3-h_1=h_2$，因此我们可以用$-h_2$取代h_1-h_3，通过计算我们得出：$13.5h_2-h_2=12.5h_2$。

如此一来，我们计算出了水银对瓶b内的压力为$12.5h_2$。从理论上来说，水流喷射的高度应该等于两个瓶里的水银高度差的12.5倍。不过考虑到摩擦力的作用，这个高度要比理论的高度略低一些。

即便是这样，这个经过改造的仪器依旧可以喷射出高度相当高的水柱。我们只要在两个瓶子之间设置一个1 m左右的高度差，就能让水柱的高度达到10 m，经过计算，我们得出了令人惊讶不已的发现：水流的喷射高度跟容器口与水银容器之间的高度差并不存在直接的关系。

13. 忽悠人的壶形杯

17~18世纪的一些贵族喜欢用一种具有科学意义的玩具嘲弄别人，逗自己开心。他们随身带着一种带把的壶形杯，杯子的上面刻着一些犹如花纹一样的内藏切口（图62）。他们把这个杯子灌满酒，然后让那些贫贱的来客使用它，通过这样的方式来戏耍这些客人。那么，我们使用壶形杯时会怎么样呢？只要杯子倾斜，酒就会从杯上的切口里流出来，让人什么也喝不到。民间的一则故事生动地描述了这一情况：

蜜汁美酒喝不到，
一股脑全往胡子上跑。

图 62　18 世纪末用来骗人的壶形杯

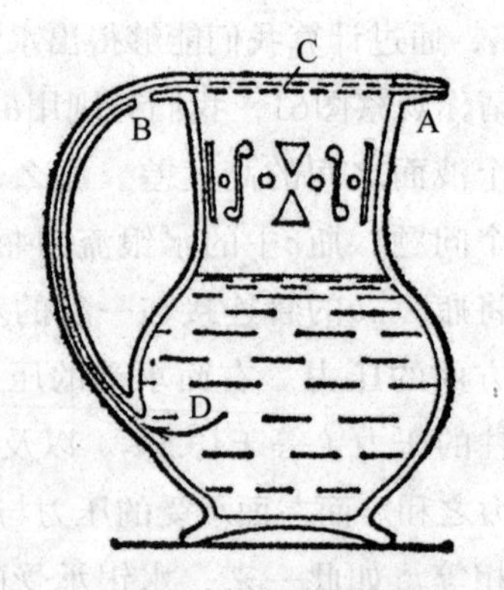

图 63　壶形杯构造

懂得这种杯子其中的奥秘（其构造见图63）的人只要用手指将孔B按住，然后再用嘴吸壶嘴，就可以做到在不倾斜杯子的情况下轻松喝到杯子里的酒。此时，酒通过D孔顺着壶柄内的暗道以及这条暗道的延长通路流到壶嘴当中。

我国的陶瓷厂在最近也生产了类似的产品。我曾经在造访一个家庭时，亲眼看到过这种杯子，它里面设置的机关实在是精妙。

14. 水在倒放的杯中有多沉

你可能会这么回答："肯定是没有重量的，因为水是不可能停留在倒放的水杯里的，它会从杯子里流出去。"

那么，我问你一个问题，假如杯子里的水并没有流出去，它的重量是多少呢？

事实上，我们能够让水停留在倒放的杯子里，而不流掉。图64向我们展示的就是这种情况，我们将一个倒过来放的注满水的高脚杯系在天平的一个托盘里，杯子里的水并没有流出去，因为杯子的边缘浸在了一个盛有水的容器里。而天平的另一个托盘里同样放着一个高脚杯，但是那个高脚杯是空的。

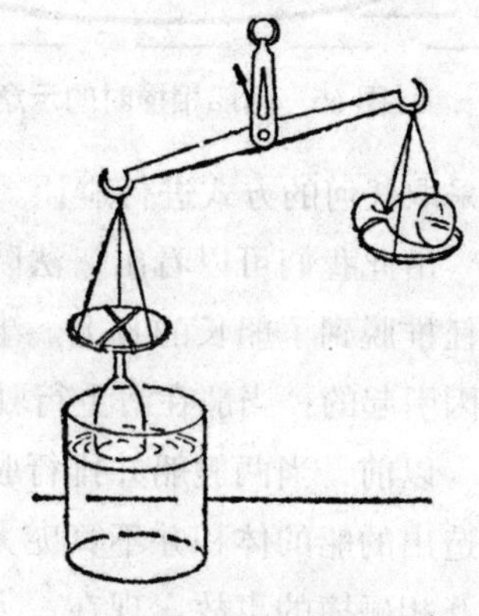

图 64 哪边更重？

那么这两个天平托盘哪一个更重些呢？

答案是那个系着倒过来放的盛满水的高脚杯的天平托盘更重一些。这是为什么呢？因为这个杯子上面承受的压力相当于整个大气压的压力，而杯子下面承受的压力跟杯中水的重力相等。我们必须将另一个托盘里的高脚杯灌满水，才能让两个天平托盘实现平衡。综上所述，倒着放的杯子里的水的重量等同于正着放的杯子里的水的重量。

15. 轮船为什么会相互吸引

1912年秋天，当时世界上体积最庞大的轮船之一"奥林匹克号"远洋航轮碰到了这样一件奇怪的事情。有一次，"奥林匹克号"在大海上航行，而另外一艘体积比它小很多的铁甲巡洋舰"豪克号"正在距离它一百米左右的地方飞快地航行。当这两艘船行驶到图65所示的位置时，发生了一件令人意想不到的事情："豪克号"巡洋舰竟然突然偏离了自己的既定航线，朝着"奥林匹克号"的方向冲了过来，即便舵手怎么横加干预也无济于事，最终这两艘船重重地撞到了一起。"豪克号"的船头甚至把"奥

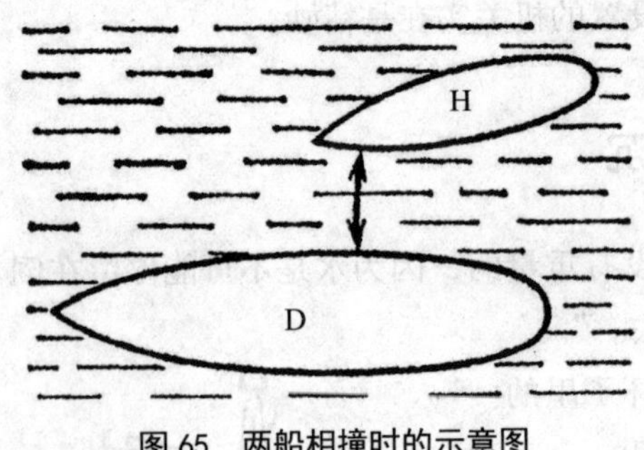

图 65　两船相撞时的示意图

林匹克号”的船舷撞出了一个巨大的窟窿。

后来，海关法庭负责审理了这个案件，最后的判决结果是：“奥林匹克号”远洋航轮的船长存在重大过失。原因是：当“豪克号”巡洋舰向“奥林匹克号”远洋航轮冲过来的时候，他并没有采取任何的方式进行避让。

由此我们可以看出，法院并没有察觉出这件事情背后的原因，只是把责任推脱到了船长的身上。事实上，这起重大的海上事故并不是由人为的原因引起的：当船在海上行驶的时候，会出现相互吸引的现象。

以前，当两艘船并排行驶的时候，也发生过类似的事故。不过，当时制造出的船的体积并不算庞大，无法产生足够大的吸引力，也就因此避免了互相碰撞的事故。现在，人们制造出的轮船个个体型巨大，堪称“在海洋上漂浮的移动城市”，彼此之间互相吸引的现象开始变得明显。当海军舰队进行海上演习时，指挥官就会着重考虑这些情况。

当一些大型客轮或军舰的旁边经过一些体型较小的船只的时候，经常发生海难，基本上都是因为这个原因。

那么，这种相互吸引应该如何解释呢？当然，我们无法用牛顿的万有引力定律来解释这样的引力作用，原因我们已经知道了（见第四章第1节），这样的引力太微弱，不足以引发海难。其实，我们可以用液体在管子里和在沟里的流动原理来解释这一现象。伯努利原理向我们证明，倘若液体沿着一条宽度有变化的管道向前流动，那么管道内的狭窄部位的水流的速度会相对快一些，因此，它对管壁产生的压力也较小，相反地，管道内的宽敞部位的流速会相对较慢，它对管壁产生的压力也较大（图66）。

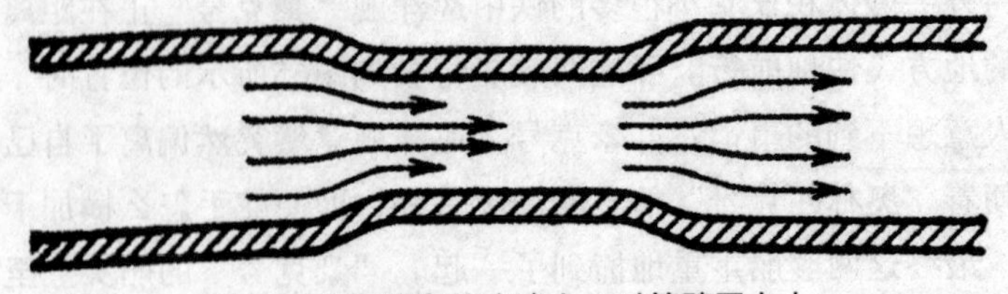
图 66　水在狭窄处流速大，对管壁压力小

事实上，空气也具备这样的特性。这种现象被人称为“气体静力学中的古怪现象”。听说，人们首次发现这样的现象的经过是这样的：在法国的一个矿山里，一名矿工被指派完成一项任务，要将外坑道内的孔洞用挡板遮起来，通常情况下，压缩空气就是从这里向矿井里面输送的。这名矿工费了半天劲儿也无法把挡板关上，但就在一瞬间，这块挡板竟然“砰”的一声自己关上了，而且力量简直大得惊人，如果这块挡板并没有那么大的话，那么，这名受到惊吓的工人会跟挡板一起被吸进送风道里去。

喷雾器的使用原理也可以用气体的这一特性来解释。我们按照图67所示，向一端的横管a吹气，直管b里面的空气压力就会相应地减小，因此直管b的上面就会产生压力较小的空气。如此一来，容器里的液体在大气压的作用下，会沿着直管冲压上来。当液体到达管口处，刚好撞上了吹过来的气流，因此，水就会以雾状的形态飘散到空中（图67）。

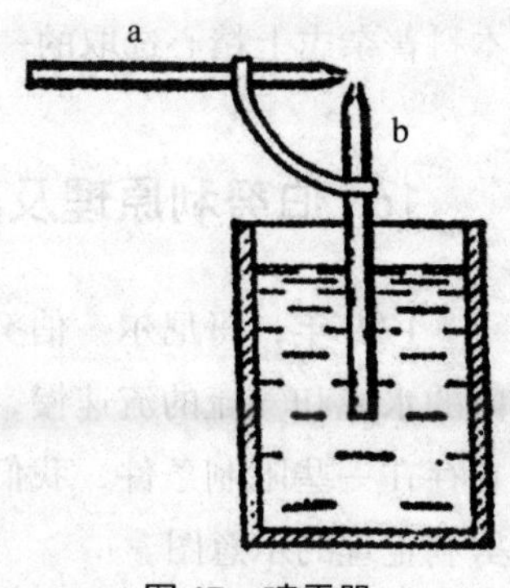

图 67　喷雾器

现在，我们应该明白为什么两艘船之间会出现相互吸引的现象了吧？当两艘船并排着向前航行时，它们之间就会产生一道水沟。通常情况下，水沟的沟壁是静止的，而里面的水是流动的，但是这条水沟有些特殊，它的情况与普通的水沟完全相反，里面的水是静止的，而沟壁是运动的。但是这两种水沟产生的结果却是相同的：在这条随时处于运动状态的水沟的狭窄处，海水对轮船周围的空间施加的力明显大于它对沟壁施加的压力。换句话说就是，与两艘轮船相对的内侧受到的压力要小于两艘船的外侧受到的压力。于是在外部海水的挤压下，两艘船会出现相向运动的现象，体积较小的船只出现了较大幅度的自然位移，而体积较大的船只出现的自然位移的幅度并没有那么大，所以，它几乎是不会改变航向的。这就是为什么当两艘船并列行驶时会产生巨大“吸力”的原因（图68）。

原来流水形成的力才是产生两船之间“引力”的真正原因。除了这一点，它还可以用来解释在急流或漩涡中游泳的危险性，我们可以算出，当海水的水流均速为1 m/s时，人体承受的引力就达到了30 kg！人在这样恶劣的环境中，根本无法站稳脚跟，更别说我们是在水里，仅靠自身的重量

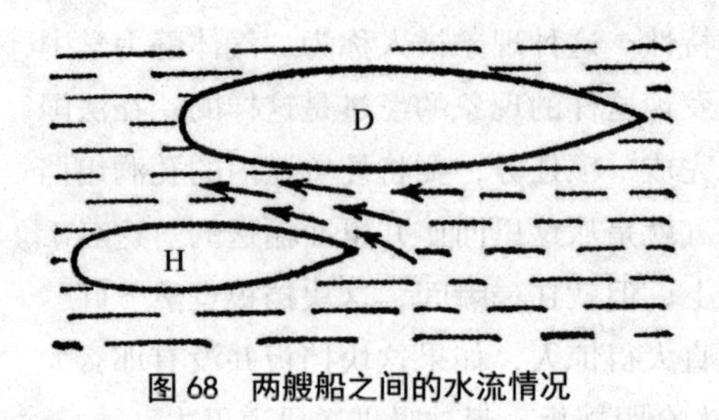

图 68　两艘船之间的水流情况

维持平衡是绝对不可能的。此外，飞速前行的火车也能产生吸引的作用，我们同样可以用伯努利定理来解释这一现象。当一列时速为50 km/h的火车从站在它附近的人的身边经过时，它对那个人产生的吸引力约为8 kg。

生活中经常出现与伯努利定理有关的现象，只不过大部分人对此原理知之甚少，所以我有必要对这一原理进行一番详细的解释。下面是我从一本科普杂志上精心选取的一些关于这个原理的论述，供大家参考。

16. 伯努利原理及其效应

1726年，丹尼尔·伯努利最先提出了一条定理，它的内容是：当管道内的水流和气流的流速慢，压力就大，如果流速快，那么压力就小。但是它存在一些限制条件，我们暂且不在这里谈论它。图69向我们展示的是伯努利定理的示意图。

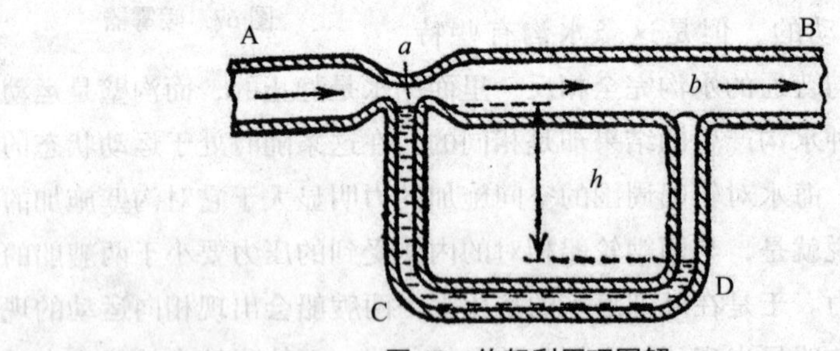

图 69　伯努利原理图解

将空气注入导管AB里。空气的流速在导管切面小的地方（如*a*处）比较快，在切面大的地方（如*b*处）的流速比较慢，而流速快的地方的压力相对较小，流速慢的地方的压力相对较大。因为*a*处的空气压力变小了，所以C管里的液体就会上升，与此同时，*b*处拥有较强的空气压力，因此导致管D出现了液体下降的现象。

图70所示的是一个实验的装置，它的结构是这样的：铜盘DD上的一

根导管连接着管T，管T的末端释放出进来的空气，跟圆盘dd发生摩擦，然后从它们之间释放出去。两个圆盘之间形成的空气流速非常快，它越是远离中心，气流的流速就越慢，这是因为从两盘间释放出来的气流受到摩擦力的作用，降低了流速。但是我们都知道，圆盘周围拥有很强大的空气压力。这里的空气流速慢，而圆盘之间却拥有很微弱的空气压力，从而导致这里的气流流速非常快。所以，圆盘周围的空气迫使圆盘彼此靠近的作用力大于两个圆盘之间想要分离圆盘的气流的作用力；因此，气流从管T出来时的流速越快，圆盘dd被吸向圆盘DD的引力就越大。

图71展示的实验和图70的非常相似，它们的区别是选取了不同的实验材料。倘若圆盘D' D'拥有略微向上弯曲的边缘，那么在圆盘D' D'上面快速流动的水会从原本较低的水面上升到同水槽中的水面相同的高度。如此一来，圆盘下面的静水面具有的压力比圆盘上面的动水面的压力还要大，导致的结果就是圆盘上升。

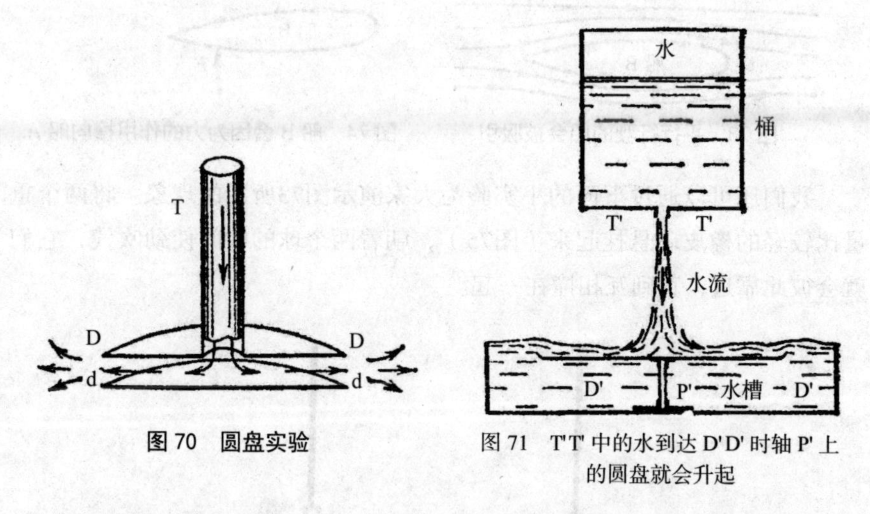

图 70 圆盘实验

图 71 T'T' 中的水到达 D'D' 时轴 P' 上的圆盘就会升起

图72向我们展示的是一个在气流中悬浮的小轻球。考虑到气流的冲击力，小球并不会从空中掉下来。只要它一跳出气流，周围的空气就会再一次把它推回气流中。通过伯努利定理我们得知，周围的气流流速慢时压力就大，当气流流速快时压力就小。

你不妨观察一下图73里面的那两条船，它们在平静的水面并列着前行或在不停流动的水里并列着停泊。由于两船之间的距离较短，因此它们之间水流的流速要大于两船外侧水流的流速，两船内侧的压力明显小于两船

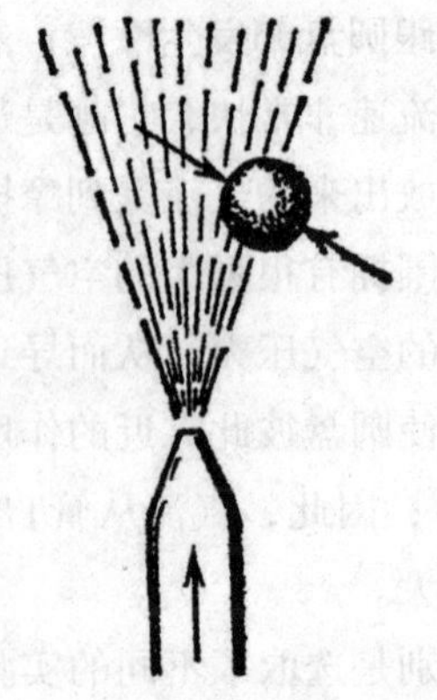

图 72　被气流支撑的小球

外侧的压力，结果就是两条船在船外侧巨大压力的作用下挤拢在一起。船员们心里明白，如果两条船并排着行驶，肯定会发生相互吸引的现象。

如果两条船并排着向前行驶时其中一条船减慢了速度，被另一条船落在了后面如图74所示，这样的情况会导致更加严重的后果。逼迫两条船挤在一起的两个力F能够让船身改变方向，船B转向A的力量会变得更大。在这样的条件下，船根本就没有时间改变航向，两条船的惨烈相撞将不可避免。

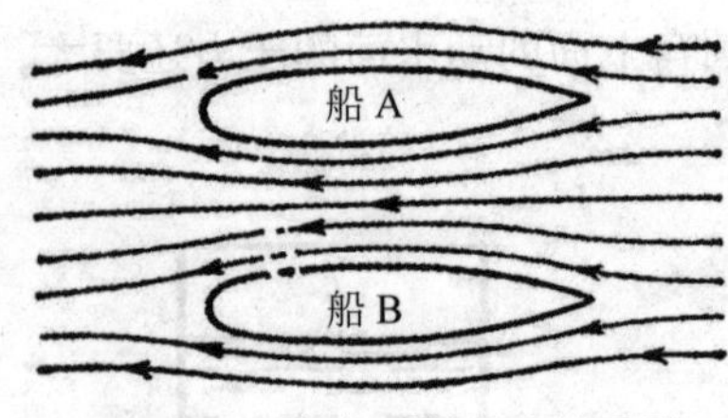

图 73　平行行驶的船会被吸引

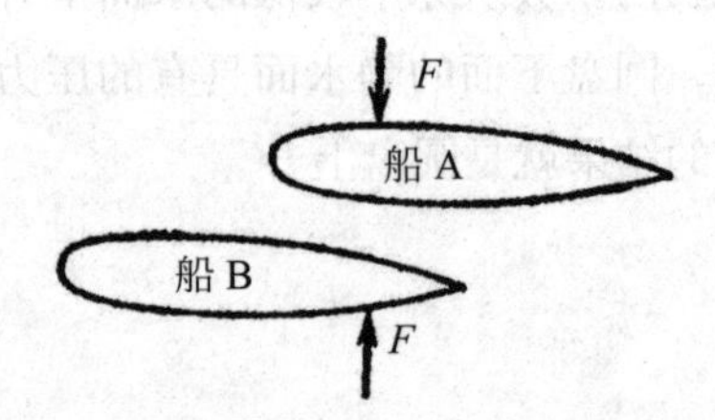

图 74　船 B 会因为力的作用撞向船 A

我们还可以通过下面的小实验为大家演示图73所示的现象。将两个重量比较轻的橡皮球悬挂起来（图75），朝着两个球的中间使劲吹气，它们就会彼此靠近，直到互相撞在一起。

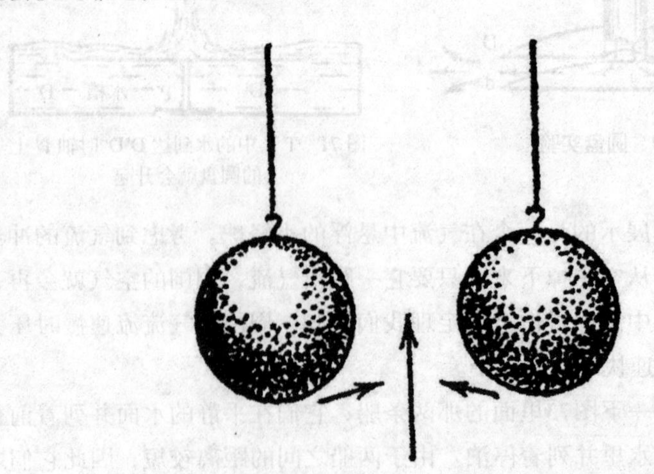

图 75　向两个小轻球中间吹气会使它们靠近或者相撞

17. 鱼鳔的作用

关于鱼鳔的作用，有一种在民间广为流传的说法让我们深信不疑：鱼鳔拥有控制上升和下降的作用，如果在深海里遨游的鱼要去表层水面时，它只要将自己的鳔鼓起来，就能让自身的体积变大，它排开的水的重量会大大超过自身的重量，按照物体的漂浮定律，鱼肯定会浮出水面。倘若它想再次下沉到深海里去，只要压缩下自己的鱼鳔就可以了。如此一来，它自身的重量以及它排出的水的重量都会逐渐减少，按照物体的漂浮定律，它会再一次下沉到深海里去。

17世纪佛罗伦萨科学院的科学家们首次讨论了关于鱼鳔的作用，1685年，博雷里教授正式确立了这一理论。在这之后的200年间，没有人驳斥过这一理论，后来经过科学家的进一步研究表明：这一理论根本就不能成立。

不过，鱼鳔确实在鱼的上浮和下沉中扮演着极其重要的角色，科学家已经通过实验证明，如果一条鱼的鱼鳔被切除，它要想浮出水面，只能频繁地摆动鱼鳍，如果它停止了摆动，就会立刻沉入海底。那么，我要提出问题了，鱼鳔到底具备什么作用呢？它的作用其实非常有限，仅能帮助鱼在海里的某一个地方停留，此时它自身的重量等于它排出的水的重量。当鱼利用自身的鱼鳔让自己下潜到了更深的海域，它的身体就要承受强大的水压，就会通过紧缩鱼鳔减少自身的体积。此时被鱼排出的水的体积减小了，它的重量自然小于鱼的重量，因此鱼开始下沉。鱼下沉的深度越深，承受的水压就越大（每下沉10 m，水的压力就增加1个大气压），鱼的身体就会越来越小，下沉的速度也就越来越快。

当鱼脱离了之前已经取得平衡的那个地方，开始不停地摆动鳍让自己朝上面浮动的时候，也会出现类似的现象，唯一不同的是方向相反。当鱼的身体减轻了一部分外来的压力后，鱼鳔就会由内而外膨胀起来（之前鱼鳔里的气压和周围的水压处于一种均衡的状态），因此鱼增加了自身的体积，便开始向上浮动。鱼上浮的高度越高，它的身体就膨胀得越大，所以它会继续向上面浮动。鱼无法通过“压缩鱼鳔”的方式控制自身的上浮和下沉，因为鱼鳔的壁上没有肌肉纤维，无法自由改变自身的体积。

鱼是通过被动的方式扩大或缩小自身的体积的，这一点可以通过下面

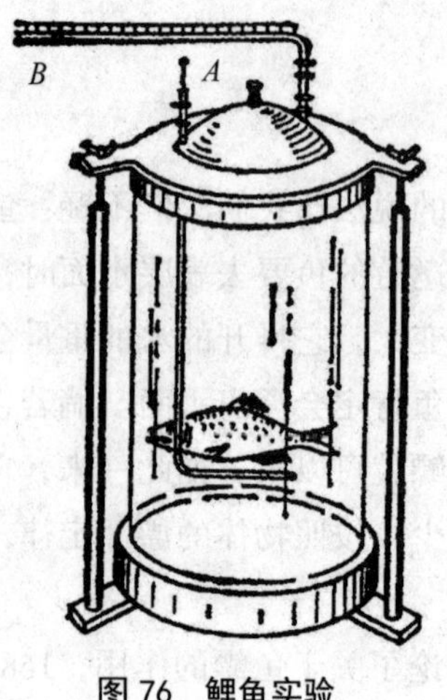

图 76　鲤鱼实验

的实验来证明（图76）。我们准备一条被氯仿麻醉了的鲤鱼，将它放到一个盛着水的容器中，切记该容器一定是密闭好的。让容器保持同天然水池一定深度处的压力相近的高压。此时的鱼会把自己的肚子朝上，静静地躺在水面上。倘若我们把它按到水面以下，它还会再次浮上来。但是如果我们将它按到靠近容器底部的位置时，它就不会浮上来，而是直接沉底了。但是，如果我们将这条鱼放在这两个位置的中间时，它却可以维持一种平衡的状态，既不上浮也不下沉。如果你弄懂了刚才讲到的关于鱼鳔的被动胀缩，你就会明白这到底是怎么一回事了。

这样看来，那个在民间广为流传的说法其实并不正确，鱼并不能自由地胀缩自己的鳔。鱼鳔只能在外部压力变化的作用下，被动地改变自身的体积（按照波义耳—马略特定律）。其实体积的变化对于鱼来说可谓有害无利，因为这种变化会逼迫鱼以最快的速度上浮或下沉。换句话说就是，鱼只有在一动不动的情况下才能维持鱼鳔的平衡，而这种平衡也是非常不稳定的。

没错，这就是鱼鳔的作用，不过我们在这里说的是它在鱼上浮和下沉的过程中起到的作用，那么，它在鱼的身体里是否还起到了其他的作用呢？这些作用到底是什么呢？我们目前还对此知之甚少，现在只是完全弄明白了它在流体静力学方面起到的作用。

渔夫的观察证明了我们的观点。当他们在深海里捕鱼时，经常发现这样的现象：想要挣脱的鱼并不会像我们预想的那样下潜到深海里去，而是会飞快地上升到海面上来。他们甚至发现，有些鱼还会把鱼鳔突出到嘴巴的外面去。

18. 波浪与旋风

很多时候，我们无法用一般的物理原理来解释日常生活中出现的现象，即便是刮着海风的海洋上出现的波浪，也无法在中学的物理教科书中找到合理的解释。当一艘轮船在风平浪静的海面上行驶的时候，为什么船头的下面能够产生向四周散开的波浪呢？为什么旗子可以在风中不停地飘荡呢？为什么海岸上的细沙能够呈现出波浪般的形状呢？为什么从工厂的烟囱里冒出的烟是成团的呢？

如果我们想要弄明白这些现象以及类似的现象，就必须了解液体和气体的涡流运动所具备的特性。那么，我们接下来需要简明扼要地谈一谈涡流现象以及它的主要特点。

假设这样一种情况，管子里流动着一种液体，而液体里面的所有微粒都在管子里做着平行运动，那么一种最简单的液体运动形式——平静流动就会呈现在我们的眼前，这种运动形式又被物理学家称为“层流”（图77）。

图 77 层流

不过，平静流动并不是液体最常见的运动状态。通常情况下，液体在管子里的流动是不平静的。如果涡流是从管壁流向管轴，那么就产生了涡流运动，它又被称作湍流运动（图78），日常生活中常见的自来水管里的水就是这么流动的（细管比较特殊，这种管子里面的水流是层流的）。假如一种液体在拥有一定直径的管子里达到了一定数值的流速，也就是所谓的临界速度时，那么它肯定会产生涡流。

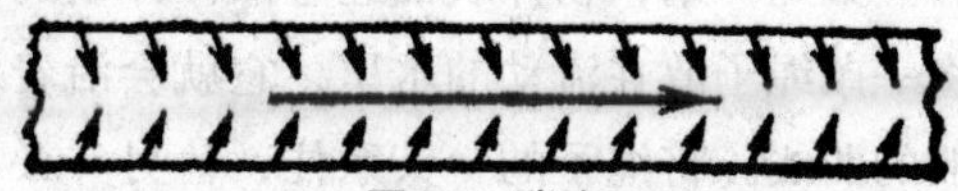

图 78 湍流

倘若我们把一些石松子粉之类的粉末放进在玻璃管流动的透明液体里，那么我们就可以用双眼清晰地观察到液体在管子里的流动状态，原来液体从管壁涌向管轴时产生了剧烈的涡流。

制冷技术就是应用了涡流的这一特性。当液体的涡流在管壁受到冷却的管子里时，会用最快的速度让液体触碰被冷却的管壁，如果液体里并没有产生涡流的话，那么，这样的进程就会相当缓慢。还有一点我们必须知道，液体本身的传热性很差，如果我们不搅拌它们，它们的冷却或加热的速度就会变得很慢。正是因为血在血管里的流动方式不是层流而是涡流，血液才能与它所经过的各个组织进行高效的热量和物质交换，在露天沟渠和河床里流动的水情况与上述情况完全相符，水在沟和河里的流动方式也是涡流。当我们在测量河水的流速时，尤其是精确测量靠近河底的水的流速时，精密的仪器就能检测出一种脉动现象。这种现象向我们证明水流的方向不停地发生着变化，河水的流动方式是涡流。河水除了向我们预想的一样，沿着河床朝前方流动外，还会从河岸流向河的中央。所以，河水深处的水温一年四季都不会发生变化的说法是不正确的，那里的水流动状态是涡流，河底的水和其他地方的水搅和在了一起，因此它的温度等同于河面上的水温。

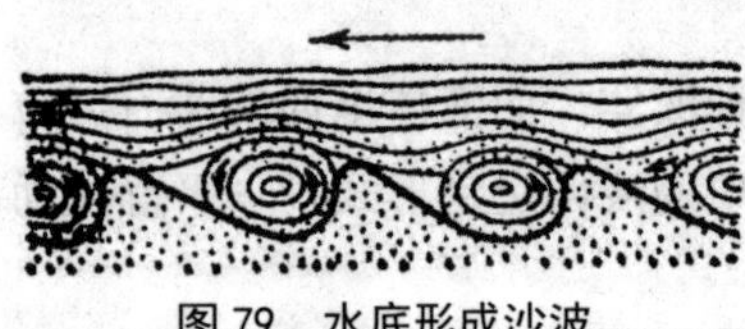
图 79　水底形成沙波

当然，湖水的情况就不同了，在河底附近产生的涡流能够带动细沙，让河底出现众多的沙“波”。经过浪潮冲刷的沙岸上同样可以发现类似这样的沙“波”（图79）。假如靠近河底的水流形式是层流，那么，河底的沙面一定也是顺滑无比的。

如此一来，物体表面经过液体冲刷的部分肯定会产生涡流。倘若我们将一条绳子放在流动的水里，它就会沿着水流动的方向折成一条宛如蛇一般的曲线（将绳子的一头系住，让另一头在水上自由漂浮），这就是最好的证明。为什么会产生这样的现象呢？因为如果绳子的其中一段附近存在涡流的话，那么这段绳子就会被涡流带走，再过一段时间，另一个涡流又会出现在这段绳子面前，逼迫它朝相反的方向运动，因此，这条绳子就会弯曲成蛇形（图80）。所以，我们这回弄懂了为什么旗子能够不停地在空中飘舞（图81）。它的原理和流水中的绳子呈现出蛇形的原理是一样的。

图 80　绳子在涡流作用下运动呈现出波浪形

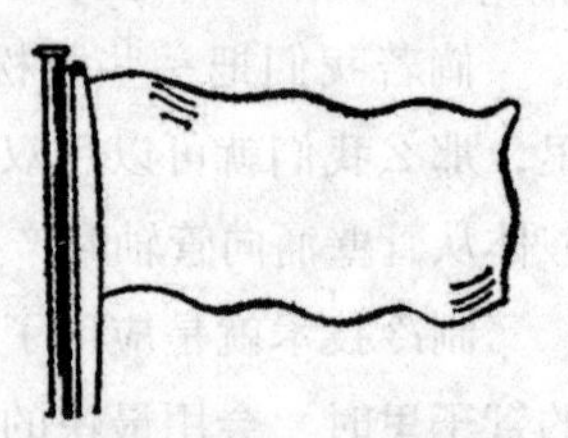
图 81　飘扬在风中的旗帜

讲完了液体，我们再将话题转向气体，也就是从淡水转到空气。读者们肯定都见过大风从地面上将类似尘埃、稻草之类的东西吹到天上去的景象。这种景象向我们表明一种空气涡流正在顺着地面流动。如果我们把地面换成水面的话，就会形成旋风，考虑到形成旋风的地方拥有较低的大气压，所以水面就会相应地上升，产生我们经常见到的波浪。也正是因为同样的原因，沙漠里和沙丘斜坡上会产生沙波（图82），庄稼地的表面也会出现波纹。风向旗的硬叶片无法在风中维持方向不变，却可以在空气涡流的带动下不停地摇摆。也正是因为这个原因，工厂的烟囱里会冒出呈团状的浓烟：从炉子里产生的气体在途经烟囱的时候，它的流动形态也是涡流运动。在惯性定律的作用下，当它们从烟囱中跑出来的时候，还会继续这样的运动状态，但是时间不会很长（图83）。

图 82　沙漠中的沙子也呈现出了波浪状

空气的涡流运动对飞机的飞行带来了很大的影响。飞机的机翼拥有非常独特的形状，机翼下面比较稀薄的空气被鼓起的机翼制作材料填充了起来，这样可以强化机翼上方的涡流作用。在这样的构造之下，机翼能够从上方获得吸引力，从下方获得支托力（图84）。

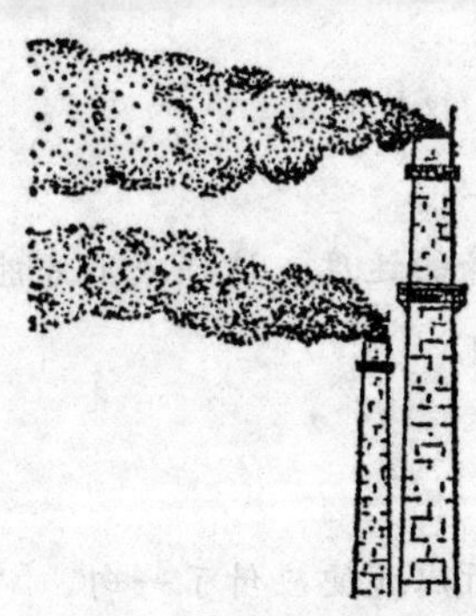
图 83　烟囱中的烟呈团状

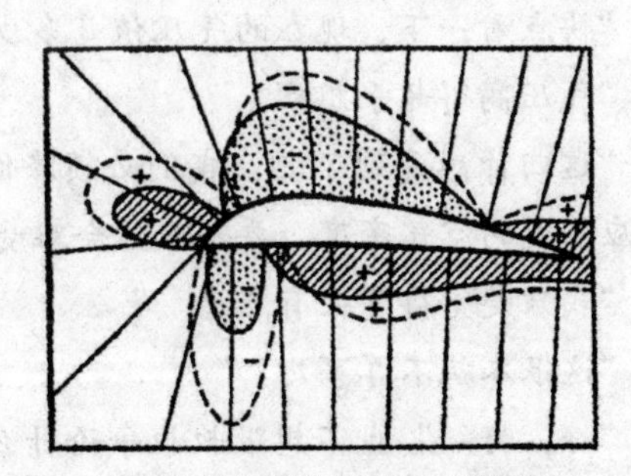

图 84　机翼受力示意图

如果一个房子的屋顶并没有钉牢固，那么一阵大风就能把它吹跑。在空气涡流的作用下，面积较大的玻璃窗在碰到大风时，会由内向外被吹破（而不是由外向内）。我们可以用流动的空气具有较小的气压这一原理来解释这样的现象（见“伯努利原理及其效应”一节）。

如果两个温度和湿度都存在差异的气团彼此近距离擦身而过，那么这两个气团里都会出现涡流的现象。这就是为什么每一朵云都会拥有不同的形状。

很难想象，原来有这么多现象跟涡流的原理有着密切的联系。

19. 地心旅行

人类直到今天也没有到达距离地球表面几千米深的地方，要知道，地球的半径几乎等于6 400 km。如此看来，人类想要进行地心探险还差得很远。不过，什么都敢想的儒勒·凡尔纳通过自己的奇思妙想，让他小说里的两个主人公：怪教授黎登布洛克和他的侄子阿克赛进行了一次地心探险。他在小说《地心游记》中生动形象地描写了这次非比寻常的地心之旅。空气密度的增大只是他们在危险的旅途中碰到的重重困境之一，高度越高，空气就越稀薄。当我们用算术的级数增加空气的高度时，空气的密度就会按照几何的级数减少。反之，在海平面以下的地方，高度越是降低，空气承受的上层空气的压力就会越大，相应的空气密度也就越大。很显然，这两位地下旅行家也注意到了这一点。

以下便是叔侄二人在地下48 km深处展开的一段对话：

"快点看一下，现在的气压值是多少？"叔叔问道。

"气压高得超乎想象。"

"这回你感受到了吧，我们必须降低下降的速度，这样我们才能慢慢地适应浓密的空气密度，要不然你会难受死的。"

"我只是觉得耳朵有点疼。"

"这根本就不算事儿！"

"好，好。"我不想跟叔叔争论什么，所以随便应付了一句，"密实的空气让我感觉身心愉悦啊！你听，这里的声音可真够嘹亮的！"

"你说的没错，空气的密度这么密实，就连聋子也能听见声音了。"

"我知道现在的空气变得越来越密实，但是，它的密度是不是要跟水的密度保持一致呢？"

"那是肯定的啊，当压力达到770个大气压的时候，它们的密度就会保持一致了。"

"假如我们接着下降呢？"

“那么，空气的密度还会进一步增加。”

“如果到了那个时候，我们还怎么接着下降呢？”

“简单啊，我们往口袋里放一些石头就没问题了。”

“叔叔，你太有想法了，这都想得出来！”

我不想再问任何问题了，因为我怕我问的问题会给叔叔添堵。但是有一点我非常确定：空气的形态在几千个大气压的压力作用下会变成固态，即便人类能够承受几千个大气压的压力，我们也只能停滞不前，无论我们怎么争辩也无计可施。

20. 幻想与数学

上面的对话便是小说的作者通过主人公向我们阐述的他对这一物理现象的解释。但是，假如我们能够亲自检验一下就会发现，这其实是不可能的。我们没有必要亲自去地心进行检验，我们仅需一支铅笔和一张纸就足够了，通过一些简单的计算我们就能让真相大白。

我们先计算一下，如果让气压增加$\frac{1}{1\,000}$，需要下降的深度是多少。通常情况下，气压和760 mm水银柱产生的压力是相等的。如果我们置身于水银中，而不是水里，那么我们只需要下降0.76 mm就可以增加$\frac{1}{1\,000}$的气压。如果我们置身于空气之中，我们就要下降到更深的深度，增加的距离倍数应该是水银与空气的密度比，也就是10 500倍。因此，如果我们想要增加$\frac{1}{1\,000}$个大气压，那么我们应该下降的深度就是0.76 mm × 10 500，得到的结果约等于8 m，也就是说，当我们下降到8 m的时候，压力值仅比正常水平大了$\frac{1}{1\,000}$。如此看来，就算我们上升到了高度的极限比如站在珠穆朗玛峰的峰顶，或是置身于海平面上，要想让气压值比正常水平增加$\frac{1}{1\,000}$，都必须下降8 m才行。我根据空气压力随着深度的增加而增加的现象制成了一个数据表：

在地面上，正常气压相当于压力760 mm；

地表以下8 m深处的压力相当于正常气压的1.001倍

地表以下2×8 m深处的压力相当于正常气压的（1.001）^{2}倍；

地表以下3×8 m深处的压力相当于正常气压的（1.001）^{3}倍；

地表以下4×8 m深处的压力相当于正常气压的（1.001）^{4}倍。

换句话说就是，在$n\times 8$ m深处，大气压力相当于正常压力的（1.001）^{n}倍，依照波义耳—马略特定律，我们得知当压力并不是很大的时候，空气的密度依然按照同样的倍数增加，从凡尔纳的小说中我们得知，主人公只下潜到了地表以下48 km的深处，所以我们可以不用考虑重力的减小以及因为重力的减小而产生的空气重量的减小。

通过计算我们可以算出儒勒·凡尔纳笔下进行地心旅行的主人公们在48 km（48 000 m）深处到底承受了多大的压力。根据公式我们算出$n=\frac{48\ 000}{8}=6\ 000$。我们必须算出（1.001）$^{6\ 000}$的数值是多少，但是，如果我们用1.001自乘6 000次，那可真是既费力又不讨好的任务。因此我们需要用到对数公式。拉普拉斯的对数公式不仅准确，而且可以减少我们的工作量，这就好比增加了人的寿命。通过对数计算x，我们得出了这样的结果：

$$\log x=6\ 000\times\log 1.001=6\ 000\times 0.00043=2.6$$

通过对数2.6，我们得出了最终的结果：400。

因此，地表以下48 km深处的大气压力是正常气压的400倍。实验向我们表明，在如此巨大的气压下，空气密度比正常的密度值大了315倍。小说的主人公说他觉得身心愉悦，只是觉得耳朵有点儿疼，我对此深表怀疑。

《地心游记》里还有人说他曾经下到距离地表以下120 km甚至325 km深处，然而在这样的深度下，空气压力的数值高得超乎你的想象。要知道常人最多也就能承受3～4个大气压力。

我们用同样的公式计算出下潜到多深的地方空气就会跟水一样密实，换句话说就是，它的密度必须比之前大770倍。我们得出的结果是53 km。事实上，这个结果并不完全正确，在强度大的压力的作用下，气体的密度无法和压力成正比。马略特定律只适用于压力不超过100个大气压的范围内。下面是一组通过实验得到的空气密度的资料：

压力（单位：大气压）	200	400	600	1 500	1 800	2 100
密度（相对单位）	190	315	387	513	540	564

通过观察这组数据我们发现，密度增加的幅度远低于压力增加的幅度。小说里的教授认为，当达到一定的深度后，我们就不用再考虑空气的密度大于水的密度的事情了，然而这样的情况是绝对不可能发生的，因为只有满足3 000个大气压的条件，空气的密度才能等于水的密度，而且，当空气的密度和水的密度相等后，它就无法被再次压缩了。我们只能通过加压的同时迅速降低温度（–146 ℃），才能将空气变为固态。

我还要指出一点，儒勒·凡尔纳的小说出版后，科学家们并未研究出空气密度和压力之间存在的关系。因此，我们不能对作者的错误描写横加指责，他犯的错误应该得到原谅。

我们再用那个对数公式计算一下，矿井工人在矿井里能够达到的极限深度是多少。举个例子，如果常人能够承受的空气压力的极限是3个大气压。用x来表示人类能够达到的极限深度，我们可以得出这样的方程式：

$(1.001)^{\frac{x}{8}}=3$，用对数公式可以求出x=8.9 km。

这下我们明白了，就算常人来到距离地表以下9 km左右的深处，身体依旧完好无损。如果有一天太平洋一滴海水都没有了，我们可以搬到太平洋的底下居住。

21. 在幽深的矿井里

我们暂且将科幻小说里的主人公搁在一边，在现实生活中，到达距离地心最近的地方的人是谁呢？答案一定是矿井工人。众所周知（参阅第四章），南非有世界上最深的矿井之一，它拥有三千多米的深度。当然，我们说的是用钻探工具钻出的深度，并非人类达到的深度。下面是关于巴西的一个矿场的描写，法国作家迪坦在亲自考察了这个矿场后有感而发，将它写了下来（这个矿场的深度大约是2 300 m）：

“举世闻名的莫罗·维尔赫金矿，位于距离里约热内卢400千米的地方。我乘坐火车晃荡了16个小时，终于来到了这片群山环绕的地带，很快，我就进入了一个四周环绕着密林的深谷。这里有一家英国公司，他们主要开采这里的黄金，过去从来没有人来过这么低洼的地方。

“矿脉是斜着朝更深的地方走的。矿井的构造包括六级采掘作业平台，竖直的有竖井，水平的有巷道。人们在黄金的诱惑下，冒着不怕死的心态向地心采掘，他们在地壳中挖出了很多深度极深的矿井，我觉得这些矿井也算是现代社会一个较为突出的特征了。

“我在这里要提醒一下你，务必要穿上帆布工作服和短皮工衣。在矿井里时也要格外小心，因为就算从矿井里掉落的石头不小心砸到了你，你也会因此死于非命。在矿区的一位工长的陪同下，我们来到了第一条水平巷道，这个巷道的光线还不错，但是里面刮着4摄氏度的凉风，我们都被冻得瑟瑟发抖（其实这是为了降低矿井的温度而鼓进来的冷风）。

“随后，我们乘坐狭窄的铁吊笼通过了深度为700米的第一个竖井，来到了第二个巷道，随后我们又顺着第二个竖井下降。现在的温度跟之前相比暖和了不少，我们目前的位置也已经在海平面以下了。

紧接着，我们又乘上了第三个竖井的铁吊笼，此时的温度都快能把我们的脸烧熟了。我们在低矮的巷道中弯下身子、甩掉身上的汗水，拼了命地向钻机钻探的位置爬去。这里面有许多人赤裸着身子在满是尘埃的环境中埋头苦干。他们汗流浃背，不停地用手传递喝水的瓶子。我们不能直接用双手触碰刚挖下来的矿石，因为它们的温度足足有57摄氏度。他们在如此恶劣的环境下辛勤劳动，每天却只能挖出10千克左右的黄金……”

这位法国作家对矿井的描写，让我们深刻体会到矿井深处极端恶劣的条件以及工人受到的残酷剥削，不过这位法国作家提到的仅仅是高温而已，他并没有提及增大的空气压力。通过计算我们能够得到地表以下2 300 m的深处拥有的空气压力。如果那里的温度和地表的温度是一致的，那么，我们按照之前的那个公式计算，这里的空气密度比正常的空气密度大了$(1.001)^{\frac{2300}{8}}=1.33$倍。

现实中，地表以下2 300 m的温度要高于地表的温度，而空气的温度越高，空气的密度就越小，所以我们得出了这样的结论：矿井下的空气密度与地面的空气密度并没有太大的差异，这和炎热的夏日与寒冷的冬季的空气之间存在的差异差不多。这下你明白这位亲自考察矿井的作家为何未注意到气压的变化了吧。

不过，温度过高的空气湿度会对这种深矿井造成重大的影响，倘若温度很高的话，人类几乎无法在里面长时间逗留。南非的约翰内斯堡矿的深度为2 553 m，它的温度为50 ℃，湿度达到了100%。这就是为什么我们要在里面安装一个所谓的“人造气候”装置来降低矿井内的空气温度。这样的装置可以媲美2 000 t冰块的制冷效果。

22. 乘坐平流层气球升空

在前几节里，我们一直在研究地表以下的情况，那么我们现在聊一聊地表以上的情况吧，我在前面提到的表示气压与深度关系的公式对我们的帮助很大。不过下面的这个问题依旧需要这个公式来解决，我们现在对这个公式做一些改变：$P=0.999^{\frac{h}{8}}$

我在这里注明一下：P代表大气压强，h代表高度（计量单位为m）。

你可能会问为什么我们把1.001换成了0.999，因为高度每升高8 m,气压就会降低0.001，而不是增加0.001。

首先，我们需要计算出，我们需要上升多高的高度，才能让气压减少到原来的一半。想要求得高度h，我们只要把P=0.5代入到上述的公式中就可以了，得出结果是h=5.6 km

那么，如果我们想要让气压减少到原来的一半，需要上升到距离地面5.6 km的高度，而勇敢的航天员能够上升到19 km和22 km的高空。从理论上来讲，这样的高度已经属于我们常说的平流层了。我们用普通的气球是不可能上升到这样的高度的，我们需要特制的平流层气球。年长的人应该都听说过“苏联”号和“航空家协会-1”号气球，在1933年和1934年，这两个由苏联制造的特制气球创造了气球上升高度的世界纪录，前者达到的高度为19 km，后者达到的高度为22 km。

下面，让我们用上面的公式来计算一下在这样的高空里，气压到底有多大吧。

通过公式我们算出：在19 km的高度，气压应为：

$$0.999^{\frac{19\,000}{8}}=0.095\text{大气压}=72\text{ mm水银柱}$$

在22 km的高度处气压应为：

$$0.999^{\frac{22\,000}{8}} = 0.066\text{大气压} = 50\ \text{mm水银柱}$$

但是经过我们的观察发现，平流层气球驾驶员记录的气压数跟我们计算出的结果存在差异：在19 km的高度下，气压为50 mm水银柱，在22 km的高度下，气压为45 mm水银柱。

为什么实际的记录和我们的计算结果存在出入呢？是不是我们哪里算错了？

波义耳—马略特定律用在这里并没有不妥，只是我们忽略了温度这个关键要素。我们想当然地认为20 km厚的空气层的温度是一致的，但随着高度的增加，空气层里面的温度会骤然下降。我们每升高1 km，温度就会下降6.5 ℃。当我们上升的高度达到了11 km，温度已经下降到了–55 ℃。但是，如果我们继续从这个高度向上升高很大一段距离，空气的温度也不会进一步降低了。倘若我们将这些因素全都考虑进去的话（初等数学已经无法解决这些问题了），那么我们计算出的结果就会更加符合实际情况。也正是因为同样的原因，我们在前面算出的地下深处的气压，也只能看作是近似值，因为计算的结果并不精确。

第七章

热现象

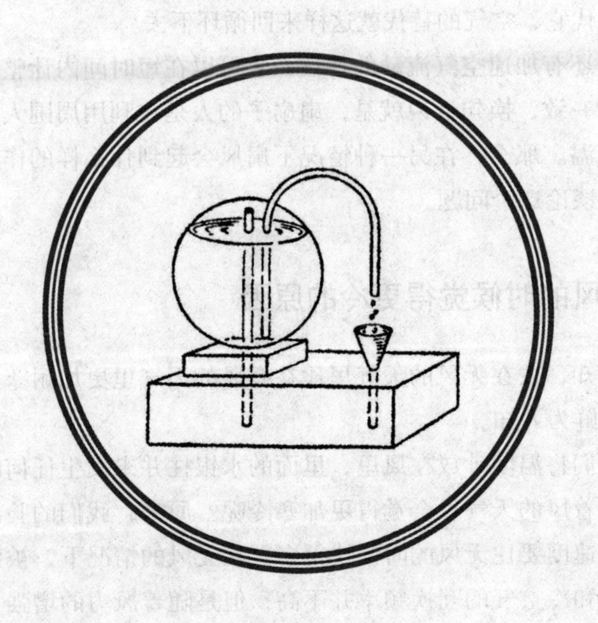

1. 扇子

在炎热的夏天，如果一位女士扇扇子，她就会感到一阵凉爽。她这样做并未对屋子里的其他人造成任何影响，但其他人也会因为同样感受到了凉爽而感谢那位女士，那么让我们来看一看实际的情况是怎么样的。当靠近我们的脸的空气遇热后，就会贴附在我们的脸上，我们的脸仿佛被罩上了一层面膜，这种看不见摸不着的热空气面膜把我们的脸“烤烫了”，这层黏糊糊的面膜阻碍了我们脸上的散热速度。假如我们周围的空气是静止不动的，那么贴附在我们脸上的热空气会以相当缓慢的速度被底部尚未受热的空气顶上去。当我们通过扇扇子将这层热空气赶走时，我们的脸就会一直接触到没有受热的冷空气，这些冷空气会不停地带走我们脸上的热量，所以，我们将身体里的热量排掉了，自然会感到凉爽。

换句话说就是，当这位女士扇扇子时，没有受热的冷空气会不断地取代贴附在脸上的热空气。等到刚刚贴附到脸上的冷空气受热后，又会有新的冷空气替代它，空气的替代就这样来回循环下去。

扇扇子还有加速空气流动的特性，它可以在短时间内让整个房间的空气温度保持一致，换句话说就是，扇扇子的人是在利用周围人旁边的冷空气让自己降温。那么，在另一种情况下扇风会起到什么样的作用呢？我们会在下一节谈论这个问题。

2. 刮风的时候觉得更冷的原因

众所周知，人在无风的天气里比在有风的天气里更加耐寒。但是这其中的奥秘却鲜为人知。

如果我们将温度计放在风里，里面的水银柱并未发生任何改变。但为什么人在刮着风的天气里会觉得更加寒冷呢？原来，我们的脸部在有风情况下的散热速度要比无风的时候快得多。在无风的情况下，被我们的身体加热的空气和冷空气的互换频率并不高，但是随着风力的增强，冷热空气在单位时间内的互换频率开始加快，我们的身体会在单位时间内散发掉更多的热量。光是这一点，我们就有足够的理由感到寒冷了。

其实，除此之外，这其中还有另一个原因。我们的皮肤时刻不停地蒸发着水分，即便我们身处冷空气的包围中也是如此。而蒸发必须有热量的参与，因此，我们身体上以及贴附在我们身体上的空气中的热量就会转化为蒸发水分所需的热量。倘若空气是静止不动的，那么水分的蒸发就会变得相当缓慢，因为紧贴在皮肤上的空气罩里的水蒸气在短时间内会出现饱和（蒸发无法在水蒸气出现饱和的空气中进行）。但如果空气是循环流动的，贴近皮肤的空气总是在不停地交换，那么蒸发的效率就会大大提高，而蒸发所需的热量却是直接取自我们的身体。

风冷却作用的大小主要取决于风的速度以及空气的温度。在通常的情况下，它的作用要远超我们的想象。假如空气的温度为4 ℃，那么我们皮肤的温度在无风的条件下就是31 ℃左右。假如这个时候刮起了一阵小风（风速为2 m/s），那么它的风力完全可以吹动旗子，虽然它并不能把树叶吹得沙沙作响，却可以让我们皮肤表面的温度降低7 ℃。通常情况下，当风速达到6 m/s，旗子能够迎风飘扬的时候，我们的皮肤温度会下降22 ℃，也就是说我们此时的皮肤温度会降到9 ℃。

如此一来，让我们产生冷的感觉的因素有两个：温度以及风速。一般来说，列宁格勒的寒冷程度和莫斯科大体一致，不过人们普遍觉得莫斯科的温度要比列宁格勒高一些，因为波罗的海沿岸的平均风速为5 ~ 6 m/s，而莫斯科的平均风速只有4.5 m/s。平均风速仅为1.3 m/s的外贝加尔地区，那里的严寒更容易让人忍受。东西伯利亚的寒冷远近闻名，但是当地人认为这里的环境要比住在欧洲经常被大风吹的人所预想的好得多。这是因为东西伯利亚的一年四季，尤其是冬季很少刮风。

3. 沙漠里的热风

也许读者在看完上一节后会这么说："如此一来，在炽热的环境下刮起来的风，应该会给我们带来凉爽的感觉。但是，为什么在沙漠里的旅行家经常说沙漠里刮的都是热风呢？"

当沙漠里刮起风的时候，人们并不能感觉到凉爽，而是炎热，我们不应该对此感到意外。因为此时的情况出现了变化，不是人体将自身的热量传递到空气中，而是空气将热量传递给人体，所以，人体在一分钟内接触的空气越多，就会感觉越热。尽管沙漠里的蒸发作用会因为风力的加强而增强，但是它散发的热量远低于空气传递给人的热量。这就是为什么我们经常见到沙漠里的人会穿长袍，戴皮帽。

4. 面纱可以保暖吗

这是我们在日常生活中碰到的跟物理学有关的问题。那些妇女们肯定会这么说：面纱当然可以用来保暖，如果我们不戴它，我们的脸就有可能被冻伤。不过男人们好像并不同意这样的说法，当他们看到轻薄、上面还有跟鸡蛋一样大的孔洞的面纱时，他们认为，那些女人们说的面纱具有保暖作用的话，完全是心理在起作用而已。

不过，如果你看过前两节的内容，就会认为女士们的话并非毫无理论依据了。尽管面纱上的孔洞很大，但是外面的空气要想穿过这些孔洞也不是那么容易的事情。当空气在受热后贴附在她们的脸上后，俨然充当起了面罩的作用，现在又戴上了一层面纱，热空气在面纱的阻隔下，不会轻易被风吹走，所以，我们完全有理由相信女人们所说的话，当天气比较冷，或是刮起微风的时候，戴着面纱出门要比不戴面纱出门感觉暖和一些。

5. 可以将水冷却的罐子

也许你没有见过这样的罐子，但是你有可能听别人说起过或在书报上读过相关的介绍。它是一种尚未经过焙烧的黏土容器。这种容器具备一种非常好玩的特性：装在该容器里的水的温度要比周围物体的温度更低。南方的众多民族都把这种罐子当作日常用品。它有很多名字，例如，西班牙人称它为“阿里卡拉察”，埃及人称它为“戈乌拉”等。

这种容器的冷却原理非常简单：灌进罐子里的水会经过黏土壁渗透出来，此时的水开始蒸发，考虑到蒸发需要消耗大量的热量，所以容器以及里面的水的热量就会转换成蒸发需要耗费的热量。

但是，它的冷却作用产生的效果是有限的，并不像某些南国游记里描述得那么玄。它的冷却功能是有条件限制的，如果周围的空气温度逐渐升高，那么渗透到容器外的水分蒸发的速度就会逐渐加快，容器里的水的温度就会逐渐下降；它的作用还跟周围的空气湿度息息相关，倘若空气中的水分太多，蒸发的进程就会非常慢，罐子里水的温度也会下降得很慢。相反地，如果空气中的水分很少，蒸发的进程非常快，那么罐子里水的温度就会出现显著的下降。所以风对加速蒸发、促进冷却起到了至关重要的作用，在炎热并且有风的天气里，人们穿着沾上水的衣服就会感到非常凉快，这就是最好的例证。

具备冷却作用的水罐，它的温度最多只能下降5 ℃。在南方火辣辣的天气里，空气的温度能够达到33 ℃，此时的罐子里的水温可以跟浴池温水的温度相媲美：28 ℃，这么看来，这种神奇罐子的冷却作用并不明显。其实它最主要的作用是高效率地保持冷水的水温。

接下来，我们来计算一下冷却罐里的水到底有多凉。

如果我们计算的这个冷却罐的容积为5 L，而罐子里已经有0.1 L的水被蒸发掉了。在33 ℃的大热天里，每蒸发掉1 L（1 kg）水大约需要消耗580大卡的热量。我们知道罐子里已经有0.1 L的水被蒸发掉了，那么它消耗的热量就是58大卡。假如蒸发消耗的热量全都来自罐子里的水，那么罐子里的水温就会相应地减少大约12 ℃。

不过，蒸发消耗的热量主要来自罐壁以及罐子周围的空气。此外，罐子外面的热空气仍然会把热量传递给罐子里的水，所以罐子里水的温度只能达到我们得到的结果的一半，也就是5 ℃左右。

我们不能确定冷却罐到底是在阳光下的冷却效果更好，还是在阴凉处的冷却效果更好。虽然将罐子放在阳光下会使蒸发的进程明显加快，但与此同时罐子从外面获取的热量也明显增多。也许我们最好还是把它放在阴凉处更好一些。

6. 不用放冰的冷藏柜

人们通过蒸发制冷的原理制造了一种在不用冰的情况下将食物妥善保存起来的冷藏柜。其实它的构造非常简单：这种冷藏柜的用料是木头（白铁皮是最佳选择），并且在里面放一个架子，它的作用是放置需要冷藏的食品。我们将一个长形的容器放置在柜子的顶上，在容器中灌入纯净的冷水；然后准备一块粗布，将它的上端浸在容器里，让它的下端落在冷藏柜下面的另一个容器里，而中间的部分则沿着冷藏柜的壁向下方垂直。当粗布的上端完全被水浸湿后，水分会像经过灯芯一样，时刻不停地濡满粗布面，随着时间的流逝，水分会慢慢蒸发，这样一来，冷藏柜就产生了冷却的效果。

不过，如果我们想要让这种“冷藏柜”在夜间维持冷却的效果，必须将它放置在室内温度较低的地方，并且做到每晚更换凉水。当然了，我们也不能忘记随时让盛水的容器和吸水的粗布保持干净。

7. 我们能够承受的高温极限是多少

人类忍受高温的能力绝对超乎我们的想象。南方各国的人民承受的温度要远高于我们这些生活在温带地区的人民。举个例子，当澳大利亚中部进入盛夏时，即便是背阴的地方，温度也高达46 ℃，有的时候甚至能达到55 ℃。当轮船从红海向波斯湾航行时，虽然船舱的通风性能非常好，但是舱内温度依然可以达到50 ℃。

迄今为止，在地球上出现的非人工产生的最高温度是57 ℃。据有关史料记载，加利福尼亚的“死亡之谷”曾经产生过这样的温度。

通常情况下，我们所说的温度都是在有阴凉的地方测出来的。我顺便在这里跟大家说明一下，为什么气象学家要选择背阴处，而不是选择在阳光下测量温度呢？因为温度计只有在背阴处的地方才能精确测出空气的温度，如果我们将温度计放在阳光下，炽热的光线会让温度计的温度上升，这样一来，它显示出的温度会明显高于周围空气的温度，它的读数就不再具有参考性了，通过这样的方法测出的温度完全是浪费人力物力。

已经有人通过实验证明了人类所能承受的高温极限。在水分偏低的空气中，人体周围的空气温度的上升速度会特别缓慢，在这样的情况下，人类可以忍受沸点的温度（100 ℃），在极个别的情况下甚至可以忍受更高的温度（160 ℃）。英国物理学家布拉格顿和钦特里通过实验证明了这一论点，他们曾经在放有完全被烧热的烤面包炉的房间里逗留了数小时。廷德尔也曾说：“即便把人扔到可以烤熟热鸡蛋和牛排的地方也并无大碍。”

那么，为什么人可以忍受如此之高的温度呢？事实上，我们的身体无法承受这样的高温，不过我们在这样的环境中仍旧可以保持接近正常体温的温度。这是因为我们可以通过大量出汗的方式防止皮肤的温度过高。当汗水蒸发时，它会在紧挨着皮肤的那层气罩里将大部分热量吸走，从而大大减少这层空气的温度。但是人类要想忍受高温必须满足一个很重要的条件：人体不能跟热源有直接的接触，而且自己所在之处的空气必须是干燥的。

曾经在中亚地区旅行过的人会发现，即便这里进入了30 ℃以上的盛夏，依然比空气温度只有二十几度的列宁格勒闷热天气更容易让人接受，因为中亚地区下雨的情况甚少，空气比较干燥，而列宁格勒的空气湿度比较高。

8. 到底是气压计，还是温度计

你可能听说过这样一个故事，说的是一个奇怪的人因为下面所讲述的一种莫名其妙的原因而不愿洗澡：

“我在浴盆里插了一个气压计，通过它显示的读数得知，一场雷雨马上就要到来了……现在洗澡有人身危险啊！”

你不要以为区分温度计和气压计是一件十分简单的事情。有一些温度计，更准确地说应该叫它验温器，我们完全可以把它当作气压计；而有些气压计也可以充当温度计。古希腊的希罗发明的古老测温器（图85）就是这样一种既可充当温度计，又可充当气压计的仪器。我们现在拿他的仪器做一个实验，如果球体被太阳烤热，球体上面的空气就会开始膨胀，当空气出现膨胀后，会把水从曲管挤压到球的外面去，受到挤压的水从管的另一端滴在了漏斗里，紧接着从漏斗流到了下面的水槽中。在温度较低的空气里，会出现与之完全相反的现象：球里的空气压力开始逐渐变小，在外界空气压力的挤压作用下，箱子里的水开始从水槽和球体的另一端向上升，来到上层的球体里。

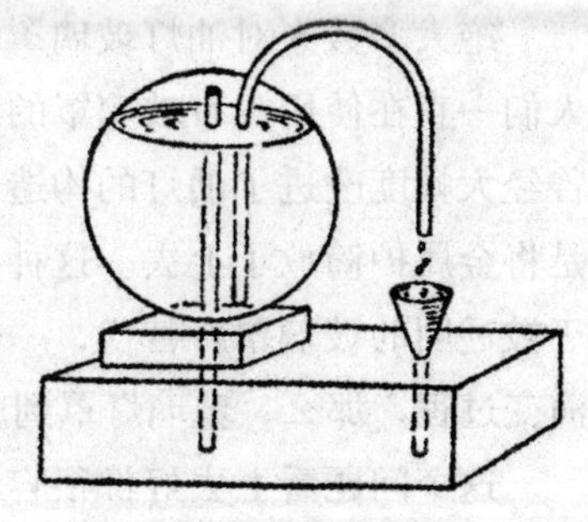

图85 海伦验温器

这个仪器受到了气压变化的巨大影响，当外面的气压逐渐降低时，球里压力较高的空气便会开始膨胀，因此，箱子里的一部分水会顺着曲管挤压到漏斗里去。当外面的气压逐渐升高的时候，水槽里的一部分水就会在外面较高气压的作用下被挤压到球里。温度计每升高或降低1 ℃时，都会导致球里的空气体积出现变化，这和气压计水银柱的升降的原理是一样的，也就是说水银柱升降$\frac{760}{273}$即约2.5 mm时，空气的体积变化完全相同。莫斯科的气压的升降幅度能够超过20 mm水银柱。这一数值等于在希罗验温器上出现了8 ℃的温差变化。换句话说就是，我们会误将气压降低20 mm水银柱认作温度上升了8 ℃。

这回你应该明白为什么古老的验温计也可以充当气压计了。在我国的市场上，曾经出现过一种水力气压计，从理论上讲，它算得上是一种温度计，不过它的用途不但超出了购买者的想象，而且也违背了发明者的设计初衷。

9. 油灯的玻璃罩有什么作用

绝大多数人对油灯玻璃罩的演变历程知之甚少。在数千年的时间里，人们一直在使用没有玻璃罩的油灯。聪明绝顶的达·芬奇（1452—1519）曾经大幅度改进了油灯的构造，但是他并没有把玻璃护罩放在油灯上，而是将金属护筒放了上去。这种拥有金属护筒构造的油灯设计在三千年后终于被透明的玻璃罩所替代，一个小小的玻璃灯罩竟然经历了这么长时间的演变过程。那么，玻璃灯罩到底能够起到什么作用呢？

这个问题看上去好像很容易解释，但其实能够正确做出解释的人并不多。你或许认为它可以保证火焰不被大风吹灭，不过这只是灯罩的次要作用。它最重要的作用是让火焰变得更亮，让燃烧的进程变快。炉子或工厂的烟囱起到的作用跟灯罩相同，可以让火焰周围聚集大量的空气，让灯罩里的空气变得更加流通。

接下来，我们需要再仔细研究一下灯罩。当油灯亮起来的时候，灯罩内空气温度的上升速度明显快于灯罩外的速度。由于热空气的密度很小，从下方灯孔冒出来的密度较大的冷空气会把热空气顶到上面去，因此，空气开始持续地自下而上流动，导致燃烧的生成物不断被带走，新鲜的空气源源不断地涌进来。灯罩的高度决定了冷热空气的重量变化，如果灯罩的高度很高，那么新鲜空气就会不停地涌进来，燃烧的进程也会逐渐加快。这就是为什么工厂的烟囱都特别高的原因。

很显然，达·芬奇也发现了这一现象。他曾经在笔记中这样写道："有火焰燃烧的地方就会产生气流，这样的气流不但可以助燃，还能提高燃烧的效率。"

10. 为什么火焰不会自己熄灭呢

当你静下心来思考燃烧的过程时，有没有想过这样一个问题：为什么火焰不能自己熄灭呢？众所周知，经过燃烧产生的二氧化碳和水蒸气都是无法燃烧的物质。只要产生火焰，这些无法燃烧的物质就会将火焰包裹起来，如此一来空气无法接触到火焰，没有空气的存在，燃烧自然无法进行下去，火焰自然而然就会熄灭了。

那么，事实真是如此吗？为什么在燃料没有耗尽的时候，燃烧仍在继续呢？答案是热空气膨胀以后会减轻密度。仅仅因为这一个原因，燃烧生成物就无法继续停留在它们生成的地方，也就是在火焰附近的位置，而是被新鲜的空气挤压到上面去。假如阿基米德定律对气体不起作用（或者说不考虑重力的影响），那么任何火焰都无法燃烧很长的时间，而且都会自行熄灭。

很明显，火焰燃烧的生成物对燃烧产生了很大的负面影响。其实你经常在没有察觉的情况下利用了这一点来吹熄火焰。试想一下，你平时是怎样吹熄油灯的：从灯罩上面向里面大口吹气，如此一来，通过燃烧生成的不可燃的废气就会被驱散到火焰上去。由于火焰没有新鲜空气的持续接触，就会自行熄灭。

11. 儒勒·凡尔纳小说里的疏漏之处

儒勒·凡尔纳向我们讲述了三位大无畏的旅行者坐着炮弹去月球旅行的经历。但是，他并没有详细地描述厨师米歇尔·阿尔丹在这样极其特殊的环境里是怎样做饭的。或许凡尔纳认为在炮弹里做饭实在没有必要写出来，如果他真这么想就大错特错了。关键的问题是，在飞行的炮弹里的任何物体都会陷入失重的状态。儒勒·凡尔纳并没有对这一点提起足够的重视。假如你相信我所说的，认为在这种失重的厨房里做饭的情节确实值得作者着重讲述一下，那么才华横溢的作者在写《月球游记》的时候竟然忽视了这样的情节，着实叫人感到可惜。我在这里把作者忽略的那一段补写出来，弥补读者心中的遗憾，让这部小说变得更加无可挑剔。

有一点我要提醒大家，读者们在阅读这段补写的文字之前一定要知道，飞行炮弹里的任何物体都陷入了失重的状态，自身并没有任何重量。

12. 在失重的厨房里做早饭

"朋友们，你们都还没有吃早餐吧？"米歇尔·阿尔丹向进行这次月球旅行的伙伴们说，"大家不会是因为坐上飞行的炮弹，一时无法适应失重的感觉，而没有胃口了吧！朋友们，现在我来给大家做一顿零重量的早餐。这几道菜绝对称得上是世界上重量最轻的菜肴了。"

这位法国人没等他的朋友们说一句话，就挽起袖子开始做饭了。"我怎么感觉水瓶里没有水啊，"阿尔丹一边把玩一个被拔去塞子的大瓶子，一边喃喃自语，"你就不要对我说谎了，你的重量太轻了，我已经拔掉了塞子，你就别调皮了，赶紧流到锅里去！"不过无论他怎么摆弄瓶子，里面的水就是流不出来。

"你别费力气了，亲爱的阿尔丹，"尼柯尔说道，"你知道吗？水在失重的地方是流不出来的，你需要像抖糖浆一样把水从瓶子里面抖出来。"

阿尔丹突然灵机一动，他把瓶子倒转了过来，然后他用手掌狠狠地拍了下底朝天的玻璃瓶底。就在这时，又发生了一件奇怪的事情：瓶口处冒出了一个犹如拳头般大小的水泡。

"这瓶水是不是有什么问题？"阿尔丹吓了一跳，"看啊，这事可真是太奇怪了！见多识广的朋友们请告诉我，为什么会出现这样的情况啊？"

"亲爱的阿尔丹，这个水泡只是水滴而已。水滴在失重的情况下，体积可以随意变化，有一点你必须知道，当液体受到了重力作用的影响后，它会变成容器的形状，慢慢地从瓶子里流出来。我们这里是失重的状态，液体受到了自身分子的作用，变成了球体的形状，这跟著名的普拉图实验中的油是一个原理。”

“我才不在乎什么普拉图和他著名的实验呢！我的职责就是做饭，我保证，绝不让什么分子力阻挠我做饭！”这位法国人歇斯底里地嚷道。

只见他拼命晃动瓶子，让里面的水飞向在空中飘浮的锅里。但是，仿佛事事都跟他对着干一样，那些巨大无比的水泡在跟锅接触后，就顺着锅面四散开来。这还不算结束，随后散开的水又从锅里面流到了锅的外壁上。没过多长时间，整个锅都被水覆盖了起来。在这样的情况下，这个锅是没法烧水了。

“其实这个实验非常有趣，它向我们证明了内聚力的力量有多强大，”尼柯尔面不改色地对怒不可遏的阿尔丹说道，“你控制好自己的情绪，这只是液体润湿固体的一种自然现象，之所以会产生这种现象是因为在这里重力并不产生作用。”

“那可真是遗憾，它为什么不能产生作用呢？”阿尔丹反驳道，“我才不管什么润湿现象呢。我只关注如何用锅煮水，而不是在锅外煮水。发生这样的事也太奇怪了！就算是顶级厨师也没法在这样的环境下做汤！”

“我们可以用一个简单的办法保证不让润湿现象妨碍你的工作。”此时，巴尔比根先生站了起来，安慰他道：“你要记住，只要物体的表面被一层薄薄的油所覆盖，它就无法被水润湿。如果你涂一点油在锅里，锅里的水就不会跑出来了。”

“这真是太妙了！这才是真正的学问。”阿尔丹一边按照他说的做，一边笑嘻嘻地说。紧接着，他开始在煤气炉上烧水。

阿尔丹可真是事事不顺心。想不到连煤气炉也戏弄他：暗淡的火焰仅燃烧了大约半分钟后，就不明缘由地熄灭了。

阿尔丹在炉旁忙来忙去，仔细地调试炉火，不过他忙了半天，炉子依旧打不出火来。

“巴尔比根！尼柯尔！这炉火就是不出来啊，我是不是要按照你们的物理学原理以及煤气公司的相关操作流程才能点燃炉火啊？”这位丈二摸不着头脑的法国人开始求助于他的朋友们。

“出现这样的事本来就在我们的预料之中，这没什么可惊讶的！”尼柯尔如此解释道，“火焰是严格按照物理学的原理进行燃烧的。至于煤气公司……我认为，如果地球上没有重力的话，煤气公司早就破产了。众所周知，火焰在燃烧时要产生不可燃的二氧化碳和水蒸气。这些燃烧生成物的温度非常高，自身的密度比较小，所以它们一般不在火焰附近聚集，而是受到周围的新鲜空气挤压，升到上空去。但是我们现在所处的地方并没有重力，所以燃烧的生成物无法摆脱它们生成的地方，它们全都围在了火焰的周围，如此一来，新鲜空气无法接触到火焰，这就是为什么火焰的燃烧如此不充分，而且燃烧了那么短的时间就熄灭了。我要在这里提醒下你们，这一原理跟灭火器的原理是一样的，通过不可燃气体将火焰层层包围起来。”

“照你这么说，”阿尔丹插嘴道，“假如地球上不存在重力，那么消防队就无事可做了，大火自己就熄灭了。”

“你说的一点不假。但是，我们还是先来解决眼前的问题吧，让我来给你出谋划策，当你把火点燃后，试试冲着火焰大口吹气，我敢说，这种靠人力吹气的方式肯定能解决难题，炉火会跟在地球上烧的一样旺。”

阿尔丹按照他的建议，再次把火点燃了，他开始给大家做早饭。他甚至饶有兴趣地观察尼柯尔和巴尔比根轮流冲着炉火大口吹气，不断地把新鲜空气及时提供给炉火。这个法国人心想，“这些非常棘手的难题”都是被他的朋友们以及奇怪的伪科学吸引来的。

“你们能够做到的只是在帮助烟囱燃烧得更充分而已，”阿尔丹讥讽地说，“我真替你们感到可怜，我的科学家朋友，但是，既然我们想吃香喷喷、热乎乎的早餐，你们就得严格服从物理学的定律。”

就这样过去了一刻钟、半小时，眼看着就过去了一个小时，锅里的水竟然完全没有烧开。

“亲爱的阿尔丹，你必须耐心地等待。为什么我们经常见到重量较重的水能够更快地烧开呢？因为那里面产生了对流作用：下层的水受热以后，密度会变小，在冷水的挤压下，被顶到了上面，在这样的情况下，锅里的水很快就烧开了。你肯定没有在上面烧过水，如果你真的选择这样烧水，就会发现水里并没有产生对流作用，由于水的导热性非常差，被烧开的水是静止不动的。如果我们将冰块放在下层的水中，就算上层的水达到了沸点，那些冰块也不会受热融化。考虑到我们这个地方是失重的，所以我们无论从上面烧水还是从下面烧水，得到的结果都是一样的，对流作用并不会在锅里发生，这样一来，想要把水烧开就会浪费掉大量的时间。你必须持续地搅水，才能增加烧水的效率。”

尼柯尔又向阿尔丹透露了一点，烧水的温度不能接近100 ℃，因为当水温接近100 ℃时，就会产生很多水蒸气，由水产生的水蒸气等同于水的比重，当它们聚集在一起时，会混合出一种泡沫。

令人意想不到的是，就在这时，豌豆开始给阿尔丹找麻烦了。当阿尔丹把装豌豆的袋子解开，想把里面的豌豆拿出来的时候，出现了令人哭笑不得的一幕：阿尔丹只是轻轻地拍了下袋子，里面的豆子就像离弦的箭一样，向四面八方飞了出去，四散开来的豌豆在舱里来回飘动，当它们碰上舱壁时又被反弹了回来。漫天飞舞的豌豆险些酿成大祸：尼柯尔一不留神将一颗豌豆吸到了鼻子里，他因此不停地咳嗽，差一点没喘上气来。为了避免再次出现这样的意外，我们必须把飘在天上的豌豆全都清扫干净，弹舱里的乘客们决定拼尽全力用网兜把这些在天上飘浮的豌豆全都扫清，你或许会觉得好奇，这些网兜是从哪来的？其实，阿尔丹为了能够“采集月球蝴蝶的标本”，特意提前准备了这些网兜。

在失重的条件下做饭简直比登天还难。阿尔丹说得一点没错，就算是顶级厨师在这种条件下也无计可施。在烤牛排的时候尤为滑稽：他必须时刻将肉固定住，否则牛排就会受到下面形成的油蒸气的挤压而被顶到锅外面去，因为没有熟的肉会不停地往“上面”蹦，我们暂时用“上面”这个词吧，事实上，在失重的环境中，并不存在上下的区别。

在失重的地方吃饭同样让人觉得不可理解。朋友们全都飘浮在空中，摆出各种各样的姿势，看起来非常有意思，但是他们需要时刻保持警惕，以免发生头碰头的现象。想要顺利地坐在座位上，比如凳子、沙发、椅子之类的坐具上，是完全没有可能的。事实上，放在这里的桌子全都是摆设，但是，执拗的阿尔丹坚持要求大家坐在“桌边”吃早饭。

烧熟肉汤已经很困难了，将汤喝下去更是难上加难。一开始，阿尔丹将失重的汤分别倒在碗里，但是他并没能成功。阿尔丹一整个早晨都在折腾肉汤，他把肉汤没有重量的事情完全抛在了脑后，他像疯了似的敲打翻转的锅底，想把牢牢地贴在锅里的肉汤倒出来。最后，一个巨大的水球从锅里跑了出来，这个水球的前身就是肉汤。阿尔丹打算重新把这些大小不一的肉汤球放回锅里，但是要想做到这一点，你必须拥有媲美手技演员的精湛技艺。

他打算用汤匙把肉汤舀出来，但并没有成功：黏糊糊的肉汤将整个汤匙都覆盖了起来，一直延伸到了手指。为了避免这种润湿作用，他在汤匙上涂了一层油。不过收效甚微，汤匙里的肉汤变成了小球的形状，而且即便使出浑身解数，也无法用嘴吃到这些失重的水球。

最后，尼柯尔突然想到了一个妙招，他建议朋友们用蜡纸卷出一些纸筒，然后用这些纸筒来吸水球。在飞向月球的旅途中，我们的这些朋友们就是通过吸纸筒的办法来喝水、喝酒以及其他饮料的。

13. 为什么水可以把火扑灭

这个问题虽然简单，但是并不是所有人给出的答案都正确。因此，我有必要在这里好好讲一下水对火产生的作用。

一、当炽热的物体和水发生接触后，会向水释放大量的热量，从而产生蒸汽。由沸水转化的热量被蒸汽吸收，将等量的冷水加热到100 ℃所需的热量仅为这种热量的$\frac{1}{5}$。

二、生成蒸汽的水的体积仅为蒸汽的体积的几百分之一，倘若燃烧的物体被这么多蒸汽覆盖起来，那么它就会完全与空气隔绝，如果它无法接触到空气，燃烧就不能变得持久。

有时，为了提高水灭火的效率，我们会往水里放一些火药。也许你听了会觉得非常困惑，但是这样做是有科学依据的：火药能够让燃烧的进程加快，产生大量不可燃的气体，这些不可燃的气体以强劲的势头将燃烧物层层包围起来，达到遏制燃烧的效果。

14. 如何以火制火

也许你听说过，将森林或草原大火扑灭的最佳办法就是面对着大火再点一把火。刚点燃的大火开始向火海蔓延，将路上的可燃物全部清除，大火得到了有效的遏制。当这两股烈火碰到一起后，它们会在一瞬间熄灭，仿佛被什么东西一口吞了下去（图86）。

我们的读者当中肯定有人看过库柏的小说《大草原》，这部小说里就出现了用这种方法扑灭美洲草原大火的情节。一位经验丰富的猎人挽救了一些被困在草原大火里的旅客的性命，要是没有他，这些人就会葬身火海，这惊心动魄的一幕深深地印在了人们的脑海里。下面就是《大草原》中有关猎人拯救旅客的段落描写：

图86　以火制火

几乎是在一瞬间，老猎人的脸上露出了一种果断的表情。

“是时候行动了。”他说道。

“你这可怜的老家伙，你现在做决定太晚了！”米德里顿大叫道，“我们跟大火之间的距离只有四分之一英里，烈火在狂风的吹卷下，铺天盖地地向我们冲了过来！”

“快看这烈火啊！我一点都不怕它。喂，大家伙儿们，不要目瞪口呆了！赶紧把咱们眼前这片干草清理掉，腾一块空地出来。”

没过多久，大家就清理出了一块直径约20英尺的空地。老猎人给妇女们下了命令，把自己身上容易被烧着的衣服用被子盖起来，然后把她们带到远离烈火的空地的另一端。早有准备的老猎人将这一切布置好以后，来到了空地的另一边。与此同时，烈火犹如高耸的围墙一样，将这些旅客们层层包围了起来。他在枪架上点燃了一把非常干燥的草架。随着轰的一声，草架燃烧了起来。老猎人将草架扔到了灌木丛里，紧接着他来到了空地里，安静等待接下来将要发生的一切。

被他点燃的烈火将灌木丛彻底吞没，势不可挡的烈火又向草地冲了过来。

“我说，你们现在可以有幸目睹火与火之间的战斗了！”

“这不是在拿我们的性命开玩笑吗？”米德里顿惊慌地大叫起来，“你这不像是在灭火，倒像是在引火自焚啊！”

被老猎人点的火越烧越旺，它开始向三个方向蔓延开来，不过老猎人这边的空地空空如也，因此这里变成了一片空白。火势开始变得越来越凶猛，空地经过燃烧以后，面积变得越来越大。新出现的黑漆漆的土地上冒着浓烟，不过刚才那片通过清除干草腾出的空地变得更加光滑。

烈火在三个方向上的燃烧产生了大量的空地，如此一来，他们的避难地开始逐渐扩大，否则，这些被困的旅客们的性命就会堪忧。

几分钟后，凶猛的烈火消失了，虽然它们笼罩了草原，不过对于那些被浓烟团团包围起来的旅客们来说，却毫发未损。

这些旁观者亲眼见证老猎人机智灭火后露出的惊讶之情，不亚于当年斐迪南的廷臣们第一次看到哥伦布将鸡蛋竖起来的表情。

也许你觉得这种以火攻火的方法没什么了不起的，那你就大错特错了，使用这种方法并不容易，只有那些经验丰富的人才能灵活运用，否则会产生截然相反的可怕后果。

你知道为什么老猎人点的火会迎着大火燃烧，而不是和大火相同的方向燃烧吗？要知道，大风是从草原大火那边刮过来的，在大风的吹拂下，烈火很快就会来到旅客的身边。

通常情况下我们会认为，老人应该顺着草地退后放火，利用风向为旅客烧开道路，而不是面对着它点火。如果我们真的按照这样的想法去做，所有旅客都会命丧火海。

那么，老猎人为什么要这样做呢？

这只是非常普通的物理学原理。尽管吹向旅客的大风是从冒着烈焰的草地飘出来的，不过，靠近烈火的地方会产生一股气流，这股气流的方向正好是面对着草原大火的。火场上方的热空气的质量较轻，受到烈火周围新鲜空气的挤压后，它会被迫飘向上方，因此火场周围肯定存在与大火移动方向相反的气流。有一点需要注意，就是一定要在知道这种气流到来后，才能面对着火场点火。这就是为什么老猎人放火的时候能够做到不慌不忙的原因，他在静候最佳的放火时机。倘若他在没有形成气流时，就草草点燃了那把干草，那他就真是自寻死路了。当然，合适的时间是宝贵的，如果晚了一些放火，同样会造成严重后果。

15. 让水沸腾的其他条件是什么

准备一个体积适中的瓶子（非常寻常的小玻璃瓶或药瓶）将水倒进去，然后用铁环将瓶子套起来，并且在煮水的锅里将它系紧，防止它沉到瓶底。你肯定这么认为，如果加热锅里的水直到沸腾，瓶里的水一定跟着一起沸腾。但是，即便你等再久，也不会得到你想要的结果：无论怎么加热，瓶中的水都不会沸腾。

这样的结果看似让人意想不到，其实也在情理之中。要想让水沸腾除了将水温加热到100 ℃，还要为其提供大量的热量，以便将液态水变为气态水。

当纯水被加热到100 ℃时，就开始沸腾。当它在一般条件下被加热到沸点时，即便对它继续加热，它的温度也是不变的。换句话说就是，加热瓶中水的热源湿度是固定的：100 ℃，所以瓶子里的水也只能达到100 ℃的温度。一旦锅里的水和瓶里的水都达到了100 ℃，那么前者就会停止向后者传递热量。

换句话说，我们并不能通过对瓶中水加热的方式，让它得到变为蒸汽所必需的热量（每克100 ℃的水要想变成蒸汽，需要500 cal以上的热量）。这下你应该明白为什么瓶中水任凭被加热，温度也不会继续升高的原因了。

那么，瓶中水和锅中水到底存在什么差异呢？众所周知，瓶中水也是水，它和锅中水的唯一不同就是它隔着一层玻璃，但是为什么锅中水被加热后就会沸腾，而它就做不到呢？

原因就在将它隔起来的这层玻璃上。因为瓶中的水被玻璃隔绝了，所以它无法同锅中的水产生对流。锅中水的所有分子可以同炽热的锅底产生面对面的接触，而瓶中水接触沸水的方式却是间接性的。

我们因此得知，瓶中水被沸腾的纯水加热，并不会产生沸腾现象。不过，如果我们将一些盐倒入锅中，就会产生不一样的变化。盐水的沸点比纯水的沸点略高一些，所以我们可以通过这样的方法将瓶中的水煮沸。

16. 水能够被雪煮沸

“就算是沸水都无法将水煮沸，更不用提什么雪了！”看到这个标题后，肯定会有读者这么说。但是先别过早下定论，我们不妨先做一个小实验，准备用具就用上一节提过的那个小玻璃瓶就行。

将半瓶水灌进瓶子里，然后将它放进煮沸的盐水锅。当那半瓶水也开始沸腾的时候，我们就可以从锅里把它拿出来了，用塞子将瓶口盖紧。将瓶子颠倒过来，稍等片刻，直到瓶子里的沸水平静下来，再把煮沸的水倒进瓶子里。你可以看到，瓶子里的水在这个时候不会再出现沸腾的现象。可是，假如你把雪撒在瓶子的底部，或像图87演示的那样将冷水泼到瓶子的底部，神奇的事情就会出现，水又开始沸腾了！连沸水都做不到的事情，雪竟然做到了！

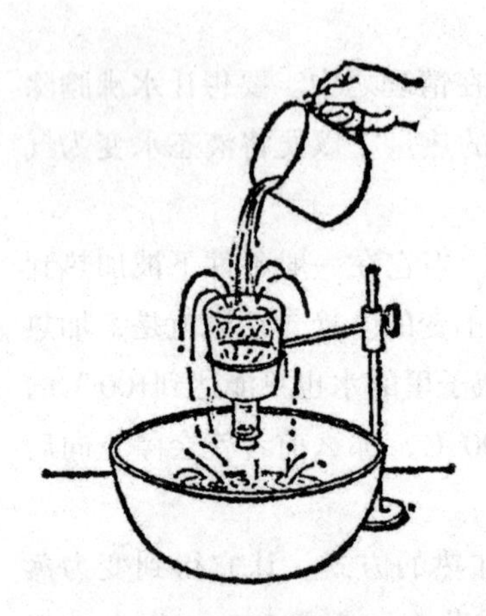

图 87　用冷水浇烧瓶

更让人觉得不可思议的是，如果你用手摸瓶子，会觉得这个瓶子一点也不烫，但是瓶子里的水确实在沸腾。

原因是雪将瓶壁的温度降了下来，所以瓶子里的蒸汽在凝结的作用下呈现出了水滴的形状。此外，在加热的作用下，瓶子里的空气被排挤出去了，因此，瓶子里的水受到的压力远小于之前。众所周知，当液体承受的压力变小时，它的沸点也会相应下降。所以，虽然瓶子里的水是沸腾的，但温度却没有升高太多。

假如试验中的瓶子的壁非常薄的话，那么，蒸汽的突然凝缩可能会导致瓶子爆炸，因为瓶内的气压并没有将瓶外的气压彻底抵消。因此，在受到强烈的挤压下瓶子碎掉了（在这里使用“爆炸”这个词可能不是很妥当），因此，我们尽量准备一个烧瓶来做这个实验（凸底的），烧瓶拱形的瓶底可以将空气压力分散。

做这个实验最稳妥的道具是放煤油或植物油的铁皮桶。将少量的水倒入铁桶里煮沸，拧紧铁皮桶的盖子，然后将冷水泼在铁皮桶上。此时，桶中的蒸汽在冷却的作用下，呈现出水的形态，在外部气压的作用下，铁皮桶会被压扁，仿佛有人拿铁锤狠狠砸过它一样（图88）。

图 88　铁皮桶被闹得面目全非

17. “气压计汤”

美国著名作家马克·吐温在《国外漫游记》中描述了一件他在阿尔卑斯山旅游时碰到的奇闻，不过他描述的这些情节都是自己想象出来的（图89）。

终于，我们不再感到沮丧。大家能够借此机会好好休息一下，我正好可以利用这个大好时机做一些科学实地考察。首先，我打算用气压计测量我们所在地的海拔到底是多少。不过我未能测出真实的数据。通过我在之前看过的科普读物，我得知必须用开水煮测量器，它才能够正常工作，我现在也不记得哪个器具是温度计，哪个器具是气压计了，所以我觉得有必要把这两个器具都用开水煮一遍。

图 89　“科学考察”

但是我依然一无所获，通过我对这两个器具的观察，我发现它们都被开水煮坏了，先看看气压计，上面仅剩的一样东西就是一根铜指针了，再看看温度计，那个盛水银的小球里，就只剩下那么一滴水银了……

因此，我又找来了一个全新的气压计，它的做工非常优良。我用厨子煮豆羹的瓦罐煮它，没过多久，水就沸腾了，我并不急，又多煮了半个小时。最后的结果让我大跌眼镜：气压计完全被煮烂了，煮出来的汤有一种非常刺鼻的味道。厨师灵机一动，把这道汤的名字改了一下。结果这道汤受到了大家一致的追捧，我只好天天跑过来，用气压计给他煮汤。每次我带的气压计都会被不可避免地煮烂，但是我并不感到可惜。因为它并不能测出我想要的数据，我留着它又有什么用呢?

那么现在让我们略去文中滑稽幽默的部分，好好研究一下到底应该煮温度计还是煮气压计?

答案你也许已经知道了，没错就是温度计，因为我们从前面做过的实验得知，如果水的沸点降低了，那么水面承受的压力肯定会有所减少。随着山的高度越来越高，空气的压力必然会越来越小，因此水的沸点自然而然会下降。我做了一张表，分别展示了在不同的大气压力下，水的沸点有何变化：

沸点/℃	101	100	98	96	94	92	90	88	86
气压/毫米水银柱	787.7	760	707	657.5	611	567	525.5	487	450

瑞士伯尔尼的平均气压为713 mm水银柱，因此，放在容器里的水的沸点是97.5 ℃；而勃朗峰海拔最高的位置气压为424 mm水银柱，水的沸点为84.5 ℃。平均上升1 km，水的沸点就要降低3 ℃。如果我们把水沸腾的温度测出来（用马克·吐温的话说就是把温度计放到罐中“煮”），然后对照我刚才给出的列表，我们就可以得出所在地的海拔了。不过那张表要提前准备，很明显，马克·吐温并没有记起这件事。

测量高度并不局限于温度计，气压计同样可以完成，用它测量大气压力并不用把它放在开水里煮。气压越小，说明我们所处的海拔越高。在这样的情况下，那张表同样能起到作用。

它能够让我们理解当海拔高度升高后，气压如何随之减少，或是让我们能够推算出与之相关的公式。这位幽默作家好像对这些理论并不了解，因而闹出了用开水煮气压计的笑话。

18. 沸水真的一直很烫吗

对儒勒·凡尔纳《赫克特尔·雪尔瓦达克》这部小说记忆犹新的读者肯定不会忘记一个名叫宾·茹夫的人，这位勤务兵坚信沸水一定都是烫的——假如他和他的长官塞尔瓦达克没有被扔到彗星上的话。这颗活动不规律的彗星突然跟地球来了个正面接触，它的撞击地点和这两位地球人所在的位置刚好重合，他们被阴差阳错地抛到了彗星上。因此，他们被迫跟着彗星一起做起了椭圆形的旋转运动。这位勤务兵在做早餐的时候，有生以来第一次发现，原来沸水并不总是那么烫。

宾·茹夫在锅里放了一些水，然后放在炉火上烧。当水被烧开后，他就把鸡蛋放了进去。他将鸡蛋拿在手里的时候感觉它们没有任何重量，好像蛋壳里什么都没有一样。水不到两分钟就煮开了。

"真是奇怪，为什么今天的火这么旺！"宾·茹夫大叫道。

"火并没有比以往更旺！"塞尔瓦达克沉思了一刻后说，"而是水开得太快了！"

因此，他把摄氏温度计从墙上取了下来，直接放进了沸水里。此时温度计测出的水温是66 ℃。

"不可思议啊！"军官大叫道，"这离水的沸点100 ℃还差很多啊！水怎么就这么被烧开了？"

"长官，这是真的吗？"

"一点也不假，宾·茹夫，再把鸡蛋煮一分钟。"

"那个鸡蛋要是再煮一分钟，就变硬了！"

"放心吧，朋友，它不会变硬的，一分钟后那个鸡蛋刚好熟透。"

很明显，由于他们离开了地球表面，地面上的空气柱被大大地缩短了，只有原来的四分之一。水的沸点在如此之小的气压的作用下，从100 ℃变成了66 ℃。如果这位军官站在11 000 m高的山顶，会得到相同的发现。倘若他手里刚好有一支气压计，他还能测出更详细的气压下降信息。

我们承认主人公碰到的这一现象是属实的，66 ℃的水温就能让水沸腾也是真的。不过让我们感到诧异的是，在空气非常稀薄的大气层中，他们是怎么幸存下来的。

据凡尔纳描述，在海拔11 000 m的高处会出现同样的情况，这是符合物理依据的。那颗彗星上的水的沸点是66 ℃，这一点毋庸置疑，不过，气压在这里只有190 mm水银柱，正常的大气压力刚好是它的四倍。这样的空气实在是太稀薄了，正常呼吸变得不再可能！众所周知，这里的海拔已经属于平流层的高度范畴了！根据物理学定律，在这样的高度下，飞行员如果没有带氧气面罩就会出现休克现象，因为这里的氧气严重不足。但是，塞尔瓦达克和他的勤务兵却好像在地面活动一样。还好塞尔瓦达克并没有带着气压计，要不然，作者还得编出一个违背物理学定律的读数。

如果作者并没有安排他们降落在彗星，而是大气压只有区区60 ~ 70 mm水银柱的火星，那样的话，水的沸点还要进一步下降到45 ℃！

在气压远高于地面的矿井底部，情况则正好相反，这里的水的沸点要比地面高。在深度达到300 m的矿井里，沸水的温度上升到了101 ℃，再向下走300 m，沸水的温度则达到了102 ℃。

蒸汽机锅炉中的水沸点很高，因为它是在气压非常高的情况下沸腾起来的。水的沸点在14个大气压下为200 ℃。但是，如果我们将水倒进空气泵的罩子下面，那么即便微温的水也可以猛烈地沸腾起来。换句话说就是，在这样的条件下，水产生沸腾现象只需20 ℃。

19. 冰也有热的吗

我们之前说的水是温度不高的沸水，下面我们再来聊聊一种更加奇妙的东西：热冰。众所周知，水的温度达到0 ℃以上，形态会变为液态。但是英国的物理学家布里奇曼通过研究表明，这并不完全正确，当形态呈固体的水受到巨大压力的作用，就算它的温度要比0 ℃高出很多，形态也不会改变。布里奇曼还说，冰其实拥有很多种形态。

他在20 600个大气压的巨大压力下制取出了一种名为“五号冰”的冰，这种冰呈固态，温度高达76 ℃。当我们接触它的时候，手指会被烫伤。不过我们并没有机会摸到它，因为“五号冰”被关在一种由质地优良的钢制成的原壁容器中，它通过巨大的压力制成。我们无法看到它，更谈不上摸到它了。我们只能通过旁敲侧击的方式来了解这种摸起来烫手的“热冰”的特性了。

有意思的是，“热冰”的密度要远远大于普通的冰，就连水的密度都不如它，它的比重达到了1.05 g/cm^3，所以当我们把它放到水里时，它会沉下去，而不是像普通的冰一样，在水面上漂浮。

20. 用煤也能制冷吗

众所周知，煤的作用是取暖，但如果你想用它来制冷也是没有问题的，因为用煤制冷的情况每天都在制造“干冰”的工厂里发生着。制造“干冰”的工人们在锅炉中放入煤，然后将制造出来的烟进行过滤，利用碱性溶液将里面的二氧化碳全都吸收掉。接下来利用加热的方法，从溶液中把干净的二氧化碳吸出来，它将在70个大气压下，轮流受到压缩、冷却以及液化的作用。然后将二氧化碳装入厚壁筒（注意：必须是液态的），送到汽水厂以及工业用户的手里。它拥有能够冻结土壤的温度，这种工艺曾经被用于修筑莫斯科地铁。形态呈固态的二氧化碳则有更加广泛的用处，它的俗称我们都很熟悉，那就是干冰。

干冰是怎么形成的呢？在低压的环境下快速冻结二氧化碳（液态的）即可形成。干冰都是一小块，一小块存在的，说它的外形像冰，倒不如说它像一团受到压缩作用的雪，并且，它在很多方面都跟冰有很大的不同。普通冰块的重量并不及它，将它放到水里则会自动下沉。尽管它的温度特别低，仅有−78 ℃，但是我们将它放在手里，并不会觉得它有多冰冷，因为我们的皮肤跟它发生碰触时，它会升华成二氧化碳气体来保护我们的皮肤。我们的手指只有将它紧紧地攥起来，才有可能被冻伤。

从字面不难理解，干冰这个名称形象地解释了它的主要物理特性。它是干的，周围的物体不会因为它而变得潮湿。在遇热后，它会在一瞬间由固态变为气态，在这一过程中，它并不会出现液化现象，因为在正常大气压下二氧化碳是不呈现液态的。

由于干冰可以瞬间气化并且自身温度极低，所以它的可利用价值非常高，作为冷却物质具有不可替代的位置。采用干冰冷藏的食物，非但不会变得潮湿，还能够防止发臭腐烂。因为微生物的生长被二氧化碳彻底抑制了，因此，食物便不会遭受霉菌和细菌的困扰，并且在这样的环境下，昆虫和啮齿类动物也没法生活下去。此外，二氧化碳还具有灭火的功效，如果我们将几块干冰扔到熊熊燃烧的汽油中，大火就会被“扑灭”。干冰的这些特点，使它在工业和日常生活中发挥了重要的作用。

第八章

磁·电

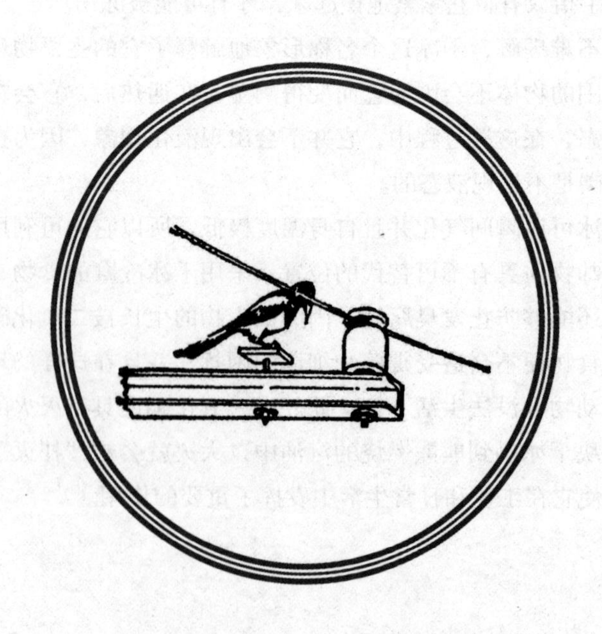

1. “慈石”

天然磁石一词的“磁”，在汉语里跟“慈”是同音不同字的，这两个字之所以同音，是因为中国人认为慈母吸引自己的孩子就好比磁石吸引铁块一样。神奇的是，在欧洲生活的法国人把磁石称为“animant”，它也有“慈爱”以及“吸引”的含义。

由于天然磁石的“慈爱”力量比较微弱，因此古希腊人称磁石为“赫拉克勒斯石”（在希腊神话中赫拉克勒斯是个大力士），这实在是太过理想主义了，他们对天然磁石的吸引力都如此震惊，那么让他们亲眼参观一下现代的冶金过程，他们应该如何称呼一个能够吊起数吨重铁锭的磁力起重机呢？不过，它并不是天然磁石，而是电磁铁，这种铁是采用通电线圈进行磁化的。但是，天然磁石和电磁铁却具有一种相同的性质，那就是磁性。

如果你认为磁体只能对铁产生作用就大错特错了，能够受到强大磁力作用的物体还有很多，尽管效果没有铁那样显而易见。镍、钴、锰、铂、金、银、铝等金属都能够受到磁力的作用影响，但是磁性对它们产生的力并不是很大。此外，锌、铅和铋等被称为抗磁性的物质，能够对强大的磁力产生排斥作用。

能够被磁力吸引或排斥的还有液体和气体，但是我们用肉眼很难观察到，要想明显地看出变化，则需要非常强的磁力才行。举个例子，纯氧气就会受到磁力的吸引。假如我们将氧气充分的肥皂泡放到磁性强大的电磁铁的两极之间，那么，肥皂泡就会在看不见摸不着的磁力的作用下被拉长。将燃烧的蜡烛放在磁力强大的磁铁两极之间，火焰的形状就会发生改变，我们由此得知，它对磁力的作用非常敏感（图90）。

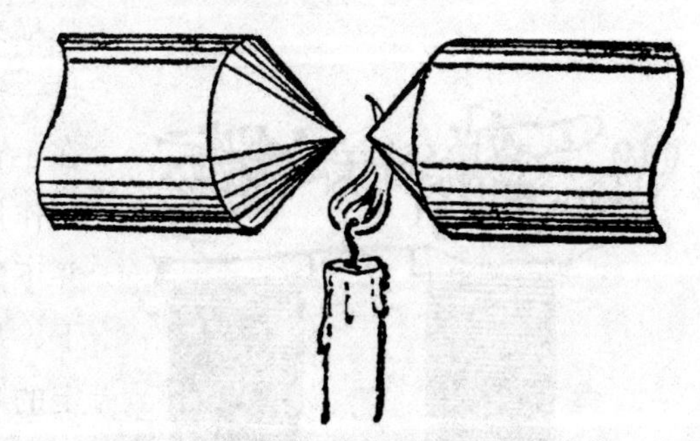

图90 电磁铁两极间火焰形状的变化

2. 关于指南针的科普知识

在我们看来，指南针的指针一头朝北、一头朝南是常识。假如有人这样问：把指南针放在地球的任何地方，它的两头都朝北。我们肯定会认为这个人是个文盲。

如果换一个问题：指南针放在地球的任何地方，它的两头都朝南吗？这同样是个很愚蠢的问题。

你会对这样的问题不屑一顾，坚定地回答地球上是不存在这样的地方的。不过，地球上确实有这样神奇的地方。

你应该知道，地球的两个磁极以及地理上的南北极并非重合在一起。也许你现在已经知道这个地方在哪里了。那么你再动动脑筋，如果将指南针放在地理上的南极，那么它会指向哪里呢？它的指针一头肯定指向附近的磁极方向，而另一头则刚好指向相反的方向。不过，如果你从这个地点出发，那么无论朝哪个方向走，都是北面。地理上的南极除了北方，再无其他方向，所以将指南针放在这里，它的指针两头只能朝向北方。

同样地，如果把指南针放到地理上的北极，那么它的指针的两头全都会指向南方。

3. 磁力线

图91是依照照片进行复制的示意图。它描绘的景象非常有意思：将胳膊横着放在电磁铁的两极上，然后将一簇簇犹如硬头发般的大头针放在手臂上，胳膊完全感受不到磁力的作用，因为磁力线在穿过胳膊时并不能被肉眼发现。在磁力的作用下，那些坚硬的大头针开始按照一定的顺序排起了队，它们排列的走向就是磁力的走向。

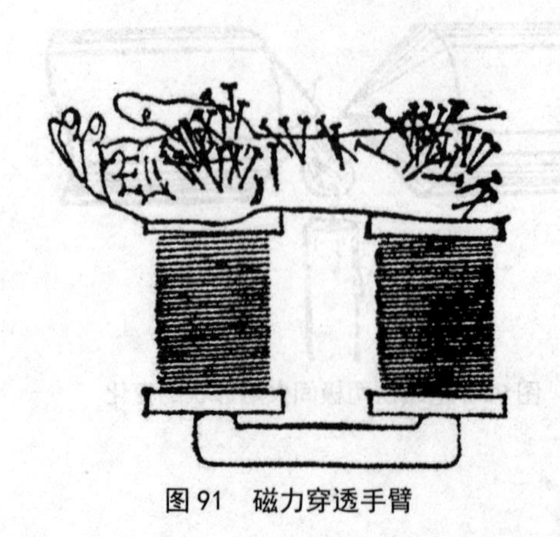

图91　磁力穿透手臂

人的器官中并不存在能够感觉磁力的器官，所以判断磁铁周围的磁力全靠猜测。

但是用间接的方法将磁力的分布情况展现出来也绝非难事。我们来做个实验，将铁屑准备好，均匀地撒在一张表面平整的硬纸片或玻璃片上。然后在纸片或玻璃片上放上一块普通的磁铁，轻柔地敲打纸片或玻璃片并同时抖动铁屑。磁力具备穿透这些障碍物的能力，因此经过磁力的作用，铁屑会出现磁化的现象，在我们抖动产生磁化现象的铁屑时，它们会偏离之前的位置，并且沿磁力线重新排列。如此一来，铁屑的排列让看不见的磁力线无所遁形。

因此，我们获得了如图92展示出的图形。图形在磁力的作用下变成了一组曲线，并且非常复杂。你会发现，铁屑是从磁铁的两极向外扩散开来的，再从两极间重新连接，形成的弧线也有长有短。铁屑的排列让我们有幸见识了物理学家在头脑中产生的情景，这样的图像虽然在磁铁的周围是不可见的，但却是客观存在的。铁屑距离磁铁越近，由铁屑组成的线越密集，就越易于辨别，如果距离磁铁较远，那么由铁屑组成的线就不那么密集，不容易辨认了。由此我们可以证明，磁力的距离和强度是呈反比的。

图92 在有磁极的情况下铁屑的分布情况

4. 怎样使钢磁化

想要回答这个在读者群里提问度极高的问题，我们必须先弄明白磁铁与未受磁化的钢之间的区别是什么。我们可以把磁化了的和没有磁化的钢中的每一个铁原子当作一块小小的磁体。原子磁体在磁化的钢里的排序是杂乱无章的，所以，任何一块小磁体的磁力作用都会被排列方向与之相反的其他的小磁体的磁力作用所抵消（图93a）。出乎意料的是，这些小磁体在磁铁里排列整齐，秩序井然、所有同性磁极的朝向都是一致的（图93b）。

（a）

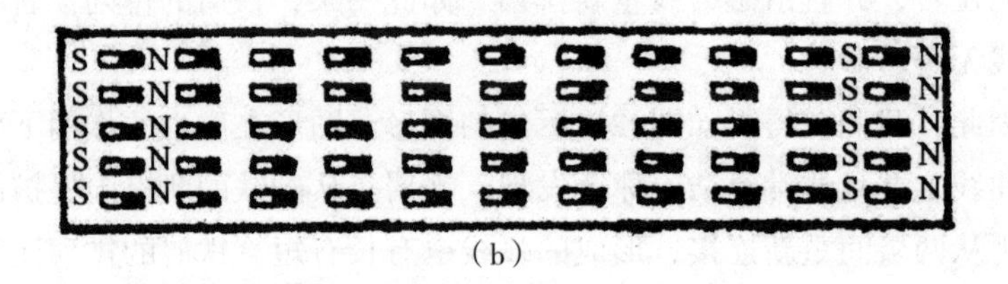

（b）

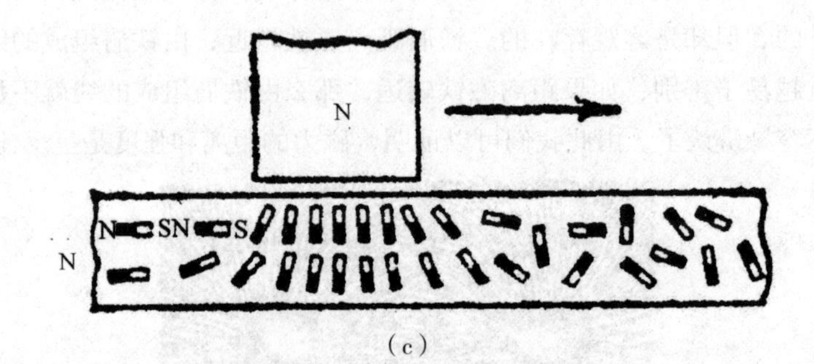

（c）

图 93　（a）没有磁化的钢；（b）已磁化的钢；（c）磁化过程

如果我们用磁铁摩擦一块条钢，会发生什么呢？磁铁将钢中的原子磁体深深地吸引，导致它们的方向发生变化，同性的磁极全都指向了相同的方向（图93c）。首先，原子磁体将自身的南极转向北极，随后它在磁铁的移动的带动下沿着磁铁的运动方向重新排列。此时，它们的南极方向变成了条钢的中部。

如此一来，我们不仅可以了解磁化钢，还能掌握磁铁的操作方式：在条钢的一端放上磁铁的一级，将它牢牢地压住，然后沿着条钢进行摩擦。这种磁化的方法既是最简单的也是最古老的，它的适用范围有很大的局限性，只能用来制取体积较小的弱磁力磁铁。要想制取强力磁铁必须采用电流作用的方式。

5. 体型庞大的电磁铁

我们经常在冶金厂里看到电磁起重机的身影，它在搬运钢铁铸造类的笨重铁料方面起到了至关重要的作用。利用这种起重机可以轻而易举地搬动几十吨重的铁料或机器零件，而不用做任何捆扎处理。同样地，搬运铁片、铁丝、铁钉、废铁之类的铁料也无须装箱和打包，如果我们采用别的方法，则会异常麻烦。

众所周知，搬运和收拢零散的铁片是件很折磨人的事情，不过如果我们使用威力巨大的电磁起重机，那么这两件事就都是小事一桩（图94）。它的优点显而易见，不但非常省力，而且工作流程也得到了简化。图95向我们展示的是桶装铁钉被电磁起重机搬运的示意图，五桶是它的起重量。有一家资金充足的冶金厂，拥有四台电磁起重机，每台起重机可以一次性搬运十根铁轨，这相当于两百名工人的劳动力。使用电磁起重机，不用怕起重物从上面掉下来，保证电磁铁的线圈里时刻都有电流，那么就连小碎块也不会跌落。

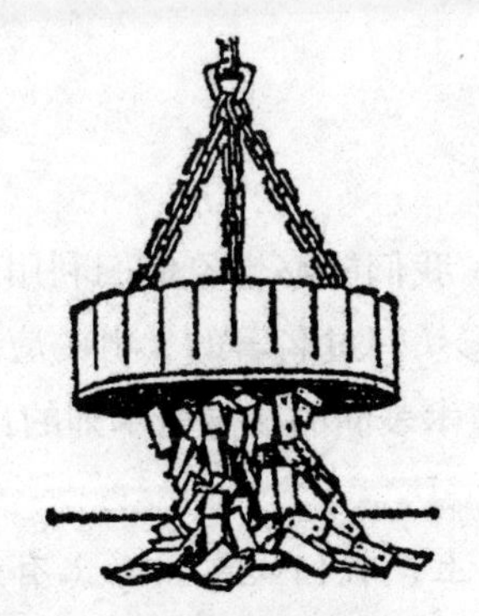
图94 电磁起重机搬运铁片

图95 电磁起重机搬运铁钉

不过如果起重机因为一些不可知的原因而导致线圈里的电流消失，那么我们就有大麻烦了。这样的惨剧还真发生过。曾经有一家杂志就报道过：

在一家美国本土的工厂里，电磁吊车正在把通过车皮搬运来的铁锭投入冶炼炉中。不过，因为某种原因，尼亚加拉瀑布发电站断了电。一个工人猝不及防，被从电磁铁上挣脱的体积庞大的铁锭砸了头。为防止再次发生这种悲剧，我们将一种特别的装置安装在了这种吊车上——扣爪。在吊车吊起需要搬运的铁料后，这种无坚不摧的钢爪开始从旁边缓缓下落，将它们牢牢地扣在一起，然后，这个钢爪就提着铁料开始运送。在运送的过程中是允许断电的，这样也可以起到省电的目的。

图94和图95向我们展示的电磁起重机的电磁盘的直径均为1.5 m，这两台起重机一次能够承受的起重量均为16 t（相当于一车皮货物的重量），一晚上能够搬运的重物可达600多吨。有的电磁起重机一次能够承受的起重量足有75 t，这可是一个火车头的重量。

某些读者在看了有关电磁起重机的介绍后或许会产生这样的想法：假如我们用电磁起重机搬运温度极高的铁料，那岂不是更方便快捷？令人遗憾的是，铁料的温度是有限制的，如果铁料的温度很高，那么磁化就会失效。加热磁铁到800 ℃，磁性作用就会消失。

电磁铁在现代金属加工技术中被广泛应用于固定和移动铁料、钢料以及铸件。我们现在制造出的卡盘、操作台和辅助装置多达上百种，使用这些装置可以大幅度简化金属加工作业的流程，提高工作效率。

6. 磁力的小把戏

魔术师手中的道具肯定少不了电磁铁，我们能够想象他们利用这种看不见摸不着的磁力表演的戏法会有多么精彩。写过名著的《电的应用》的作者达里曾经援引过一位在阿尔及尔进行魔术表演的法国魔术师的自述：

一个大小适中的铁皮箱被放在了舞台上，我们发现箱盖上有一个把手。我邀请一位拥有天生蛮力的观众来到舞台上。一位体型匀称的壮汉自告奋勇，来到了台上。他充满活力，表情中显露出自信和轻蔑，一脸轻松地站在我的旁边。

“你的力气应该不小吧？”我仔细地观察了他一番后问道。

“你猜得很对！”他自信地答道。

“你确定自己的力量是货真价实的？”

“我确定。”

“你的回答是错误的，我转眼间就可以让你变得犹如一个弱不禁风的小孩。”

这位壮汉轻蔑地笑了笑，丝毫不把魔术师的话当回事。

“请到这边来，”我对他说，“将这个箱子提起来。”大力士弯下身子，不费吹灰之力就把箱子提了起来，他傲慢地问：“这样就结束了？”“稍等片刻。”我回答道。

接着，我极力摆出一副严肃的神情，向他做出了一个命令的手势，淡定地说道：“你现在的力气还不如一个女人，如果你不信，可以再来提一下这个箱子。”话音刚落，这位壮汉就去提刚才提过的那个箱子了。不过这一次，箱子似乎不愿意配合他，他使出了吃奶的力气，仍然无法挪动箱子，即便是一小步也不行，它好像被牢牢地钉在了地面上。

这位壮汉使出的力气完全可以提起重量极大的物体，不过他却提不动这个箱子。他累得气喘吁吁，终于红着脸从舞台上离开了。这一次他不再质疑“魔法”的力量了。

这位法国魔术师采用的把戏非常简单。其实他将一个托垫放在了箱子的铁底下面，托垫下有一个电磁铁的磁极，力非常强。箱子没有通电时，提起箱子并不是一件难事；不过如果我们将电磁铁的线圈充满电流，那么，即使让三个大力士一起提也无济于事。

7. 电磁铁在运动员的训练中起到了哪些作用

电磁铁在运动员的训练中能够起到令人意想不到的作用。它可以替代训练时用的起重器械，将它悬在略高于运动员的地方，运动员用力下拉下方的铁杠，从而挣脱电磁器械的引力。教练员可以在运动员训练时改变电流的强度，让引力出现变化，引力有时会变得很大，如果运动员出于某种原因没有离开铁杠，那么他就会被引力吊起来，不过这也不是坏事，与他一同训练的运动员可以一起将他拉下来，方便大家一起锻炼臂力。

8. 电磁铁在耕作中能起到哪些作用

磁铁在农业中也扮演着重要的角色，我举个有意思的例子：磁铁可以把农作物种子里的杂草种子清除掉。这可帮了农民不少忙，我们发现，杂草种子上大多有绒毛，从它边上路过的动物的毛上都会粘上不少这样的绒毛，动物们可以带着它们来到离母本植物相当遥远的地方。于是它有了几百万年的时间进化而成的生存特点，然后被人类所利用，将它发展成了一种用来清除杂草种子的农业技术，即通过使用磁铁从亚麻、三叶草、苜蓿之类的作物的光滑种子中分离出杂草种子。

方法步骤如下：

将铁屑撒在混有杂草种子的作物种子里，之后这些铁屑就会牢牢地吸附在杂草的种子上，而光滑的作物种子却不牵涉其中。接着我们把拥有相应磁力的电磁铁拿到这些种子上来吸，那么结果一目了然，在磁力的作用下，吸附着铁屑的杂草种子被轻而易举地吸了出来。

9. 磁力飞行器

在本书最开始的章节里，我提到过一本由法国作家西拉诺·德·贝尔热拉克创作的《月国史话》，这是一部非常有趣的作品。作者在该书中描写了一种别具一格的飞行器，它的动力来源是磁力。小说中的一位主人公就是驾驶这样的飞行器奔向了月球。我现在将该段翻译出来，供读者们欣赏：

我命令工匠利用铁料制造一个槽车，当槽车造好后，我就跑到车里的座位上惬意地坐了下来。紧接着，我使劲将一个磁球扔过我的头顶，几乎是在抛起磁球的一瞬间，槽车就窜到了空中。当槽车再次被磁球的吸引力吸过来时，我就将磁球再次抛起。我偶尔会把它放在手里，将它略微抬起，最终，我们快到目的地——月球上的登陆点了。考虑到磁球还在我的手里，所以，槽车并没有离开我，它好像不想让我走似的。为了防止我在落地时出现类似摔倒的意外，我一直保持着抛磁球的状态，随着磁球引力的变小，槽车降落的速度也开始变缓。就在我和月球表面之间的距离为二三百俄丈（一俄丈约等于2.134 m——译者注）时，我改变了抛球的方向，开始转向与降落方向呈直角的方向。最终，槽车平稳地降落在了月球的表面。我兴奋地从槽车里跳了出来，踩在了一片沙地之上。

无论是本书的作者还是读者，应该都不会相信这个世界上存在如此神奇的飞行器。不过我认为，绝大多数人都无法从科学的角度解释为什么这种飞行器的设计如此荒谬。到底是因为人坐在槽车里无法抛弃磁球，还是因为磁球产生的吸引力无法将槽车拉起呢？

其实这两种原因都不准确。磁球可以被人抛起，而且只要它的磁力够强大，它完全可以将槽车吸起来。不过，即便这两种情况都能实现，这种飞行器依然飞不起来。

当你划船的时候，有没有向岸边扔过什么重物？当你扔重物的时候，你会发现你坐的小船正在向河中心的方向移动，因为你施加给被抛物体的力，也同样作用在你的身体上，将你和小船一同推向反方向。这就是我们经常说过的作用力和反作用力的真实例子。扔磁球的时候产生的现象也是一样的：乘坐槽车的人必须拼尽全力将磁球扔到空中，那么反作用力会将他乘坐的槽车向下推。当槽车和磁球因为引力的因素而再次彼此靠近时，它们才会来到之前的位置上。无须多说，即便槽车是没有重量的，采用抛磁球的方式也只能让槽车原地打转，无法飞向天空。

在西拉诺·德·贝尔热拉克生活的那个年代（17世纪中叶），人们还不知道什么是作用力和反作用力，因此我们无须要求这位法国讽刺作家对自己的可笑设计做出什么详细的解释。

10. 引力和斥力

有一位工人在使用电磁起重机时发现了非常有意思的一幕，电磁盘将一个重量很重的铁球吸了起来。不过，由于铁球和在一根固定在地面上的铁链相连，因此，虽然电磁铁将铁球吸了起来，但是铁球却没有贴在电磁铁的吸盘上，它们之间的空隙竟然有一个手掌那么大。这样的景象真是让人瞠目结舌，那条和铁球相连的铁链就这么直立着，这里的磁力真是强大。一个工人因为好奇上去抱紧了铁链，没想到他也悬在了半空中。这和传说中的躺在悬棺里的穆罕默德有着惊人的相似度（图96）。

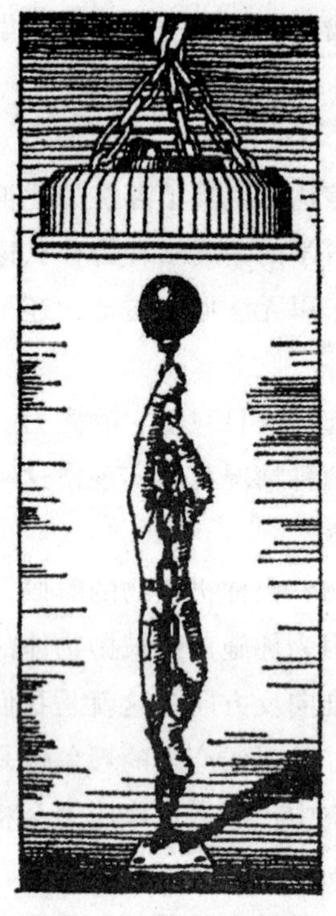
图 96　一条挂着重物的竖直铁链

我在这里有必要提及一下“穆罕默德悬棺”，伊斯兰教徒有这样一种信念，他们认为装殓“先知”遗体的棺材必须垂直悬在坟墓中，做到上面没有牵引，下面没有支撑。

这应该不能实现吧？

欧拉在自己的作品《关于各种物质的书信集》中这样描述道：“相传，一种神奇的磁力将穆罕默德的棺材悬于空中，这听起来好像有实现的可能，有些人的确能够制造吊起重量为100磅的重物的磁铁。”

这样的解释并不正确。就算利用磁铁的吸引力可以暂时让引力和重力维持平衡，不过就算有极小的外力介入，甚至流动着的空气也能对这种均衡产生影响，此时的棺材不会掉到地上，而是在吸引力的作用下跑到墓室的顶部。我们无法让它悬在空中静止不动，好比我们无法让圆锥体尖顶向下竖立，尽管从理论上讲竖立是可以实现的。

但是，本节前描述的重现“悬棺”现象是可以做到的，我们在这里采用的是磁铁与物体之间彼此排斥的力，而并非它们之间相互吸引的力（磁铁不仅有引力，还具备斥力，物理初学者经常忽视这一点）。

众所周知，同性的磁极彼此排斥。将经过磁化的两块铁的同性磁极放在一起，也会出现彼此排斥的现象，假如上面那块的重量较为合适，那么它就会轻松地悬在位于它下方的磁铁的上面，经过磁化的两块铁能够保持平衡，而且彼此之间并不发生接触。倘若我们使用无法被磁化的材料（比如玻璃等）做支撑，那么位于上面的那块铁在水平面上就会停止转动。相传穆罕默德悬棺就是利用这样的方法悬在空中的。

我要在最后补充一句，假如运动中的物体受到了来自磁铁吸引力的影响，那么这种悬浮现象也会出现。有人通过这种物理定律设计出了一种摩擦力为零的电磁铁道，他的设计非常精巧（图97）。我相信任何一个对物理学感兴趣的人都能从中获益。

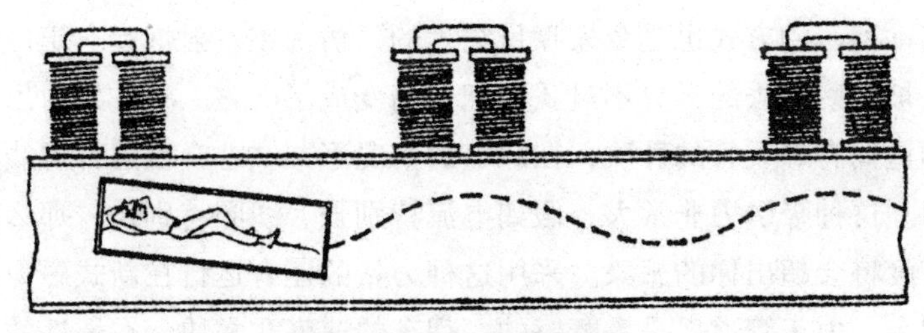
图 97　无摩擦的电磁铁道

11. 电磁列车

在这种不存在摩擦力的电磁铁路上，电磁铁的吸引力将车厢的重量彻底抵消，因此电磁列车并不存在任何重量。他设计的车厢非常特别，它运行的地方不在轨道上，也不在水面上或空中，而是在无支撑、非接触的情况下，疾驰于我们用肉眼看不见的、力量非常强大的磁力线上。如果你对这种工作原理了如指掌，那么你就不会感到惊讶。考虑到车厢并不会受到摩擦力的影响，因此，当列车启动后不需要任何牵引就可以通过惯性的作用运行，而且不损失原有的速度。

接下来，我来讲解一下它的工作原理。车厢的运动是在一个真空的铜制管道中进行的，这样一来，运动的阻力就被彻底消除了。车厢底部不存在摩擦力，因为电磁力将车厢悬在了空中，所以车厢在运行的过程中与管道壁是不发生接触的。为了达到目的，必须在一整条管道上面每隔一段距离安装一块力量强大的电磁铁，以便将在管道中移动的铁制车厢吸附起来，避免它们掉下来。磁铁磁力的强度刚好可以让这些行驶于管道中的列车厢悬于管道的“天花板”和“地板”之间，不会触碰任何东西。在电磁铁下方运行的车厢被吸引力吸向上方，然而车厢并不会跟天花板有任何接触，毕竟它还受到重力的影响，重力的方向是垂直向下的。不过还没等到重力将它拉到地面上，电磁铁的吸引力就又将它吸上去了……周而复始，受到电磁力作用的列车悬于空中，做着犹如波浪一般的运动，这种运动是零摩擦的，不需要任何动力，犹如运行于宇宙中的行星。

你想知道车厢长什么样子吗？它犹如一个大圆筒，形状似雪茄，每节车厢的高度为90 cm，长度为2.5 m。采用通体密闭的结构，因为它运动的环境是真空的。它和潜水艇有相似的地方，都装备了自动清洁空气的机器。

启动列车的方式也是令人瞠目结舌的，仿佛在发射炮弹。坦白地说，列车是被发射出去的，只不过我们把火药变成了电磁。将它发射出去的车站的构造拥有螺线管的性质，在导电的情况下，铁芯会被这种螺线管的导线吸引。这种吸引力非常大，假如电流特别强、线圈特别长，那么铁芯获得的速度将会超出你的想象。采用这种力量的还有运行在新式磁力铁路线上的列车。由于管道里是零摩擦的，列车的速度非常快，在惯性的作用下会一路狂奔，要想让它停下就必须将车站螺线管里的电流关掉。

下面是设计者提供的具体细节展示：

"1911至1913年间，我将自己的绝大部分时间用来在托姆斯克工艺学院的物理实验室进行铜管实验。我将很多电磁块装在直径为32 mm的铜管上，又将一辆前后都拥有车轮的铁管小车安放在电磁铁下面的支架上。小车的前面有凸起，看起来就像是个"鼻子"，当一块以沙袋作为支撑的木板受到它的撞击时，小车的移动就会停止。小车的重量为10 kg，速度大约为6 km/h。考虑到房间面积以及环形管道长度（这个环形管线拥有6.5 m的直径），我们并没有实现让小车超过这个速度的目标。在我的设计原型里，车站起点的螺线管拥有3俄里的长度（1俄里等于1.067 km——译者注）。如此一来，达到每小时800～1 000 km的时速是轻而易举的事情。而且因为管道里是真空的，列车与地板和天花板之间是零摩擦的，因此它在管道中不需要损失任何能量就能运行。

"虽然制造这套设备需要很多费用，尤其是铜管道的费用，不过列车行驶所需的能源、机务、乘务人员等的花销全都省去了，这种列车的运营成本平均每千米只有千分之几到百分之1～2戈比，列车一晚的运输量是用双线进行计算的，而列车的单向运输量就达到了惊人的15 000人或10 000 t货物。"

莫斯科现在拥有多家采用经过改造的上述设计装置的邮局，以此转运较轻的邮寄品。进行试运行的铁路总长为120 m，列车的行驶速度为30 m/s。列宁格勒公共图书馆藏有这种特有的邮局的结构图，旨在方便读者传阅。

12. 火星人VS地球人

古罗马博物学家普林尼曾经记载了一个在当时颇为传奇的故事，这个故事的大致意思是在印度海边有一座磁岩，它的磁力非常强大，任何靠近它的铁器都会被它巨大的吸引力吸过去。假如有船员斗胆驾驶船只来到这片海域，那么等待他的只能是悲剧，因为船上任何铁制的钉子、螺丝、夹子等器具都会被它吸走。慢慢地，这艘船就会分崩瓦解成一堆木片。

这则故事后来收录到了《一千零一夜》的故事集当中。

当然，这仅仅是个传说罢了。众所周知，磁岩，顾名思义就是磁铁矿储量丰富的山，这样的山的确存在于这个世界上，这让我们联想到了举世闻名的磁山马格尼特山，它位于冶金工业重镇马格尼托哥尔斯克。但是这种磁山的磁力非常微弱，几乎没有任何利用价值。因此，类似本节开头普林尼所描述的那种磁岩或磁山并不存在于我们的地球上。

现在我们也不是经常用钢铁建造船只，但这并不代表我们害怕磁岩，而是为了满足研究地磁现象的需要。

科幻小说家库尔特·拉斯维茨在普林尼传说的基础之上创造了一种威力巨大的武器，他在自己的小说《在两个星球上》中描述，火星人正是采用这种武器同地球上的军队进行战争的。地球人在这种强大的电磁武器面前束手无策，未战先败，仓促逃窜。

以下是小说原作者对这场火星人与地球人大战描写的摘录：

整齐排列、作战能力强的骑兵无所畏惧，奋勇向前，他们似乎用勇往直前的压倒气势可以震慑劲敌，你看，火星人打算撤退了。有几只飞船已经起飞了，他们打算把部队撤走。

说时迟那时快，一个黑乎乎的东西从飞船上落了下来。它开始在飞船的四周盘旋，仿佛一条铺开的床单将战场上空整个包围起来，骑兵第一连已经被它的魔力控制了，这种武器的魔力令人惊讶！刹那间，一阵阵的鬼哭狼嚎声开始在战场上飘荡。马和骑兵倒在地上无力动弹，场面无比混乱，只见密密麻麻的刀枪向天上飞去，噼啪声作响，它们全都被那个武器吸走了，紧贴在了那上面。

这个武器稍微往旁边侧滑一下，就能把吸过来的铁质兵器丢到地面上。它又这么来回了两次，将地面上所有士兵的武器全都缴获了。现在所有的士兵们都是空着手的。

火星人使用的这种武器是他们最近发明的：它的魔力是不可抗拒的，

只要是铁质的东西都能被它吸走。火星人正是凭借在天上盘旋的磁盘将所有地球人的武器收缴了过来，并且自己还毫发未损。

在天上盘旋的磁铁开始靠近步兵，步兵们将枪紧紧地抓在手里，可是，它们仍然挣脱不了那股不可抗拒的力量，纷纷被吸了过去。许多紧抓枪不放的士兵甚至和枪一起被吸到磁铁上去了。几分钟后，第一步兵团的武器全部被收缴，随后磁盘又去紧追往城里逃窜的另一个团，打算用相同的办法缴获他们的武器。

当然，炮兵部队面临的后果也是一样的。

13. 钟表与磁力

读完上一节，我们不禁要问：是否可以用一种磁力无法穿透的屏障让磁力失去作用呢？

这种想法是可以实现的。假如我们预先采取的措施非常得当，那么火星人的先进武器就无法发挥作用了。

说来奇怪，容易被磁化的物体竟然就是磁力无法穿透的物体！如果我们在一个铁环中间放置一个指南针，它的指针是否发生偏转并不是由环外磁铁的吸引决定的。

怀表的铁壳可以阻止表内的钢制机件受到磁力的影响（图98），如果我们在拥有强大磁力的蹄形磁的磁极上放置一块金表的话，它就会被磁化，手表里面所有的钢制机件比如摆轮的游丝就会失灵。即便我们将磁石拿掉，表的失灵现象也不会消失，钢制机件的磁性仍然保存在里面。想让它恢复正常，就必须更换里面的部件，所以我不建议用金表做这个实验，因为付出的代价很大。

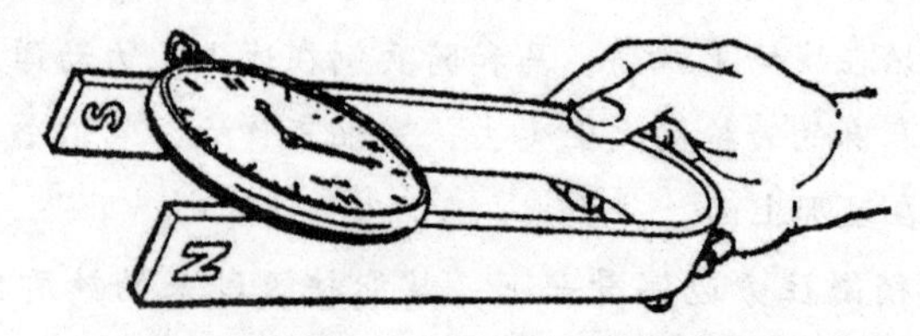

图98　铁壳可以使表内的机件不受磁场影响

不过，你可以用盖有铁制或钢制盖的表做这个试验，因为钢铁是可以阻挡磁力的。经过特殊处理的表即便放到高功率发电机的线圈周围，也完全不会受到磁力的影响，这种铁盖表对于电气技工来说是最理想的计时用具，而易受磁性影响的金表和银表就不适合。

14. 磁力“永动机”

磁铁这个角色在人类发明“永动机”的过程中出镜率非常之高。那些发明家绞尽脑汁，打算利用磁力创造一台可以永远自己转动的永动机，但是都失败了。下面我们来看一种磁力“永动机”的设计方案（由17世纪切斯特城主教、英国人约翰·威尔金斯设计而成）。

请看图99，小柱上放置了一块强磁铁A，小柱旁靠着两个叠放的槽板M和N。上槽板的顶端可以看见一个小孔，下槽板呈弓状。这位发明家的思维是，如果将一个小铁球B放在上槽板上，那么在磁铁A的吸引下，它会沿着槽板朝上方滚动；一路滚到上方的小孔处，从小孔掉落到下方的槽板N上，接着沿着槽板N向下方滚落，然后沿着弯曲的部分重新踏上上槽板M。小球来到M处再一次受到磁铁的吸引，开始朝上槽板的上方滚动，接着它从小孔里掉落到下槽板N，朝下滚动，然后再经过弯曲的部分来到上槽板，展开新一轮的滚动。如此一来，小球可以不停地来回折返，实现了真正的“永动”。

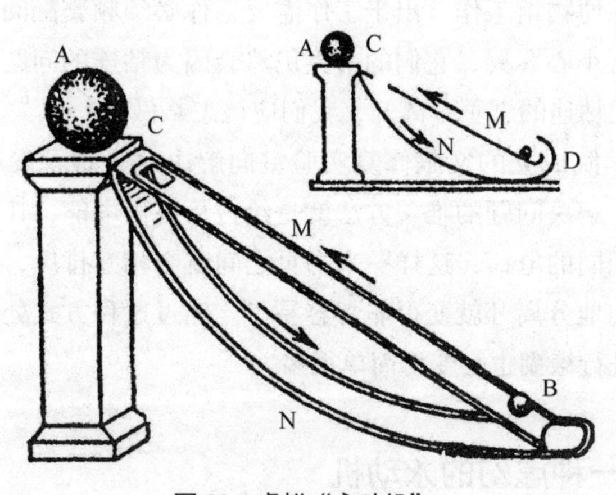

图99 虚拟“永动机”

这种设计得不合理之处到底在哪里呢？

发现不合理的地方还是很容易的。发明家觉得，小球会顺着槽板N滚落到它的最下方，它滚落的速度足以让自己顺着弯曲的D处重新爬上上槽板M。假如小球的滚落只受重力作用的影响，那么它完全可以做到这一点，因为它是具备加速度的。不过，这个小球的滚落不只受到重力的作用，它还受到了磁力作用的影响，而且磁力的作用非常大，在它的作用下小球从位置B爬升到了位置C，因此，小球在沿着槽板N滚动时做减速运动，而不是做加速运动。如此一来，就算小球可以滚落到槽板N的最末端，那它也没有绝对的速度通过弯曲处D，并且顺着M向上滚动。

随后，发明家们又陆续想出了很多新奇的设计。1878年，也就是能量守恒定律问世30年后，这其中的一种设计在德国获得了专利。这位发明家给荒唐的磁力“永动机”的构想披上了华丽的外衣，专利审查委员会竟然都被他骗了。尽管章程规定任何违背自然定律的发明都没有获得发明专利证书的权利，但让人没想到的是，这项发明竟然躲过了审查。而这位罕见的幸运儿在获得“永动机”的专利权不久后发现，他的发明太让人失望透顶，两年后他不再缴纳专利税，因此这项荒诞至极的专利不再具有法律效力，这项“发明”也成了大家嗤之以鼻的笑料。

15. 博物馆的难题

如果你在博物馆工作，出于工作需要，你必须频繁翻阅一些古籍，可是即便自己再小心翼翼，它们的书页仍然会因为粘连的问题而出现损坏的情况。想要把粘连的书页分离开，我们应该怎么做呢？

苏联科学院成立的文献修复实验室向解决这类难题发起了挑战。在这种情况下，解决问题的唯一方法就是给古籍提供电能，让相邻的各页能够获得性质相同的电荷，这样一来书页之间就会相互排斥，那么将它们顺利、毫无损伤地分离开就变得非常容易了。经过这种方式处理的书页可以随意翻阅，进行裱糊也会变得简单很多。

16. 另一种虚幻的永动机

设计永动机的人对结合动能和电能来实现“永动”热情高涨。我们可以将这种设计总结为：发电机和电动机的滑轮被一条传动皮带连接在一起，如此一来，没有发电机就能把电力传送给电动机。倘若原始的动力能够提供给发电机，那么它就能产生电力，将电动机带动起来，由电动机产生的动能在皮带的传送下输送给了发电机，这样发电机就能够持续运转。发明者是这样想的，假如这两部机器可以采用这种方式彼此推动，那么这种运动就可以持续下去，前提是这两台机器没有发生损坏。

对于喜爱发明的人来说，这一想法实在是诱惑至极，但是，当有人真的将这一想法付诸实践时却有了令人瞠目结舌的发现，采用这种方法并不能让机器实现“永动”。其实，这样的结果是必然的，就算这两台机器的效率可以达到百分之百，我们仍然需要“没有摩擦”这个关键的条件来让它们保持持续运转。事实上，用皮带连接在一起的两台机器（联动机组）是一台机器，我们不能让它自己带动自己。在零摩擦的条件下，这种联动机组可以和任何滑轮一样持续保持转动，但是这种运动一点用处都没有：这种机器不能做功。我们得到了“永动”现象，但是并没有得到可以“永动”的机器。一旦摩擦介入，这种联动机组的运转就会停止。

说来奇怪，有些人偏偏对这种幻想十分迷恋，却忽视了一个可以做“永动”实验的简单方法：用皮带将两个滑轮连接在一起，只让其中一个滑轮转动。依照之前连接两台机器的思维，我们认为第二个滑轮可以被第一个滑轮带动，而第一个滑轮又反过来被第二个滑轮带动。我们有一个滑轮组也可以做这个实验：我们让右边的滑轮转动起来，左边的滑轮就会被它带动，然后右边的滑轮又反过来被左边的滑轮带动。实现永动的荒谬在这两种情况下变得显而易见，所以，我奉劝大家不要轻易尝试。不过，我们前面讲的三种“永动机”的设计者们犯下的错误都是一样的。

17. 相似的永动机

严谨的数学家似乎并不把“近似永恒”这一说法当回事。（“永”“永恒”在数学的术语里是“无限”的意思）。在他们看来，要么是永恒的运动，要么是不能永恒的运动，“近似永恒”就是不能永恒。

但是现实生活中并不是这样的。大部分人认为，倘若得到“近似的永动机”，虽然它不是真正意义上的永动机，但若能持续运转千百年，也是令人满意的结果。人的一生稍纵即逝，千百年对于我们来说等同于“永远”。务实主义者认为，如果我们得到这种近似永动的机器，就可以攻克研制永动机的难题，那么我们以后也就不用再纠结永动机的问题了。

假如能够自己运转一千年的机器发明出来的消息传到这种人的耳朵里，他们一定会欣喜若狂，不惜花费重金也要买上一台。这样的装置的确已经被研制了出来，但是并没有获得专利证书，其中的原因也没有对外界公布。该装置由斯特列特于1903年设计而成，人们都管它叫“镭表”，其结构并不复杂（图100）。

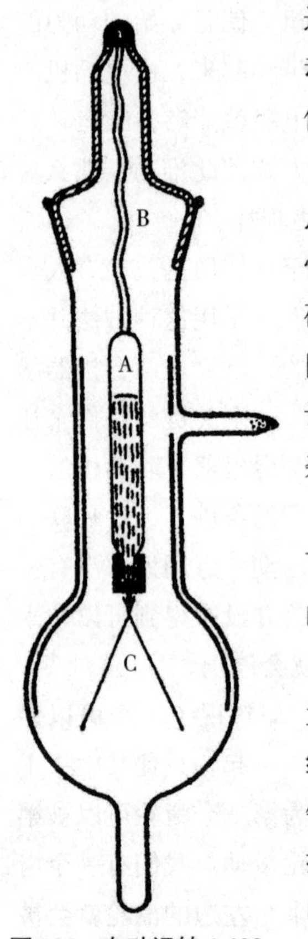

图 100　自动运转 1 600 年的镭表

它的具体构造是这样的：一个装有几毫克镭，下端悬着两个小金片的小玻璃管A与一个抽掉空气的玻璃瓶内的石英线B（不导电）下端相连接。

众所周知，镭可以放射α、β、γ射线。在这种装置中，起到关键作用的是可以轻易穿过玻璃的β射线，这种射线由负粒子（电子）构成。这些粒子被镭放射到各个方向将负电荷带走，所以随着时间的推移，这个装有镭的玻璃管带上了正电荷，这些正电荷跑到了金质叶片C上，将叶片打开。

被正电荷打开的叶片刚碰触到瓶壁，电荷就消失了（贴附在瓶壁的相应位置的金属片可以将电流导走），叶片就会合拢，因此这些黄金叶片犹如钟表里的钟摆，开合的时间间隔只有两三分钟，这就是人们常说的“镭表”。如果镭能够持续放射射线，那么这种表的使用寿命可以长达几年、几十年，甚至几百年。

相信大家已经看出来了，这并不是真正意义上的永动机，它充其量是一台“没有成本”的发动机。

镭可以持续不断放射射线吗?

经过科学家的测算，1 600年后，镭的放射能力会变为原来的一半。因此，镭表的使用期限应该在1 000年之内，在这之后，随着电荷越来越弱，它的摆动频率也会逐渐变慢。

那么，有没有可能让这台“没有成本”的发动机为我们的生活服务呢？结果是令人失望的，它做不到。它的动力，换句话说就是单位时间内做的功微乎其微，产生的动能无法带动机械，只有投放大量的镭才能产生我们想要的效果。不过，镭是非常稀有的化学元素，物以稀为贵，它的价格贵得惊人。镭表这种没有任何实际意义的东西之所以价值连城，原因也就在这里了。

18. 停靠在电线上的飞鸟

众所周知，跟电车的电线或高压电线发生接触是一件非常危险的事情，不但可以电死人，还能让大型的动物瞬间毙命。我们经常能够看到牛、马因碰到断落的电线而丧命的报道。

不过，我们在城市里应该经常能看到如图101这样的情景。那么，为什么鸟类可以毫无顾忌地在电线上停留呢？

图 101　鸟类在电线上

如果我们想了解这背后隐藏的秘密，就可以留意这样一种情况：当鸟儿停留在电线上时，它的身体变成了电路的一个分路，这个分路的电阻要明显高于另一个分路（鸟两足间的那段非常短的电线），所以，电流在这个分路里（鸟的身体）是非常小的，不会对鸟造成伤害。但是，假如鸟的翅膀、尾巴或喙意外碰到了电线杆，那么我们无论用什么方法与地面形成回路，电流都会在一瞬间通过它的身体传入地下，它就会马上触电身亡。

这种情况同样非常多见。

当高压电线杆的栋梁上有鸟类停留时，它们经常在有电流的电线上磨嘴。因为栋梁跟地之间不是绝缘的，因此，当鸟触碰有电流通过的导线时必定会被电死，类似事件也是时有发生。为了杜绝鸟类遭遇这样的惨剧，很多国家采取了比较特别的对策，将绝缘的栖架安装在了高压电线杆的栋

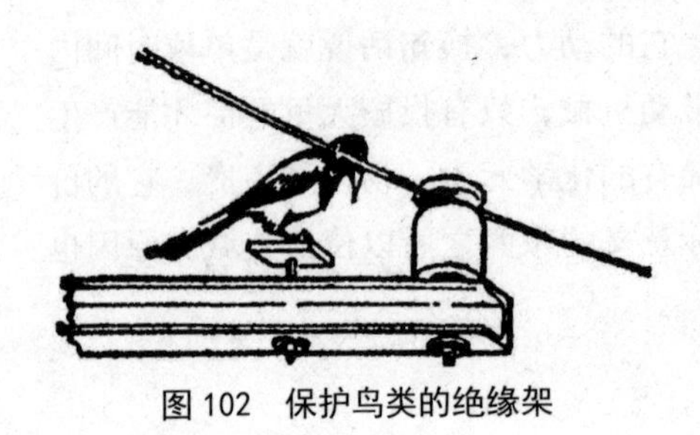

图 102　保护鸟类的绝缘架

梁上。鸟儿不但可以在上面停留，还能在电线上惬意地磨喙而不发生危险（图102）。此外，在容易出事的地方加装特殊的装置，鸟类触碰导线的概率就会大大降低。

现在全国各地都有高压电线网，我们必须确保飞禽的生命安全，促进林业有序发展。

19. 在闪电的照耀下

在暴风雨的夜晚，你是否见过雷电闪过的瞬间的城市街景吗？那场景真是既生动又奇妙：刚才熙熙攘攘的街道仿佛在一瞬间静止了下来。飞奔的骏马停下了步伐，抬起的蹄子在半空中停住了，车和马停在原地一动不动，轮辐清晰地映入眼帘。

这种让人觉得时间定格的景观是在急促短暂的电光的照耀下产生的。闪电发出的光芒和所有的电火花是一样的，它的持续时间极为短暂，因此我们无法用普通的方式测量到它，即便我们用间接的方式测到了它，也只能持续大约千分之几秒的时间。物体在极为短暂的时间里是无法测出位移的，因此，经过闪电的照耀，熙熙攘攘的街道似乎在一瞬间变成了静止的画面也就可以让人理解了，原来我们看到它的时间只有区区千分之几秒啊！马车轮辐在这么短暂的时间内只能移动大约万分之几毫米，对于我们的肉眼来说，这样的移动速度跟静止没什么区别。

20. 闪电的价值

闪电对于古人来说就是天神，这样发问无疑会被众人看作是亵渎神灵。不过现在的电能已经被人类转化为商品，跟其他商品一样，它也是可以计量并明码标价的，闪电的价值问题变得可以被人们所接受，而且也是值得深入探讨的。关于这个问题我们想要知道：闪电消耗的总电能到底有多少？如果我们参照照明用电的价格标准，那么闪电消耗的电能价格是多少？

下面我们进行一下相关计算。参照最新的统计资料，闪电释放电能的电压相当于50 000 000 V，此时最大的电流强度就是200 000 A（测定它的方法视打雷时从避雷针引到线圈的电流对线圈铁芯磁化的程度而定），两数相乘可以计算出电功率。但是我们在这里还需要考虑一点，放电时电压会不断降低，直到降到零为止，所以我们需要用平均数计算闪电的电能，也就是初始电势的半数。相关的算式是：

$$电功=\frac{50\,000\,000\times 200\,000}{2}=5\,000\,000\,000\,000\,\mathrm{W}$$

也就是5 000 000 000 kW。

由于计算出的数字太大，很多人自然而然地认为，闪电的价钱肯定也会贵得离谱。但是，假如我们把这一数字换算成千瓦时的计电单位（这是照明用电的计量单位），这一数字就会减少很多，最多只能折合：

$$\frac{5\,000\,000\,000}{3\,600\,000}\approx 1\,400\,\mathrm{kWh}$$

1 kWh的价格是4戈比。那么闪电的价格就是5 600戈比，也就是56卢布。

这个结果让人颇为惊讶，比炮弹的威力强大一百多倍的闪电的价值只有区区56卢布。我有必要提出一点，我们距离使用现代电工技术制造人工闪电的日子已经越来越近了。

科学家可以在实验室里造出长度为15 m，拥有10 000 000 V电压的闪电，但是跟大自然的闪电相比，它的体量仍然微不足道。

21. 室内的雷雨

在室内建造一个微型的喷泉非常容易：将橡皮管的一端放在一个位于高处的水桶内或是接在水龙头上。导水管的出口一定要小，只有这样水才能喷涌而出，并且呈细股状。在橡皮管喷水的一端插上一根去掉铅芯后的笔杆，或者在这一端倒插一个漏斗都是可以的（图103）。

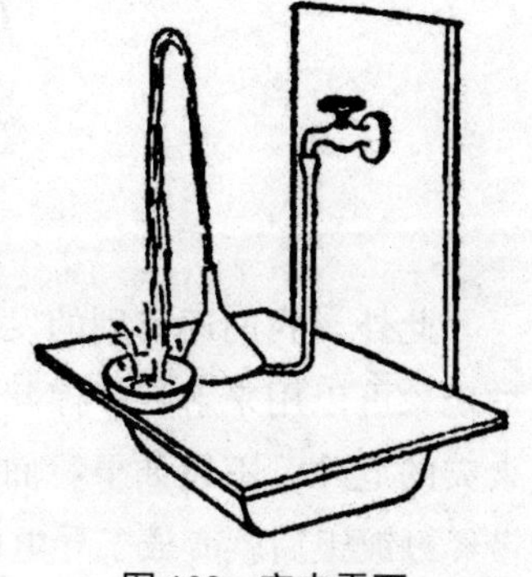

图 103 室内雷雨

喷泉的高度要达到半米的要求，并且喷头保持朝上的方向。这时你准备一根火漆棒或一把硬橡胶梳子，拿绒布摩擦它，然后靠近喷泉，就会见证一个无比奇妙的景象：经过喷涌的水流在落下时合在了一起，变成了一大股，随后它流到了下方的接水盘时，就会产生狂风暴雨般的声响。当物理学家博伊斯谈到这种神奇的现象时这么说道："毋庸置疑，大自然里产生的雷雨的雨滴变大就是因为这个原因。"

如果我们将火漆棒拿走，喷泉就会接着涌出股股细流，此时雷鸣般的巨大响声则变成了柔和的流水声。

在不明真相的观众面前，你可以随心所欲地玩这种"魔棒"把戏。

为什么火漆棒可以对喷泉产生这么神奇的作用呢？

水滴在受到感应的情况下也能够产生电能，那些跟火漆棒正面相对的水滴产生的是阳电，背面的水滴产生的则是阴电。当拥有正负电荷的水滴彼此靠近时，就会产生相互吸引的现象，因此它们就变成了一股水流。

还有一种简单易行的方法可以帮你确认电能对水流产生的影响：准备一个硬橡胶梳子，用它梳一梳头发，然后拿着它靠近从自来水龙头流出的纤细水流，此时，这股水流开始朝梳子发生偏转，产生了一道弯曲的轨迹，并且变得非常密实（图104）。解释这种现象要比解释刚才那种现象更加复杂，这牵扯到了在电荷的影响下水流表面张力的改变。

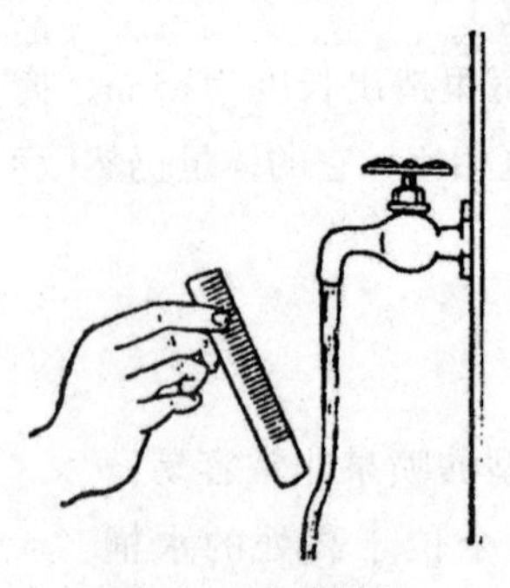

图 104　水偏斜了

此外，我们还有别的发现，当转动带转动时，皮带轮会产生电能，这种现象可以用来解释摩擦起电。能够产生电火花的某些生产场所具有引发火灾的危险，不过如果我们把皮带镀银，这样的惨剧就能被避免，因为皮带经过镀银后就变成了导电体，继续在上面积蓄电荷就变得不再可能了。

第九章

光的反射与折射·视觉

1. 神奇的照片

有一种照相方法非常神奇，可以在一张照片上显示一个人的不同形象。图105就是一个例子，在这张图中，一张照片上有5个像。这种照片跟普通照片相比的优点是能够把人物的特点更加全面地展现出来。摄影师最大的追求就是展现人物最好的一面，拍出好的作品，这种照相的方式恰好给了摄影师一个很好的提示，找到最佳的拍摄点。

图 105　有 5 种面向的照片

那么可能很多人都会好奇，图105中的图片是怎么拍出来的呢？为什么一张照片中可以拍出同一个人的五个像呢？我们只要有镜子就能办到。下面我们就来看看图106，这需要我们仔细观察，我们发现，其实照相的人是背朝照相机A站立的，照相的人需要面对着两面直立的镜子C。这两面镜子要摆成72° 的角。这样我们会发现可以将一个人照出四种映像。如果你仔细观察这些映像，就会发现这些映像的形态被照相机照出来以后是各不相同的。有了这四种映像再加上照相机拍下的实像，此时我们就会发现一张照片中会有五个像。但是我们还要注意一点，那就是我们摆放的平面镜不要带镜框，因为很多人都会认为这是带了镜框的平面镜像拍照的道具。这里我们还要注意一点，那就是我们需要在照相机的前面放两块幕布，然后将照相机的镜头从幕布的缝隙中探出来，这样就可以避免镜子被照进相片中了。通过以上的一些操作我们可以发现，原来物理学是如此有趣，因为有物理学的存在，我们可以做很多令人意想不到的事情。

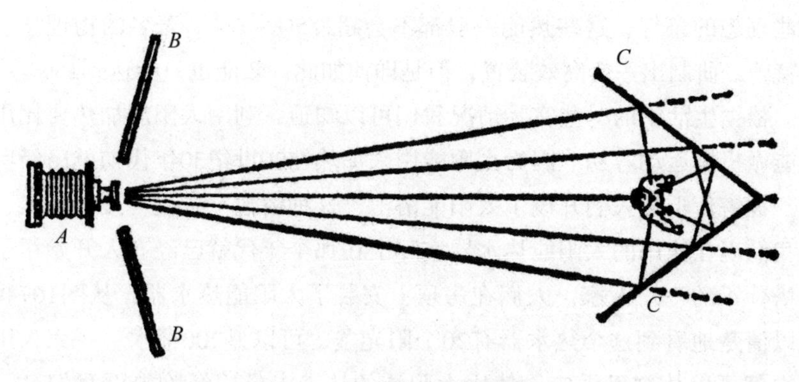

图106　105图照片拍摄方法

我们应该反思一点，那就是我们拍出来的像的多少与什么有关系。由上面做的实验我们可以联想到两面镜子的角度问题。那么究竟不同的角度会有多少个像呢？如果你亲自尝试过就会知道，当角度为90° 的时候，我们可以拍到4个像；当角度为60° 的时候，我们可以拍到6个像；如果将角度调到45°，我们可以拍到8个像。虽然我们会得到越来越多的影像，但是拍出来的像越来越模糊。生活中我们为了拍出清晰的像，又想尽可能多拍摄一些，所以通常只拍摄5个像。

2. 太阳能发动机与加热器的区别

利用日光作为蒸汽机的燃料是一个很棒的想法。由于现代科技的发达，其实我们可以精确计算出在单位时间内地球表面接受从大气层单位面积直射的阳光能量的大小。这个值在现代的科学中被叫作太阳常数，取这个名字是因为这个数的值是恒定不变的。这个常数的值约为0.002 cal/min · cm^2。太阳会按照这个值不断地给地球送来热量。但是有一点要引起我们的注意，那就是不是全部的热量都会照射到地球表面，还有一部分热量被大气吸收了，这个值约为25%。通过这个计算我们就可以得出地球表面接收到的热量，事实上，地球表面每平方米每秒接受太阳直射会获得1.368 J的能量。

当然，如果地球要接收到这些能量也是有条件限制的。如果地球要接收到这么多的能量，那么阳光就必须百分之百的直射到地球的表面。但是，以我们每次实验的结论可以看出，直接利用阳光做动力还远远达不到这些理想的条件，这些热能一般都不会超过5%～6%。著名的物理学家阿巴特曾经研制出一个高效装置，但是即使如此，效能也只能达到15%。

根据生活中的一些实际情况我们可以知道，利用太阳能加热要比用太阳能做机械运动容易。因为太阳能用来加热在20世纪30年代初就已经实现了。在塔什干的人们开设了太阳能浴池，这种浴池一昼夜可接待70人，而且我们现在使用的太阳能热水器实际上在那个年代就已经有人开始用了。在塔什干的一户人家，人们在房顶上安装了太阳能热水器，从图107我们可以清楚地看到这个热水器有20个阳光釜，可以盛200桶水，一家人用的热水都可以从这里供应。使用太阳能的技术人员用经验告诉我们，一年之中可以利用太阳能的月份大约有7～8个月的时间，即使在天气晴朗的寒冷的月份里也是可以使用太阳能热水器的，此时太阳能的效能平均为47%（最高可达61%）。

图 107　塔什干居民安装的太阳能热水器

事实上，人们在土库曼还有一项关于太阳能的研究，那就是太阳能冷库。当太阳能冷库背阴的地方的温度达到42 ℃的时候，库内的温度大约为−3 ℃。其实，这也是第一座利用太阳能的工业冷库。

如果你想看看塔什干一户人家安装的太阳能热水器，那么你就需要好好观察一下图107。事实上，太阳灶也是很好用的。太阳灶的加热温度可达120 ℃。还有一点值得一提，太阳能还可以做蒸馏装置，用来制取淡水。也许我们在平时的生活中用不到这种装置，但是在沿海地区，你会发现太阳能的这一特点非常便利，而且，中亚地区的人们还用太阳能作提水农具的水车，这种水车替代了原始的水车。除此以外，太阳能还有别的用途，例如在食品加工工业中生产干果、干鱼，或者充当烘干设备。而且很多家庭都用太阳能灶，这些设备都消耗太阳能。

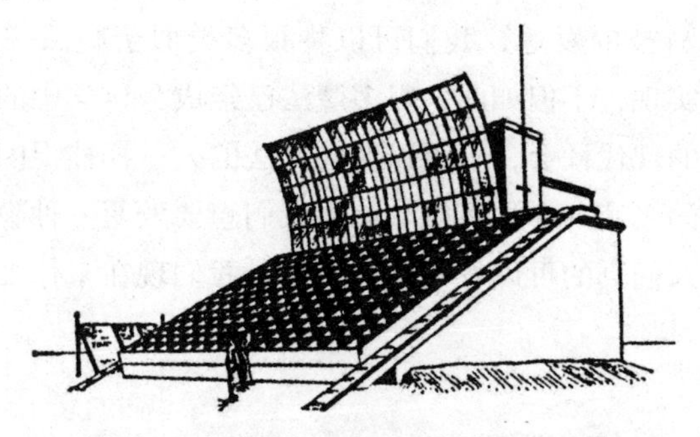

图 108　土库曼共和国研制的太阳能冷库

3. 隐身帽的使用

如果我们经常看魔法故事，我们就会知道隐身帽。只要有人戴了隐身帽，别人就看不到他了，他可以做他想做的任何事。关于这一点，普希金在他的长诗《鲁斯兰与柳德米拉》中生动地进行了描述，也详细描写了隐身帽的神奇之处。

柳德米拉不由自主想起了她经历过的一幕：她反复试戴那顶带有魔力的帽子，一开始她把帽子一会儿转过来，一会儿转过去，然后她又把帽子压在眉头，一会儿她又把帽子掩住发际。真是太神奇了！戴帽子的人突然消失不见了。当柳德米拉把帽子扶正的时候，她又显现出来了；当她把帽子反戴，她就再次隐身，当她摘下帽子的时候，她又在镜子里显身了。柳德米拉感到非常高兴，她认为自己很幸运，因为她有了一个护身符。

被俘的柳德米拉会了隐身术。就是因为有了这个神奇的隐身帽，柳德米拉从看守她的士兵面前安然无恙地溜走了。士兵们看不见她，只能根据她的足迹追踪她。

虽然人们看不到柳德米拉的身影，但是人们却知道她去了哪里。树上的金黄色的果实全都不见了，草地被踩踏过，还能看到清泉的水迹。通过种种迹象，城堡里的人知道公主在这里吃了东西。当夜晚降临，柳德米拉就在瀑布里洗澡。因为清晨的时候，卡尔拉从宫中出去后看见瀑布到处飞溅着水花，但是却没有撩水的手，就已经知道是她了。

由于现代科技的发达，我们可以将很多类似于魔法一样的事情在现实生活中得到实现，不但如此，很多魔法已经成为科学中的技术创造。例如在这个发达的现代社会，人可以像会魔法的人一样捕捉闪电，还能乘坐像童话故事里的飞毯一样的飞机。如果人们想要发明一种隐身帽也不是不可能的，那么人们真的可以发明隐身帽吗？我们现在来仔细看看下面的故事吧。

4. 神秘的隐身人

英国作家威尔斯曾经写过一本小说，小说的名字是《隐身人》。其中有一个论点作者是非常肯定的，那就是他相信人是可以隐身的。威尔斯在小说中写道，小说的主人公发明了一种隐身术，并且有科学依据。

我们之所以能看见物体正是因为有光的存在。事实上，我们看到的物体能够吸收、反射光，还有可能折射光。如果没有发生这些现象，那么我们就不会看到物体。如果你的面前有一只红色的、不透明的箱子，但你看不到，那就是因为箱子的红色涂料吸收了一部分光，而剩余的光又被反射了回来。而如果箱子没有吸收光，并且光全部都反射了回去，我们就会看到一只白色的箱子。亮闪闪的箱子会从表面反射回很少的光，只有箱棱处才能反射和折射少量的光，所以我们只能看到一点儿亮晶晶的反射光。这样的箱子就好像一个发光的骨架。玻璃箱就不同了，玻璃的光度较小，反射和折射的光都比较少。如果你把玻璃放入密度比水大的液体中，我们就很难看到它了，因为光透过液体时折射和反射的量会变小。此时，玻璃片便成了一个隐形的物体，就好像空气里的二氧化碳一样。

“发生这个并不足为奇，”有一位名叫坎普的医师说，“连中学生都知道这个道理，这是很简单的现象。

“除了这一点，他们还知道如果玻璃变成了碎末，那么玻璃就会变成白色的粉末。由于碎玻璃的表面会比整块的表面大很多，所以它发生的反射和折射的光也就多。玻璃片只有两面，而碎玻璃的每个颗粒都能反射或折射光，透过的光很少。但是如果把捣碎的玻璃放到水里，它就会‘隐形’，因为碎玻璃与水的折射率几乎相同，光从水进入玻璃时不会产生折射和反射现象。

“其实，不仅在这一种情况下我们可以看到这种现象。把玻璃放入任何和玻璃折射率相同的液体中都可以。换句话说，把一个透明的物体放到一个折射率和它相同的介质中，这个物体就会隐形。

“如果玻璃在空气中也能隐形，那么只需要让玻璃的折射率等于空气的折射率即可。”

“但是，人是人，玻璃是玻璃。”坎普说。

“然而人才是更透光的。”

“不可能。”

图 109　隐形的玻璃棒

“难道你忘了物理学中的理论了吗？举个例子，纸是透明的纤维制作出来的，我们都知道纸是白色的。但是纸是不透光的，这和碎玻璃是一样的。但如果在白纸上涂油，纸纤维间的空隙会被油堵上，纸的表面就会折射和反射光，纸也就变得透明了。经过科学家证实，不只纸有这样的特点，毛织品、布、木料的纤维、肌肉、毛发、骨骼、指甲和神经都会有同样的现象。人体的一切组织中除了血液中的血红素和毛发中的黑色素之外，其余的都是无色透明的，所以我们想要隐身并非是件难事。”

此话并非空谈，如果动物身上没有毛并且患白化病的话，动物的身体就会变得透明。1934年的夏天，曾经有一位动物学家发现了一只青蛙，这只青蛙刚好患有白化病。他对青蛙进行了描述：“青蛙的皮很薄，肌肉组织是透亮的，我们不用任何仪器就可以看到青蛙内部的器官和骨骼，甚至可以清楚地看到青蛙跳动的心脏和蠕动的肠子。”

威尔斯的小说中，主人公拥有一种特殊的方法能够使人体内的组织变得透明从而成功隐身。如果你想要知道这位主人公后来发生了什么，可以看看下面的讲述。

5. 特殊的魔力

在《隐身人》这部小说中，小说的作者详细地描述了小说的主人公学会隐身术后的事。他变成了透明的隐身人，具有无边的法力，潜入住所偷走任何物品都不会被发现，可以打败大群全副武装的士兵，又以性命相威胁，迫使全城的人都服从他。居民们的反抗也都不起作用，因为他们根本不可能斗得过一个隐身人。

依仗着法力，他对所有惊恐的居民说：

今天，所有的人都不再受女王的管制！所有的统帅、警察和官吏都要服从于我。我将开始统治整个王国，从这一天起，年号就叫作隐形人，而我就是隐形人一世。在我统治的第一天要绞死一人，杀一儆百。这个将要被绞死的人就是坎普，尽管他想尽一切办法逃走，但是不会有任何效用，他即将被执行死刑！我在此警告所有人，谁都不准救他，否则格杀勿论。

一开始，人们还是不敢与隐形人抗衡。但是人们从没有放弃与隐形人的抗争。经过艰辛的努力，人们终于制服了这个妄图称霸的邪恶隐形人。

6. 特别的标本

这种隐身术有科学依据吗?

有。透明的物体只要放在透明的介质中，并且折射率之差小于0.05就会隐形。德国解剖学家什巴里杰戈里茨在《隐身人》出版10年后，成功做出了死生物体的透明标本。直到现在，许多的博物馆里还有这种透明的标本。

下面我们就来看看他制作这些透明标本的步骤吧。什巴里杰戈里茨是在1911年开始制作这种标本的，先把动物组织漂白、清洗干净，再把制作好的东西浸泡在有强烈光折射作用的水杨酸甲酯中，经过一段时间以后，再把制取的标本装入盛满水杨酸甲酯的液体的容器里保存。

这种标本无须做到完全透明，如果标本完全透明则会影响观察，也就没了做这个的意义。但如果你执意要使它变得真正透明，自然也是可以的。

威尔斯的真实想法是把活人达到隐身的效果，但是他的这个幻想变成现实还需要漫长的时间。要做到这样的效果，需要做很多实验。因为你必须要找一种具有透明效果的液体，可以让人的活体组织浸泡其中，还不能受到伤害。这几乎是一个不可能完成的任务。

然而，什巴里杰戈里茨制作的标本并不是隐形的，只是透明的。要想让生物体组织标本隐形，必须将标本浸在折射率和它相同的液体里。如果是在空气中，只有标本的折射率和空气的折射率相同时才能隐形。这些都是一些理论，我们还是不能找到合适的方法来达到这个目的。

我们可以大胆想象一下，如果能够满足以上的要求，那么这位英国小说家的幻想会不会实现呢？

每一部小说的每一个情节都是作者预先思考的结果。作者会谨慎设计每一个情节，小说的前后都会经过精心的安排，所以很多人会沉浸在小说里无法自拔。

然而，创作《隐身人》的作者虽然机智，但也会有所缺失：隐身人真的可以看见别人吗？

7. 隐身人会看到什么

其实，如果《隐身人》的小说作者能够想到这一点，或许就不会有这样一本小说问世了。

正是这一点，让我们明白隐身人并非神通广大，因为隐身人压根就是个瞎子。

如果小说的主人公想要隐身，那么他的所有部位，包括眼睛必须都是透明的，只有这样，他的折射率才等于空气的折射率。

眼睛里的晶状体、玻璃体等都是能折射光线的。因为只有这样外界的物体才会映在视网膜上。如果眼睛的折射率与空气的折射率相同，那么折射是不能形成的。光线进入一个介质后，随后又进入另一种折射率相同的介质，那么方向是不会改变的，映像不会聚合在一点上。正因为如此，当光照进隐身人的眼中时，光线不会发生折射，像也不会留在眼睛里，因为隐身人的眼睛里缺少色素，所以他什么也看不到。

所以，即便人能够隐身，他也不会有很大的法力，只是一个盲人。即便他流落街头也不会有人帮助他，因为人们并不能看到他。小说中法力无边的隐形人，不过是一个什么都做不了的人而已。

威尔斯的道路行不通，沿着这条道路寻找“隐身帽”，就算找到些什么也没有实际意义。

8. 神奇的保护色

每一件事情都有解决的办法，隐身也不例外：可以给物体涂上合适的颜色，让别人不能用肉眼发现它即可。这种方式在自然界的生物中随处可以见到，自然界的动物通过给自己上保护色，让自己在大自然的危险环境中生存下去。

其实，不但动物会这样，在战争年代，很多士兵也会把自己伪装起来，以便不被敌人发现，这被称为“保护色”。自然界里带有保护色的动物也是数不胜数，几千种动物有这种功能。沙漠中的很多动物都是淡黄色的，例如鸟类、蜘蛛、狮子、蜥蜴、蠕虫等。在北方雪原上的动物，比如北极熊、潜鸟等则都是白色的，很容易和雪地“融为一体”。在树上的动物大多都和树皮的颜色差不多，比如蝴蝶和毛虫。

做生物研究的人都知道，有一些昆虫，例如草地里的蝈蝈是很难找到的，它们的颜色和草地的颜色很像。

海洋里的生物也有同样的特性。生活在褐色海藻中的海洋生物大多都和海藻的颜色相近，一般都是褐色的，很难被发现。如果海藻的颜色是红色的，那么动物的颜色大多也会是红色的。我们都知道，鱼鳞的颜色大多数是银色，这也是一种保护色。从空中向水下望，水面就像镜子一样，此时，银色的鱼鳞与水面的颜色融为一体，可以起到很好的保护作用。而水母、水生蠕虫、软体动物、虾类、萨尔帕等，身体无色透明，在同样无色的水里自然不会被轻易发现。

这种绝技比人类的发明还要高明，某些动物甚至会转变自己的颜色来达到隐藏自己的目的。银鼠会随着雪的变化来改变自己皮毛的颜色，因为如果它不会变色就会暴露在天敌的眼中。许多白色的动物到了春天会变成褐色，做到和土地的颜色相近，而到了冬天，它们又重新变成白色。

9. 自卫色的神奇作用

人类是具有学习能力和创造能力的灵长类动物，会将很多有益的知识运用到自己身上。起初的士兵穿迷彩服，而现在却被单一的自卫色代替。其实，军舰的铁灰色也是一种自卫色，让它和海洋完美地融合在了一起。

军事领域里的很多地方都用到了“战略性伪装”，就是对自卫色的一种应用，工事、大炮、坦克、军舰都需要进行伪装，烟幕弹也是一样，能够迷惑敌人。除了这些，很多营地还会将草插在特制的网上，很多士兵还将草披在身上，这也是同样的道理。

空军的武器也会采用各种伪装。人们将飞机涂成褐色、暗绿色或紫色，使它们与大地的颜色相近，如此一来就很难被飞在更上空的敌人发现了。

如果有机会，你可以好好观察一下飞机。假如你从地面看飞机，你就会发现飞机是呈浅蓝色、浅红色或白色的，这些颜色都与天空的颜色相近。这样就起到了一种保护作用。而飞机的外壳上有类似的色斑。如果飞机升到了750 m，它的颜色就和天空的颜色一样了，此时，你很难在空中找到飞机。如果飞机升到3 000 m，你就完全看不到飞机了，因为飞机已经“隐形”。夜间使用的轰炸机被涂成黑色也是这个道理。

镜面无论在什么环境里都有自卫色，因为镜面可以映出背景色，所以带有镜面的物体是不容易被发现的，它能将自己融入背景中，你距离它很远的话是无法看到它的。针对这一点，还有一个真实的历史案例，在第一次世界大战中，德军使用的齐柏林飞艇就利用了这一特点。飞艇的外面装上铝板，铝板反射出的都是天空和云朵，飞行的时候没有声音一般不会被发现。

以上这些案例充分说明隐身是可以实现的。因为有些已经成为现实。

10. 眼睛在水下可以看到什么

你可以做这样一个实验，你在水里睁开眼睛，然后观察周围的景物，此时你能看清景物吗?

可能大多数人都认为看清周围的景物并不困难。因为水是透明的，并不会挡住我们的视线，所以水下和空气中并没有什么不同。但是我们必须想到，隐身人是看不到东西的，并且，我们在水里的状态和隐身人在空气里差不多。下面我们来看看对比，或许会更容易理解。

经过科学家的实验可以发现，水的折射率是1.34。人眼中透明体的折射率的数值有以下几个，角膜和玻璃体为1.34，晶状体为1.43，水状液为1.34。

上面的几组数字表明，晶状体在我们眼中的折射率只比水大，而其他的折射率都与水相等。由此我们可以推定，在水里我们是很难看到东西的。当我们在水中时，光线在眼睛里形成的焦点离视网膜很远，我们看到的像非常模糊。然而，一个高度近视的人在水里却可以看得很清楚。

但是很多不近视的人认为戴一副高度数的近视眼镜就可以在水中看清事物了，可惜这也是不对的。虽然折射的光线会在视网膜后面有焦点的形成，但是由于焦点与视网膜距离还是很远，所以你仍然只能看到模糊一片，并不会因为戴了一副眼镜而得到清晰的景象。

那么很多人就会想，如果人通过借助一些道具来提高折射率，是否可以增强眼睛在水下的视力？

其实制作眼镜是一个可行的办法，但是如果镜片的材质是普通的玻璃那就没有多大作用了。普通玻璃的折射率是1.5，这个折射率和水很接近，只比水的折射率大一点，达不到效果，如果要使效果更好一些，那么就需要使用光折射率很强的玻璃。只有这样我们才能看清水下面的景象。

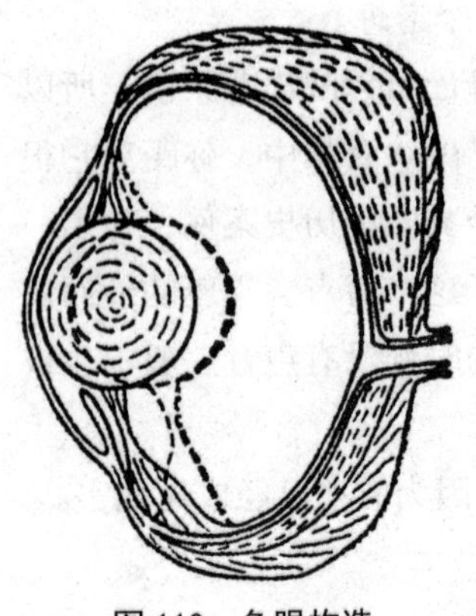

图 110　鱼眼构造

起初我们一直不知道鱼眼为什么是暴突出来的，现在应该有些头绪吧。鱼眼的晶状体呈球形，折射率在动物界中是最大的，并且在对光调位时的形状并不会改变（图110）。如果鱼类的眼睛不是这样的，那么鱼就会成为瞎子，在水下什么都看不见。

11. 潜水员是如何工作的

很多人可能都会存有疑问，既然我们在水下什么都看不到，那么潜水员是怎样在水下观察的呢？要知道潜水员脸上的面具是平板玻璃，并不是凸形玻璃。然后就是，人们可以在儒勒·凡尔纳的“鹦鹉螺”号上观察水下的景色，这又是怎么回事呢？

其中原理并不复杂。如果我们什么都不穿戴，自然是看不清的，但当我们穿上潜水服潜到水下时，眼睛和水便被一层空气隔开了。如此，情况可就大不相同了，水中的光线透过玻璃会先遇到空气，然后才进入眼睛，这与在陆地上看东西并没什么两样。物理学中的光学原理可以更好地解释这种情况，水中的光线投射到平板玻璃上，在离开玻璃时不会改变方向。

其实这一点生活中的很多例子都可以证明，毕竟我们能清楚地看到鱼缸里游动的鱼。

12. 透镜在水中会怎样

不知读者有没有做过这样一个简单的实验：把双凸透镜浸到水里，观察水里的物体。如果你真的这样做了，你会发现凸透镜不起作用了，不能放大了。当然你也可以把双凹透镜放在水里，此时凹透镜也没有了缩小的功能。如果你不用水做实验，而用折射率比玻璃大的液体，此时你会发现一个更有趣的现象，凸透镜会缩小物体，而凹透镜会放大物体。

这些问题很好解答，都与光的折射有关。玻璃的折射率比空气的折射率大，所以双凸透镜在空气中有放大的作用。然而玻璃与水的折射率差距不大，所以光线从水里进入玻璃透镜时，偏折现象就不会很明显。因此，水中放大镜的效果就不会很明显了，而凹透镜的缩小率也会小很多。

光线在植物油上发生的折射率要比玻璃大，如果把放大镜放在植物油中，放大镜就会有缩小的作用了。在空气中有同样效果的镜子，在水中也会发生类似的情况。潜水员使用的透镜（图111）就是类似这样的透镜。光线MN经过折射后会沿着轨迹MNOP移动，当它通过透镜里面时会偏离法线，当它经过透镜外面时会靠近法线，也就是线OR。

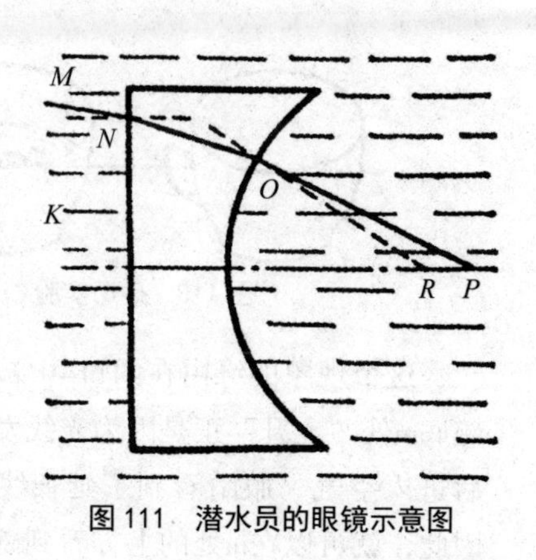

图 111　潜水员的眼镜示意图

所以，这样的透镜还具备一个功能：放大。

13. 如何游泳

生活中，有些人并没有游泳的经验。如果没有游泳经验的人第一次去

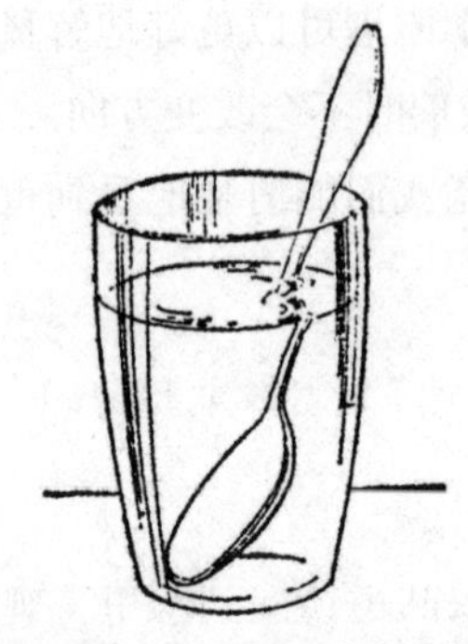

图 112　汤勺在水中变了形

游泳，就需要学习一些游泳的基本常识，否则就可能会面临一些危险。由于光的折射现象，我们会发现水里的东西似乎离我们很近，而实际上，池塘、河流的底部看上去比真实的深度浅了将近三分之一。如果你真的相信水很浅，那么就可能真的发生事故。这种错觉对于小孩子来说更加危险，如果孩子的家长不注意，那么孩子就很容易在水里发生意外。

由于光在水里会发生折射现象，所以将一双筷子放到水里，你就会觉得筷子发生了偏折。如果你仔细观察图112，你就会看到这种现象。这个原理跟水变浅的原理是一样的。

你可以通过简单的步骤证明这个结论：让你的朋友坐到桌旁，注意不要让他看到茶碗底部。然后取一枚硬币放在碗底，用碗壁遮住硬币。接着你开始向碗里倒水。这时，你的朋友有一个时刻会看到硬币（图113）。但如果把碗中的水抽掉后，硬币又会回到碗底。

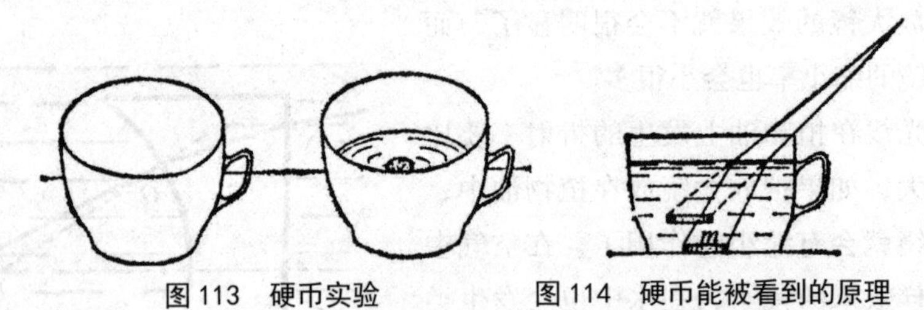

图 113　硬币实验　　图 114　硬币能被看到的原理

这个现象的缘由在图114中被说明了。碗底m处“上升”正是因为光线发生了折射后进入空气，眼睛看到了延长线的部分，因此，就可以在m处的上方看到碗底，并且光线进入眼睛的路线偏离得越大，m的位置就会越高。我们在船上看池底，会发现池底是凹形的，周围的池底离我们越远，深度越浅，这也是一样的道理。

图 115　从水底看到的桥梁变成了这样子

在池底看到的池面上的桥是凸形的，图115就非常形象地说明了这一点。因为光线从空气折射到水中发生了偏折现象，所以才会产生这种效果。同理，当人在观赏鱼的时候，鱼自然也会看到站立的观鱼者变成了一道弧，而鱼只能看到凸出的地方。那么鱼的眼睛和人的眼睛是否一样呢？而且鱼是如何看事物的呢？我们以后再聊这个话题。

14. 看不到的别针

这次我们要做的是在一块平面的圆形软木上插上一个别针，然后将它倒扣在水盆里，切记软木不要太大，也不要太小，别针不要太长，也不要太短。如此，本来应该是可以清楚看到这只别针，但是不管怎么晃脑袋都徒劳无功。

为什么我们无法看到别针传过来的光线呢？

因为，此时发生了一种反射现象：“全内反射”。

那么，什么是“全内反射”？

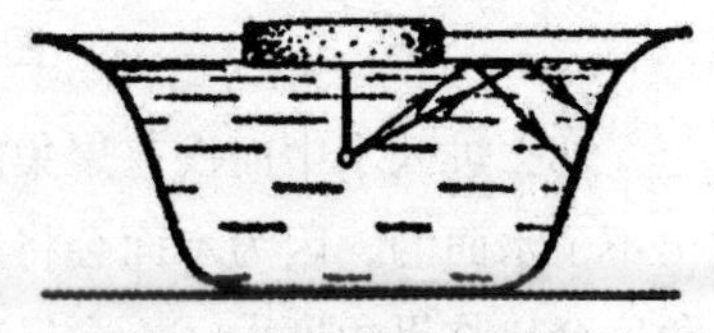

图 116 别针在水中隐形

图116就是别针隐形的实验。下面仔细观察一下图117，想一想光线从水中进入空气所经过的往返路线。如果你看过折射的物理理论，就会知道当光线从空气进入水中时，折射光线会靠近法线。比如，当光线沿着与法线成角度β的路线射入水中时，它的前进方向会按照比β角小的角度α的方向行进（图117a）。

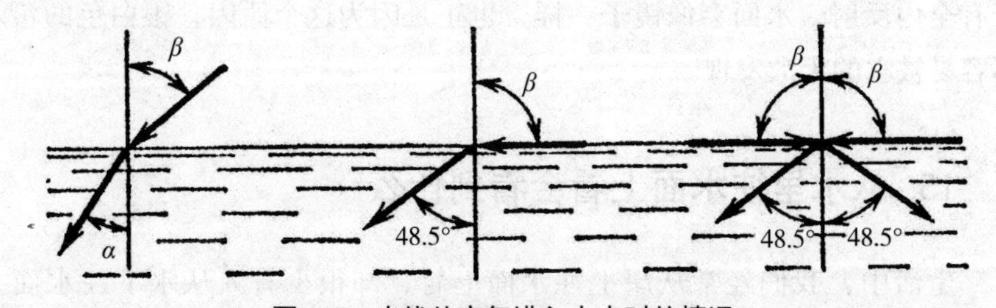

图 117 光线从空气进入水中时的情况

但是有一些掠过水面的光线是跟法线成直角的方向进入水中的，当发生这种折射的时候，会有什么现象发生呢？如果有这种现象，我们就会知道折射光线会靠近法线，此时的折射角大概是48.5° 。图117就很好地解释了这一点。这条光线对于水面来说是临界的角度，所以光线进入水中是不能按这个角度传播的。如果我们想要理解折射，就需要搞清这个关系。

通过上面的解释，我们应该知道，当光线折射进入水中时，会形成97° 的角度。

现在，我们来看一下光折射到空气中的状态（图118）。根据物理学中的光学特性，我们知道光线在进入空气后会在水面形成一个180° 的角。这个光线会向四面八方散开。

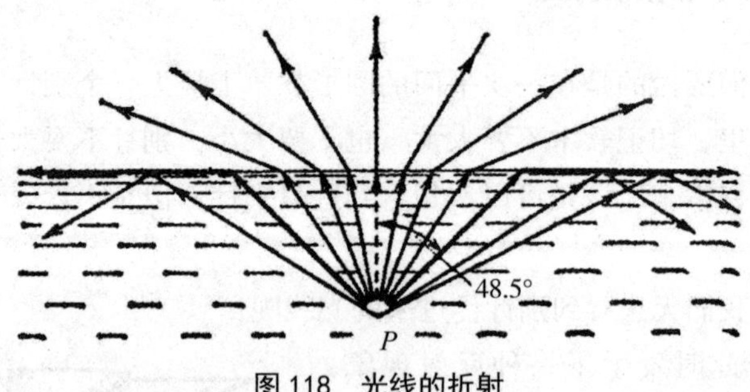

图 118　光线的折射

那么进入水中而没有聚集的光线到哪里去了呢？事实上，这些光线是出不了水面的，因为水面会将光线全部反射回来。而水下的光线与水面的角度会比临界角度大，不会发生折射现象，而是会被全部反射回去，这就是我们所说的全内反射。

这种全内反射对于鱼视力的影响很大，鱼类的鳞片大多都是银白色的，其实这也与鱼的视觉特点有关。很多动物学家都一致同意，鱼类有这样的颜色，主要是因为与水面颜色适应才会变成这样的。从下往上看，由于有全内反射，水面会像镜子一样，也正是因为这个原因，银白色的鱼才不容易被它的天敌发现。

15. 从水里往水面上看会看到什么

生活中，我们经常从岸上往水面上看，却很少有人从水下往水面上看。如果我们这样做了，就会看到一个你从未见过的世界。

我们可以想象一下，我们从水里向外面看，可以清楚地看到头顶的白云，这与我们在地面上看到的没有区别。因为竖直的光线不会发生折射现象。但是别的东西不会产生这种现象，如果你亲自试验你就会知道别的物体会变扁。因为光线与水面发生了折射，形成了一个锐角，越低的物体，光线与水面形成的角度就越小，这些物体就会变得更扁。因为水面上的景物会在水下形成一个小圆锥，这也就说明了，一条180° 的弧会缩短一半的度数，变成90° 的弧，所以物体的像也就变形了，通过图119可以更清楚地了解这一点。如果岸上的物体发出的光线与水面成大约10° 的角，那么我们就会看到这些物体会被压缩成一道缝。从水下看水面，水面并不是平面的，而会变成圆锥形。你会感到自己就像是在一个倾斜90° 的大漏斗的底面上。而圆锥体的边会形成一个由红、黄、绿、蓝、紫色组成的彩环。很多人想知道这是怎么回事。其实道理很简单，光是由七种颜色的光线组成的，每种光的折射率都不同。所以每种光的临界角度都是不同的，因此，当我们从水下面往上看的时候，你就会发现几乎所有的物体好像都罩上了色彩斑斓的光晕。

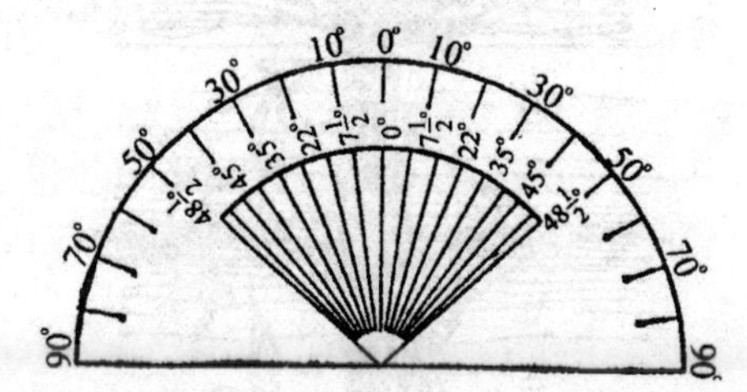

图 199　水面上的 180° 角在水下看缩小到了 97°

我们在圆锥体的边缘之外还可以看到发光的水面照着水下的各种景物。如果你在水下进行观察，你就会发现部分浸在水中露出水面的物体才是最好看的，也是最有趣的。图120向我们展示了一根插在河水里的用来测量水深的标杆。我们在水下的点A处将能够看到的空间分了几个不同的区域，然后我们要看看具体的区域特点。第一个范围里，只要亮度足够，我们就可以看到。第二个范围里，我们可以看到标杆水下面的部分，而且，标杆还是一开始的形状。第三个范围内，我们可以看到标杆水下的部分，但是这时候我们看到的是标杆的倒影，因为发生了全内反射。我们在第四个范围可以发现标杆在水面上的部分，此时我们看到的标杆上下部分似乎是完全脱开的，而标杆会高悬在上方。如果看的人不够仔细，还以为不是标杆呢。因为我们此时看到的标杆是缩短了的，尤其是下半截，缩短得非常严重。而此时上面的刻度线仿佛都挤在了一起。其实在生活中我们也会看到这种情况。尤其是夏天下过雨后，你会发现有些树木会被河水淹掉半截，如图121大概就是这种形状。

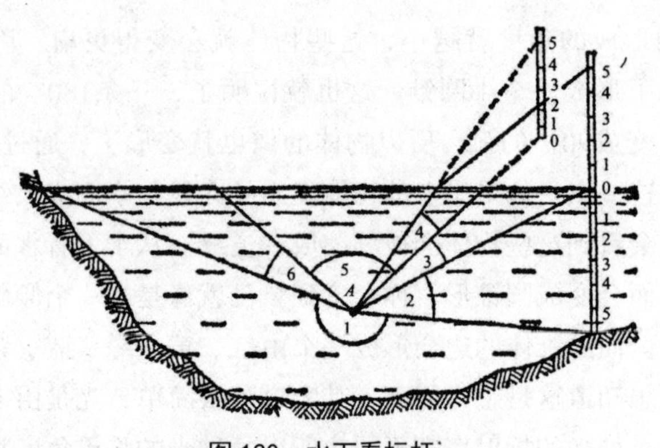

图 120　水下看标杆

图 121　从水下看的被淹没的大树（与图 120 对照）

此时如果刚好标杆处有人，水里的鱼就会认为人的身体是两截的，图122就显示了这种情况，人的上半身没有头，下半身有四条腿。

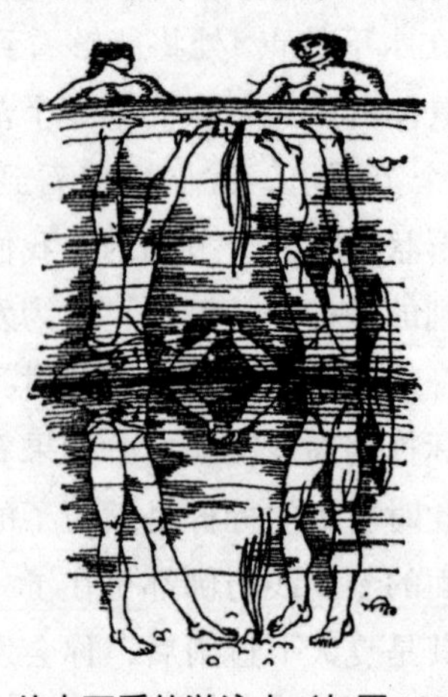

图 122　从水下看的游泳人（与图 120 对照）

如果此时人正好在运动，那么在鱼看来，人每走一步，上半部都会缩短一些。当人走到一个特定的位置以后，我们就会发现人的身体不见了，只能看到来回动的头，让人惊恐。

口说无凭，有没有一个实验可以证实呢？我们先前分析过，在水下面看东西根本看不清楚，并且呼吸也是个问题，这么短的时间，还没有等到水面变得平静，我们就支撑不住了，而人类的眼睛更难透过动荡的水面看清物体。即使在潜水钟里或者戴潜水帽，又或者在潜水艇的瞭望窗里面观察，情况也不尽如人意。当然后者还是与前者有所不同的，当我们有一些装备的时候，光线是先经过镜头上的玻璃和隔层中的空气，此时会发生相反方向的折射。光线或是恢复了原来的方向，或是改变了入水的方向，所以，当我们戴上装备观察的时候并不是真正意义上的“水下观察”。

我们不必亲自下水进行实验，可以用一种内部装满水的特殊照相机来代替人做实验。这种相机没有镜头，只有一个中间留有进光孔的感光金属片。因为只有光孔和感光片之间浸满了水时，外面的景物才会在底片上出现，这个像和我们在水下看物体的像是相同的。美国有一个物理学家做过这样的实验，并且还拍到了一些很有意思的图片。上文中图115就是他拍的图片中的其中一个。我们之前已经说过在水下观察水面上的物体时，物体会变扁。这和原来的结论是一样的。

还有一种简单的方法也可以达到同样的效果。把一面镜子放到池水里面，通过调整镜面的角度来观察水面上的物体。这个实验的结果也充分证明了上面的理论。

通过以上实验可知，我们从水下看到的岸上物体之所以会变形，是因为眼睛前面有透明的水。如果陆栖动物掉进了水里，一定会惊慌失措，因为它们从水下看到的地面物体已经变得难以辨认。

16. 变化的颜色

美国生物学家比博曾经对水下的色彩变化研究过很长时间，他曾经这样描述水下的颜色：

当我们坐潜水球沉到水里时，在一瞬间，原本金黄色的世界变成了碧绿色。当有光照到我们时，无论是我们的脸还是别的东西，甚至是黑色的球壁都会变成绿色。但是站在甲板上的人们看到的水域却是暗青色的。

当我们进入水中，一些红色或者橙色的光线就不会进入我们的眼睛。过一段时间，就连黄色的光线也会消失，只剩下绿色的光线。这种暖色在可见光的光谱里只占据很小的一部分，但是，当我们沉入30多米的水下时，我们只能感受到冰冷和黑暗。

如果继续下沉，那么碧绿的光线也会随之消失。到了60 m深的位置时，就已经分不清这水究竟是绿中带蓝还是蓝中带绿了。

当我们沉入到更深的位置，到达180 m的时候，我们能够看到的就只有四周暗暗的蓝光了，这种亮度连写字也没法办到。

来到300 m深的位置，水呈黑蓝色或是深灰蓝色。继续下潜的话，当蓝色的光线消失后，紫色并没有出现，而是一种似蓝非蓝的杂色，紧接着这种杂色又会变成一种没法用语言表达的暗色，最终漆黑一片。如果再往下沉，那么就不会有阳光的存在，我们看到的将是一个绝对黑暗的世界。

这个生物学家是这样描述这种黑暗的：

750 m深的水域黑暗程度已然无法想象，到了1 000 m的时候，大概就是最黑的时候。地球上的黑夜在这里只能说是黄昏，只有在这里才能够用漆黑无比来形容。

17. 视觉盲点

如果我告诉你，在你的正前方有一个区域是你看不到的，可能很多人都不会相信，眼睛有这么大的缺陷怎么会发现不了呢？为了让大家相信这个理论，我们可以做实验来证明这一点。

闭上左眼，把图123放到右眼的前方大约20 cm的地方，接着注视图123左边的叉。当我们做完以上两个步骤，就可以把图朝眼睛的方向慢慢移动。当我们把图移到一个特别的位置的时候，我们会发现图右面，两个圆的交接位置的大黑点消失不见了。这时，虽然这个大黑点就在你的前面，但你看不到这个大黑点，只可以看清楚它左右两边的两个圆圈。

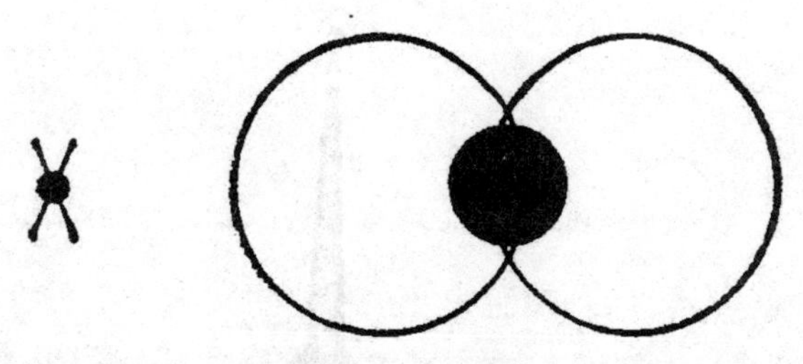

图 123　盲点实验

这个实验早就有人做过了，1668年，著名的物理学家马略特就设计过这个实验，路易十四的大臣们还因为看了这个实验而开怀大笑。当时，马略特让两个人相隔2 m面对面站立，然后让他们都只用一只眼睛看旁边的一个点，结果这两个人都很惊慌，因为他们都看不到对方的脑袋。

虽然这个现象发现得很早，但在17世纪才被确认，人眼的视网膜上存在一个盲点。这个盲点是视觉神经进入了眼球里没有感光细胞的细枝的地方。

但是由于我们本身的生活习惯，我们不容易发现那个我们看不到的黑点。当我们看不到黑点的时候就会用我们周围的其他背景来填补。虽然看不到图123中的黑点，但我们会认为两圆交切处就是有这样一个黑点。

如果你有眼镜，还可以做其他类似的实验。做这个实验我们需要在眼镜片上贴一小片纸。当然，在一开始你会感到很不习惯，总感觉纸会阻碍视力。但是如果你这样戴上两个星期，你就感觉不到纸的存在了。生活中有很多这样的例子，比如如果你把眼镜摔裂了，一开始总感觉眼镜的裂纹让自己很不习惯。如果这样过了一段时间，你就会习惯，并且不会感觉到裂纹的存在。我们之所以不能感觉到我们视觉的盲点，也是因为早就习惯如此了。其实，还有一个原因会让我们意识不到盲点的存在，我们的两只眼睛的盲点是不同的。这样，两只眼睛的盲点就会相互弥补。这时候就不会有盲点的存在。

有些人认为眼睛的盲区不是很大，因为我们总能看到我们眼前的物体。这并不科学，因为如果你用一只眼睛看10 m以外的建筑物，就会产生直径为1 m的盲区。图124可以看出这一点。如果你抬头看向天空，那么就会有相当于120轮满月的面积成为你的盲区，这个面积还是很大的。

图 124　用一只眼睛看建筑会由于盲点 c 的缘故而出现盲区 c'

18. 你能看到多大的月亮

这次我们主要研究的就是月亮大小的问题。对于这个问题，不同的人的答案是不一样的。例如，有人说月亮和盘子一样大，也有人说月亮和樱桃或是苹果一样大。有一位中学生说月亮像一个大圆桌的桌面。还有一个小说家说，天空中曾出现过一个直径一俄尺（0.711 m——译者注）的月亮。

为什么观察同一个物体，却有不同的答案呢?

其实这里主要的原因就是估量距离的不同，认为月亮跟苹果一样大的人想象出来的月亮跟自己之间的距离要明显短于将月亮比作盘子或圆桌的人想象出来的距离。

大多数人认为月亮的大小和盘子的很相像，所以我们就可以得出一个有趣的结论。我们应该好好思考一下，距离月亮多远，月亮才会和盘子的大小相同呢？经过计算，发现距离月球不超过30 m。我们居然离月球这么近，显然不科学。

对距离的错误判断会产生视错觉。小孩子对一切都是很好奇的。他们经常犯这样的视觉错误。当他们去郊外游玩的时候，看到草地上的牛群。由于我们距离牛群很远，所以我们认为牛很小，我觉得我以后不会遇到这样的牛了。

天文学家目测天体的大小是用天体和我们眼睛的夹角来确定的，这种所谓的“视角”是我们看到的物体的两端来到眼睛的两条直线形成的夹角。图125巧妙地解释了这一点。众所周知，科学中角的计量单位是度、分、秒。天文学家目测月亮的大小不能说是一个苹果的大小，而要说出准确的数字。大概是0.5° 的角。这个角就是从月面的两边引到我们两只眼睛中的两条直线形成的，角的大小是0.5° ，这才是目测月亮大小的合理方法。

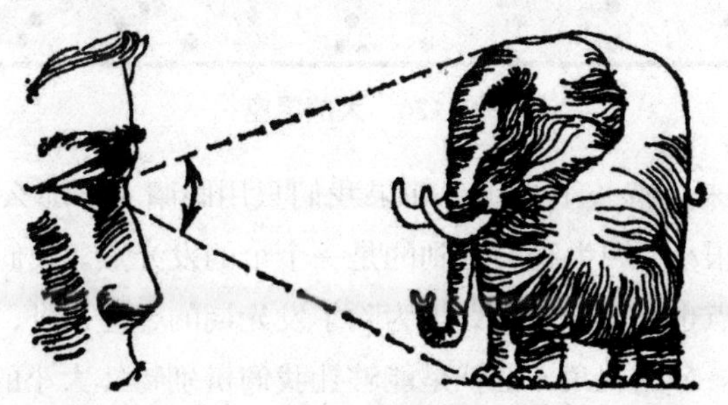

图 125 视角

几何学中有很多理论可以让我们更容易理解这个原理。例如，当你的眼睛与物体之间的直径达到57倍，此时，物体与眼睛就会形成1° 的角。还有一个例子，那就是如果你把一个直径5 cm的苹果放到285 cm的地方，此时的角度就是285° 。如果我们把距离加倍，那么视角度数就会减小一半，这个度数就是我们看月亮的度数。

如果月亮的大小和苹果的相同，那么苹果距离你眼睛570 cm时才可以成立。当然月亮的目测大小和盘子相等也是可能的，只要你离盘子大概30 m就可以了。可能很多人都不愿意相信这一点。但是这确实是事实。因为如果你离硬币大约2 m远，那么你可以用硬币遮住月亮！

19. 你可以用眼睛测出天体的大小吗

图126是大熊星座的星座图，当然这并不是真实的尺寸。这张图是按

照可视的天然尺寸画出来的。但是有一点可能会让你感到震惊，因为我们可以用这幅图看到目测物体的大小。如果你对这个星座很了解，而不仅仅是从这张图上看出的。那么当你看完这张图以后，就可以在脑海中浮现出这个星座。你甚至可以知道星座中主星之间形成的角度的距离。然后你可以按照一定的比例画出一张天文全图。当然，当你画图的时候，你就需要准备一张带有格的纸，我们对纸的格子也有要求，那就是每小格为1 mm，并且需要把纸面的每4.5 mm设为1°。

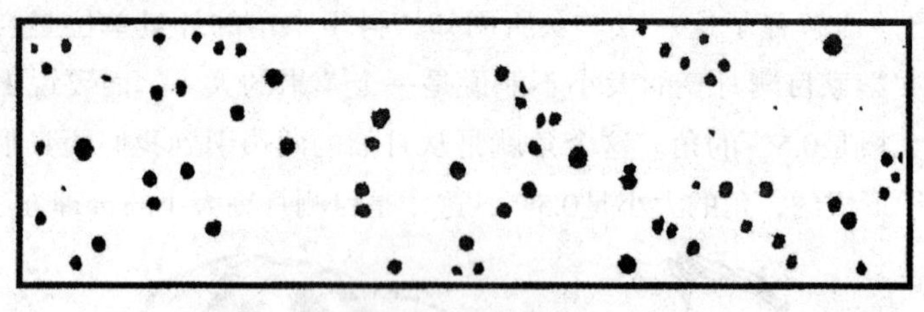

图 126　大熊星座

我们现在来了解一下行星。如果我们只用眼睛看，那么我们就会发现行星和恒星都很小，因为我们看到的是一个个的发光点。我们之所以会看到一个个的发光点也是有原因的，因为除了发光期的金星以外，没有行星能与眼睛形成超过一分的视角，也就是能够让我们辨别物体大小的临界视角。

我们总结了一些行星的视角数据，以下的一些数据，前面是行星的名称，然后是行星距离地球最近时的视角，最后的数据是距离地球最远时的视角（单位为s）：

木星	50～31
土星	20～15
土星环	48～35
水星	13～5
金星	64～10
火星	25～3.5

将这些数值依照天然的比例将它们画在图纸上有点不现实，因为视角到了1分时看到的距离只有0.04 mm。这么短的距离，我们的眼睛是辨别不出来的。我们需要用放大100倍的天文望远镜，然后把看到的情况画出

来。图127就是利用这种方法画出的行星图。我们可以看到图下方的一条弧线，这就是在放大100倍的天文望远镜里的月面的边缘。在弧线的上面是水星离地球最近和最远的体积大小，如果你往上看，则可以看到各种位相中的金星。但是这里面有一点很特别，如果它离我们最近，我们就没办法看到它。因为朝向我们的那面没有受到阳光的照射。随着转动的继续，它变成了月牙的样子。事实上，所有行星圆面的部分都是小于金星的。观察此后的位相时，金星会越来越小。即使金星满圆的时候，它的直径也只有它呈牙形时的大小的$\frac{1}{6}$。

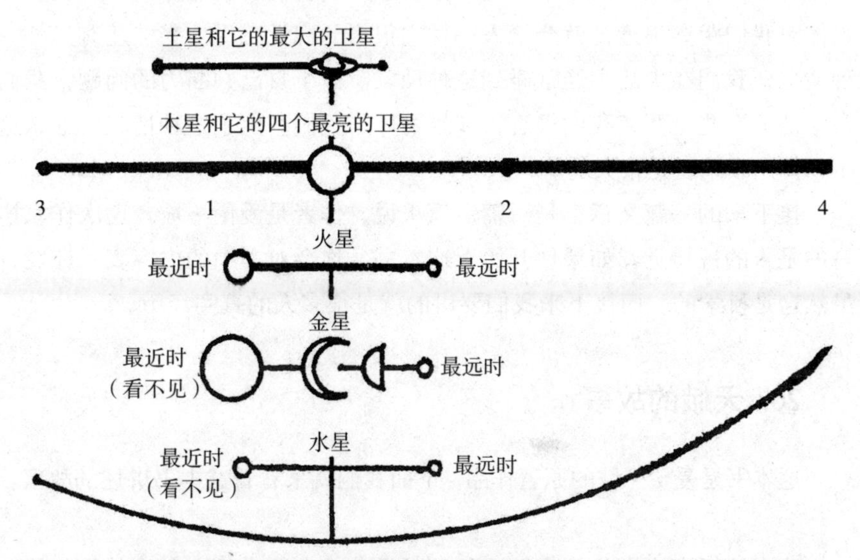

图127　在距离眼睛25厘米处观看此图，看到的纸面大小等于放大100倍后的天文望远镜看到的大小

其实，我们也可以用原来的方法目测行星圆面的大小，因为这种做法与用放大100倍的天文望远镜看到的结果是相同的。

我们可以看到火星的位置比金星的位置高，左边是金星距离地球最近时的大小，我们可以用放大100倍的望远镜看到。可能很多人都对这种效果不满意，如果是这样的话，我们可以把望远镜再放大10倍，这样看到的效果就和用1 000倍望远镜的研究火星的科学家别无二致了。但是在放大这么多倍的圆上，所有的一切都会挤成一团。很多人还是有所疑问的，火星的海底植物会引起星球色彩的变化吗？很多亲自做过实验的人都会认为实验结果会与听到的结论有所偏差。当然有很多人还指出这些都是光学幻觉，并不是真的。

其实木星和它周围的卫星在图中的位置还是很明显的。因为我们能够很确切地看到它的位置，而且金星的圆面比其他的行星的圆面要大。我们可以看到金星周围的四个主要的卫星会排成一条线，而这个长度和半个月面的尺寸差不多。当然我们也要知道一点，那就是图中显示的是木星离地球最近时的大小。金星的最上方是土星、土星环及其最大的卫星土卫六，当它们运行到离地球最近的时候，是我们进行观察的最佳时机。

每个人都会从实验中了解到一些道理，当我们观察物体的时候，如果物体离我们距离很近，就会给人一种它很小的视觉感受。当然还有另外一种情况，我们在生活中经常碰到这种现象。由于自己判断力的问题，我们常常认为有些东西离我们很近，如果物体与我们产生了这种情况，那么这个物体用眼睛看是很大的。

接下来的一篇文章也是一篇短篇小说，作者是爱伦·坡。这次作家描写的是人的视错觉。如果你开始看这本书，你会对书中的内容表示怀疑，虽然这是科学的。而接下来我们要讲的就是很多人的真实经历。

20. 天蛾的故事

这本书是爱伦·坡的原著作品，下面我们就来看看这本书讲述的故事。

这个故事发生在纽约霍乱流行的时期，一个朋友请我到他所居住的地方躲避一段时间，因为他的住所很僻静，是一个很好的休息场所。其实，我们原本可以过很平静的生活，但是现实总是不尽如人意。终于有一天，城里传来了可怕的消息，因此我们平静的生活就这样被打乱了。我每天都会收到某个朋友因为熟睡而死去的消息，因此我们总是带着沉重的心情等着报纸的到来。有时候我们认为南方吹来的风都充满了死亡的气息。就是因为这个原因让我每天都很惶恐，但是主人却没有惊慌，他还是一如既往地劝我，希望我们平静对待一切。

夏天的一个傍晚，我坐在窗前看书。我把窗子敞开了，从窗外望去，我可以看到一个小山丘。人总会不知不觉幻想一些事情，所以当我看到了这些景时，我的心也随着这些景物进入了无限的遐想中，我感觉自己回到了灰蒙蒙的城市中。当我抬头开始看天空的时候，我看见了奇怪的东西。它从山顶上爬了下来，最后藏在了山脚下的森林里。一开始我看到这些东西的时候，我也以为我看错了。所以我愣了几分钟，几分钟后我发现我真的看到了这些东西，这就是事实。或许，大多数人不会相信我所说的，但是只要我说出了我看到的东西，有些人就可能会相信这一切的。虽然对于怪物，很多人还是不相信的，但是我还是跟自己打了一个赌。

我拿它的大小和大树的直径进行对比。经过多次比较后，我发现，这个怪物的大小要比任何一艘军舰都要大。可能很多人会对我的比喻表示怀疑，因为怪物怎么可以和军舰做比较呢。可是事实就是如此，怪物的形状和军舰太相似了。你可以想象出装有74门火炮的军舰吗？如果你能想到，那么你就可以知道怪物是什么样子的了。怪物的嘴巴很像我们平时的吸管，但是它有六七十英尺长，鼻子很粗，和大象的差不多。此外，这个怪物的嘴巴根处有很多茸毛，并且嘴边的茸毛里还伸出了两根獠牙，獠牙一根向下弯曲一根向旁边弯曲。你可能将它误认为是野猪，但是怪物的身躯比野猪大太多了。怪物的嘴巴两旁是一对巨大的角，长度大约有三四十英尺，令人奇怪的是，这个角状还是透明的，在阳光的照射下会格外闪亮。它的头犹如朝下的楔。此外我还发现怪物长着叶子一样的翅膀，翅膀的长度大约有300英尺，怪物的两个翅膀是叠在一起的。令人奇怪的是，翅膀上还缀满了直径约为一二十英尺的金属片。这个怪物的脑袋非常大，可以遮住它的胸脯，白色的头和黑色的胸脯一起映衬得非常醒目，就好像一幅对比图。

当我注视着这个怪物的时候，我彻底惊呆了。它突然张开了嘴。我大吼了一声，精神极度紧张，一下子就昏了过去，倒在了地上。

过了一段时间，我逐渐恢复了意识。然后就向我的朋友说了我看到的情况。我本来以为我的朋友会很相信我，但是当我把事情的经过都告诉给我的朋友的时候，他笑了，他认为我的精神出了问题。

突然，怪物又出现在我的眼前，我就将怪物指给他看。他看了一会儿，却什么都没有看到。无论我多么努力地给他指怪物下山的位置。

我非常害怕，紧闭双眼。但是非常奇怪的事情发生了，当我把眼睛睁开的时候，怪物却不见了。

此时怪物的主人来了，并且还向我询问了怪物的长相。当他听完了我的说明，松了口气，这次我并没有感到害怕。怪物的主人来到厨房，然后拿来了一本书。为了能够更加清楚地看到书中的内容，他走到了窗口的位置，对我说道：

“如果您对怪物的描述没那么细致，我肯定无法解释它到底是什么。我先给你读一段本书中关于昆虫纲鳞翅目天蛾科对天蛾的相关描述，这段描述是这样的：

‘它一出生就有两对具有薄膜的翅膀，翅膀上有五颜六色的鳞片，这种天蛾的下颚有点长，这是它的进食器官，它的两旁还长着一些长毛的退化触角，纤毛将天蛾的上下翅翼连接在一起。天蛾的触须是三棱形的，腹部呈尖削状，天蛾的头耷拉在胸部，有时候会发出悲鸣声，因此民间的人都认为这种天蛾是不祥之兆。’”

过了一会儿，他读完了书，然后坐到窗前，就和我当初一样。

“快看，怪物在那儿！”这时，他叫了起来，“我确实觉得这怪物长得很奇怪。因为怪物并不像我所说的那样巨大。它好像正在沿着山坡向上爬，事实上，这个怪物是沿着窗户上的一条蛛丝往上攀爬呢。”

21. 显微镜也可以放大

显微镜之所以有放大的功能，是因为显微镜改变了光线的行程。很多人都会这么回答，但是这只是表层原因，而更深层意义的原因并没有表现出来。现在我们就来具体了解显微镜和望远镜放大功能的原理究竟是什么。

这个原理并不是从书本中知道的。我是在上学的时候偶然遇到一种特殊现象，并且从中受到启发才发现的。记得那天，我坐在窗户前面，观察房子的一处墙壁，渐渐地我看到了一只很大的眼睛在看着我，我吓了一跳，转身跑开了。因为那时候我还没有读过爱伦·坡的小说，所以对这些事情也解释不清楚，我把假象看成了真实的远景，假象自然会变得很大。

当我明白这其中的道理后，我能不能根据这种错觉制作一个显微镜呢。我试验了很多次，每一次都失败了。原来显微镜的放大作用并不是来放大物体的，而是我们观察的视角增大了而已。就因为这样我们才会认为物体的映像变大了。图128很好地说明了这一点。

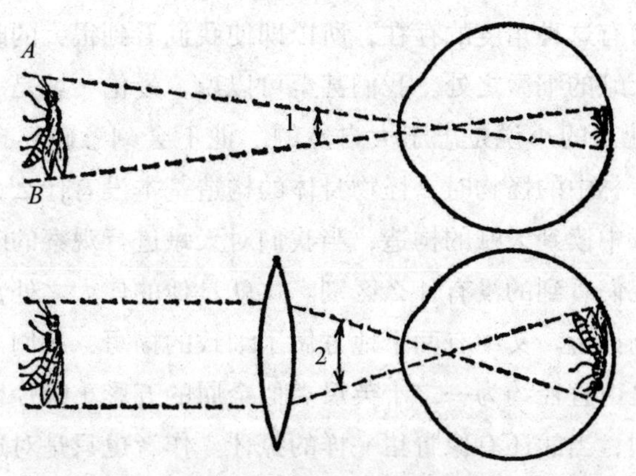

图 128　透镜可以放大物体在视网膜上的映像

为了更好地理解这个现象的重要意义。我们应该留意一下眼睛的一个很重要的特点。对于视力正常的我们来说，如果用小于1分的视角来观察一个物体，映像就会聚成一个点。倘若发生这种现象，我们就无法看清物体的形状和构造了。因为我们的眼睛与物体形成的角度太小，所以我们看不到物体。在生物学上可以这样来理解，眼睛与物体形成的视角很小，物体在视网膜上的映像神经末梢不能立即接收，而这些映像全都落到一个感觉元上了。这时候，我们看到的物体就仅仅是一个点，而看不清具体的样子。

我们都知道显微镜和望远镜的作用是很强大的。但是它们的工作原理非常简单。它们改变了物体所反射的光线的进路，这时候形成的视角就会很大，所以物体的像就可以在视网膜上被更多的神经末梢所接收，我们就可以看到物体很细微的地方了。

这里面有一个很简单的规律，如果显微镜或望远镜放大了100倍，那么视角也就增大了，而且增大的倍数刚好是100倍。如果这些仪器没有作用，那么我们还是不能清楚地看到物体。因此，我们才会认为物体被我们放大了。其实，生活中我们总会有这样的感觉，我们认为月亮在离地平线近的时候要比悬在高空时大很多。但是在较大的月面上，我们仍然无法看到月亮上的更多细节。

我们现在回想一下《天蛾》里天蛾映像被放大的情景。我们认为天蛾的映像不会包含它的细微之处。无论怎样都是不可能的。天蛾在森林里不能实现，在窗框上也不能实现。因为两个地点所形成的视角是没有变化的。正是因为有这种角度的存在，所以即使我们看到很大的映像，我们仍旧观察不到天蛾的细微之处。我们甚至可以说，爱伦·坡是一位伟大的艺术家，因为他写的小说是忠于大自然的。他不会刻意破坏自然的形成规律，当他描写林中的怪物时，怪物身体的构造基本没有什么大的变化。我们可以在文章中读到天蛾的构造，当我们对天蛾进行观察的时候，我们发现，天蛾和我们看到的没有什么区别。这就是他的伟大之处，他可以把东西描写得栩栩如生。文中有两个地方做了细致的描写，我们可以仔细研究一下。翅膀是由直径约为一二十英尺类似金属的五彩小鳞片构成的，还有一对直角触须，当然还有像野猪一样的獠牙。作者也只是对这些必要部位进行了描述，而对于一些肉眼看不到的地方根本就没有提及。

显微镜还具备很多其他功能，并不仅仅局限于一种。如果显微镜只能放大映像，那么显微镜只能供人玩耍了，而对于科学研究来说并没有实际用途。可是现实中并非如此，有时候，我们甚至可以通过显微镜让我们看到一个全新的世界。俄罗斯的科学家罗蒙诺索夫在《话说玻璃的用处》中就有过一些相关的描写：

虽然我们可以用眼睛看到我们想要看的东西，但是我们敏锐的眼睛还是会受到阻碍。一些微小生物我们无法看到，原来我们的眼睛也是有缺陷的。

从人类发明了显微镜之后，我们可以通过显微镜看到一些用肉眼看不到的东西。

我们可以通过显微镜看到动物的心脏、血管，甚至是神经，虽然这些昆虫很小，但是无论多小它们都是活的生物体，有旺盛的生命力。

在显微镜的观察下我们可以发现，即使是一个小小的蠕虫，它的身体内部也是很复杂的，除了身体比较小以外，其他部分和鲸鱼是很相似的。正是因为有显微镜，我们才会知道得更多，学到更多的知识。发现隐没在人体内的很多器官，甚至是身体中细小的一部分。

通过这些我们可以自己总结一些结论，为什么爱伦·坡小说中的主人看不到怪蛾的细微之处，我们用肉眼确实看不出来。显微镜不仅将物体放大，它还可以扩大我们的视角，物体在我们眼中视网膜上的映像也会增大。不但如此，这些映像还会刺激数量更多的神经末梢，所以我们可以看到更多的映像，因此，我们可以负责任地说，显微镜放大的不是物体，而是物体在视网膜上的映像。

22. 眼见不为实

生活中，我们经常遇到视错觉和听错觉，但是这种表述是错误的。事实上，感觉器官不可能产生错觉。哲学家康德也有过类似的说法，他说："我们看到的听到的并不是错误的。产生这种错觉的原因是因为我们的大脑做出了错误的判断。"

既然我们的耳朵和眼睛没有问题，那么究竟是什么骗了它们呢？其实这是我们的判断器官也就是大脑产生了这种错觉。不可否认，当我们进行观察的时候，会无意识地进行判断。正是因为这种错误的判断，才会让我们得到错误的结论。这是判断出现了问题，而不是感官的问题。

两千年前，来自古罗马的诗人卢克莱修曾经这么说道：

我们的眼睛并不识物之本真。
因此莫把心灵的过失归之于眼睛。

我现在举一个有关视错觉的例子。下面我们来观察图129中的图形，我们发现右边的图形要比左边的图形更宽，尽管它们是等体积的正方形，原来我们在估算左边图形高度的时候，会无形之中把图形之间的缝隙也算在内，因此，我们会产生高度比宽度更长的错觉，事实上，它们是等长的。相反，右边的图形看起来宽度要比高度更长。观察图130会觉得图形的高度要长于图形的宽度，也是因为相同的原因。

图 129　两个图形哪个宽？

图 130　这个图形更宽还是更高？

23. 服装条纹导致的幻觉

假如我们将刚才说的视错觉应用到不能一眼望穿的大型图案上，就会产生相反的效果。众所周知，如果一个身材又矮又胖的人穿了一件横条纹的衣服，那么他会显得更加臃肿，与之相反，如果他想显得瘦一些，可以穿带有直纹或是褶皱的衣服。

这种现象有没有什么具体的科学依据呢？原来如果我们不能将服装尽收眼底的时候，我们就会无意识地看向条纹，而且我们的眼睛会随着条纹的方向拉长物体，因此胖人穿竖条会显得瘦高。当我们观察的物体并不能看完全的时候，我们的眼睛就会产生肌肉疲劳。但当我们观察比较小的图案就不会产生这种疲劳感。

24. 椭圆大小的猜测

仔细观察图131中的两个椭圆，你觉得到底哪一个椭圆更大一些呢？如果你不经过很认真的思考，可能会认为下面的更大一些。但是事实上，这两个椭圆的大小是一样的，因为上面的椭圆还围着另一个椭圆，所以我们才会产生这种错觉。当然能够让人产生同样错觉的还有很多情况，例如当我们看一个完整的图形的时候，我们会发现物体并不是平的，它是有立体感的。你看它多像一只桶啊！其实，这两个椭圆会让我们感觉是从远处观察到的圆，而把两条直线看作是桶壁。

图 131　上下两个椭圆哪个更大

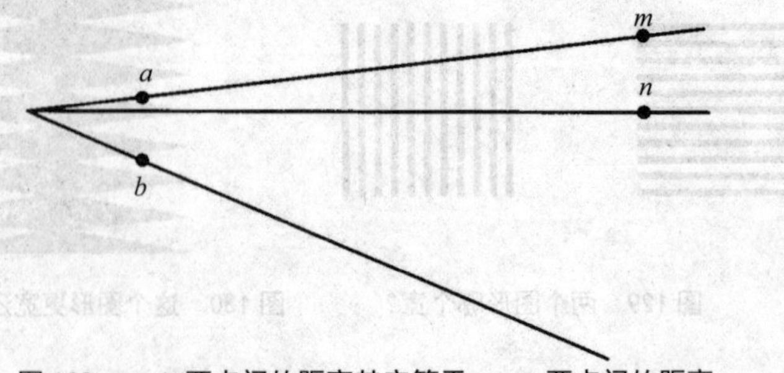

图 132　a、b 两点间的距离其实等于 m、n 两点间的距离

我们可以仔细看看图132，图中a、b点之间的距离大于m、n两点之间的距离，并且从相同的顶点引出的第三条直线进一步加深了我们的视错觉。

25. 不可思议的想象力

事实上，我们的视错觉主要是我们在观察的同时无意识地进行判断所导致的。生理学家强调，我们是用大脑看东西，而不是用眼睛。如果你亲身参与将想象融入观察的视错觉实验，并且懂得视错觉的原理，那么你就会认同这个观点。

如果我让其他人观察图133，那么，每个人的说法都不一样。有人说像楼梯，有人说像墙上的壁龛，还有人把它看成了手风琴状的折纸，并且认为它被倾斜着摆放在了一个白色的方块上。

当然你不用纠结这一点，因为以上的三种答案都是对的！而且你大可不必怀疑，因为如果你从不同的方向来看这张图，你就可以发现情况果真如此。原来，如果你看的是左半部，就会看到楼梯，如果你顺着对角线从右下角向上面看去，就会看到犹如手风琴一样的折纸。

当然，如果你长时间观察，有可能看到楼梯，或是壁龛，也可能是折纸。仔细观察图134，试着体会一下这种感受。

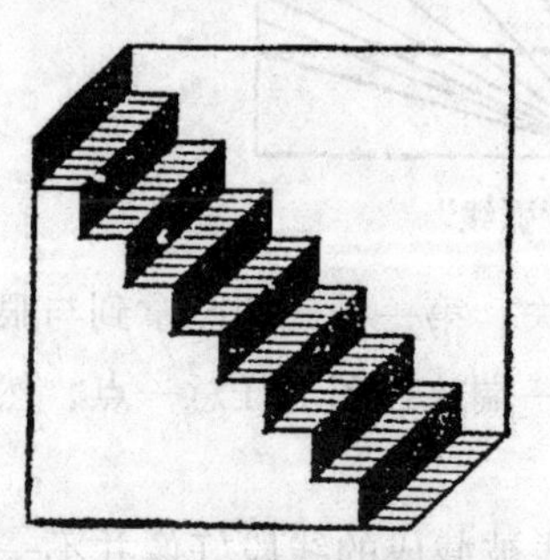

图 133　这到底是什么

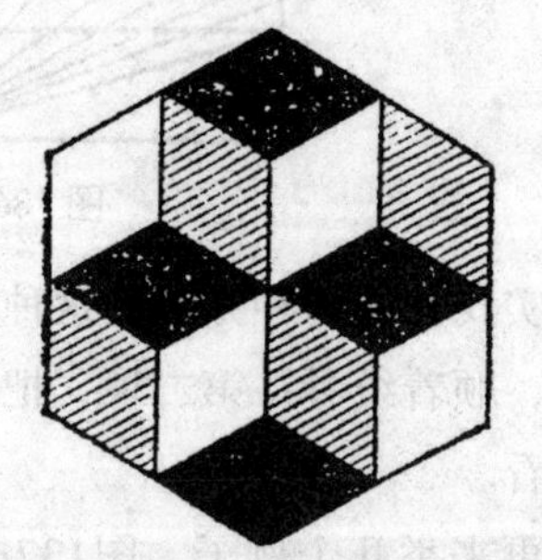

图 134　图中的两个横排立方体到底在上还是在下

下面我们再来看看图135里面形成的显而易见的视错觉，我们的视错觉让我们认为线段AB短于线段AC，但是它们是等长的。

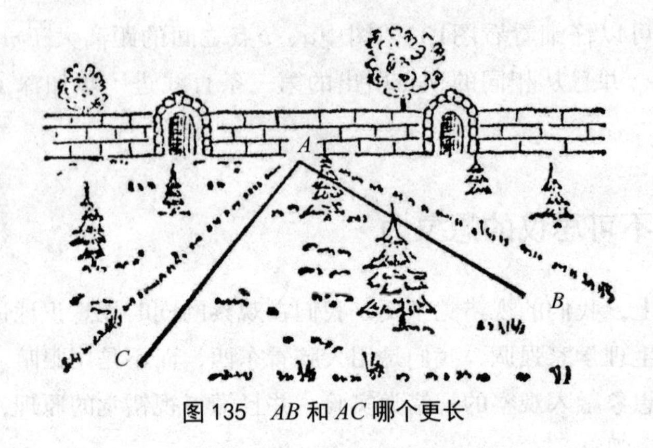

图 135　AB 和 AC 哪个更长

26. 深究错觉

虽然我们经常会产生错觉，但是如果想把错觉解释清楚还为时尚早。有时候连我们自己也会产生疑问，为什么图136中的两条直线在我们眼里就成了弧线呢？只有拿出尺子进行测量，才会发现这是直线，而这种现象解释起来颇为困难。

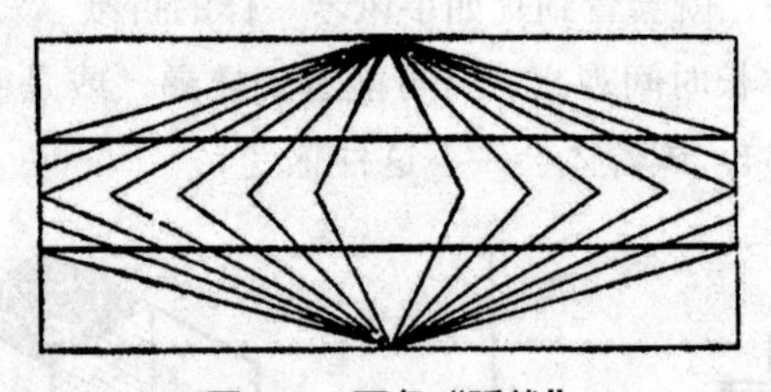
图 136　两条“弧线”

其实我们有两种方法让这种错觉消失，第一种，把图拿到与眼睛相同的高度，顺着线看；第二种，把铅笔的一端放在图上任意一点，然后盯住这个点看。

我再来举几个例子。图137中的直线被截成的线段好像并不一样长，不过，通过实际测量，它们拥有相等的长度。通过观察图138、139中的横线我们发现，虽然它们看上去并不平行，但其实它们是平行的。如果我们用光照亮能够产生错觉的图137、138、139，你会发现这些视错觉消失了，是不是很神奇？通过这一现象我们能够得出结论：视错觉与眼睛的移动有关。如果这里有火花发光，眼睛是来不及反应的。

图 137 这条直线上连续的线段是否等长

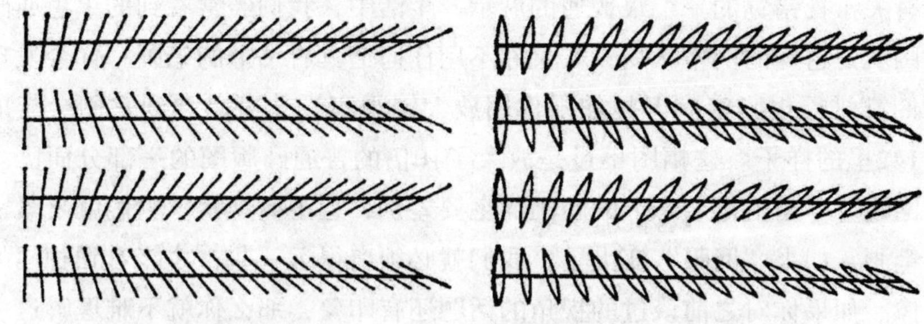

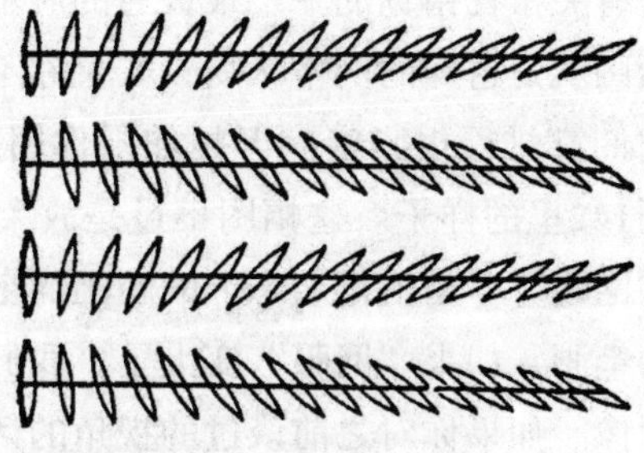

图 138 “不平衡的线”

图 139 又一“不平行的线”

现在我们来观察图140，本来的圆被看成了椭圆。还有图141，图中有两条线，那么短横线中较长的是哪组？虽然两条线是一样长的，但是很多人还是会说左边那组更长。我们称这种错觉为“烟斗”错觉。

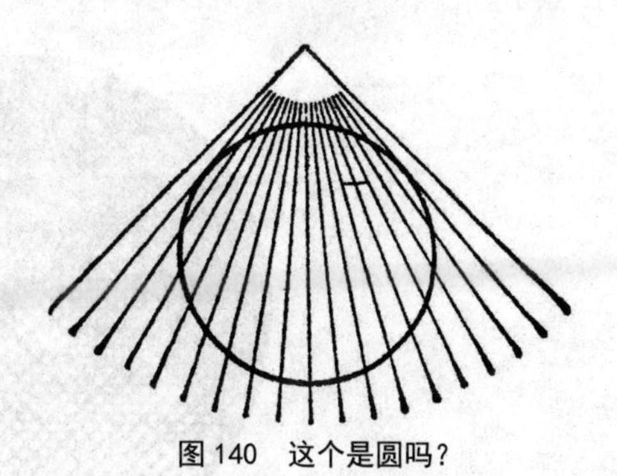

图 140 这个是圆吗？

图 141 右边的横线真的短吗

生活中出现的这种错觉有很多种解释，但是相信这些解释的人还是占了极少数。不过有一种解释是值得肯定的，那就是错觉是因为大脑的错误判断引起的。我们的大脑经常无意识地自作聪明，致使我们被骗，无法看到真实的情况。

27. 你不知道的东西

请你仔细观察一下图142，你可能看不出来图中的东西是什么。你肯定会说这是一个网状物，只不过网状物上有黑点和白点而已。如果你将书竖着摆放在桌子上，然后，朝书的反方向后退三四步，再观察它，你会发现一个有趣的现象，在你眼前出现了一个侧面的头像，并且还是一个女孩子，那上面甚至有一只眼睛。当然这是从远距离进行观察，如果你再次走近画面，这种有趣的现象就会消失。

也许你觉得这是聪明的雕塑家戏耍我们的“小把戏”，但是这仅仅是有关于视错觉的一个很普通的展示。生活中，我们经常看到的单色或凸版画就是这样的网格状物，如果你不用任何道具看书上的笔画，你会发现它们都排得很紧密。但是如果你用放大镜观察，就可以看到它们会变成图142里的样子。这幅图不过是放大了10倍的普通凸版图的一部分而已。“网眼”小是书籍杂志上的图画的主要差别，近距离观察，它们就是紧密的笔画，如果“网眼”变大了，我们就必须离得远一些，才能看到相同的图像。如果你对之前谈过的视角的话题还有印象，那么你就不难理解这一点了。

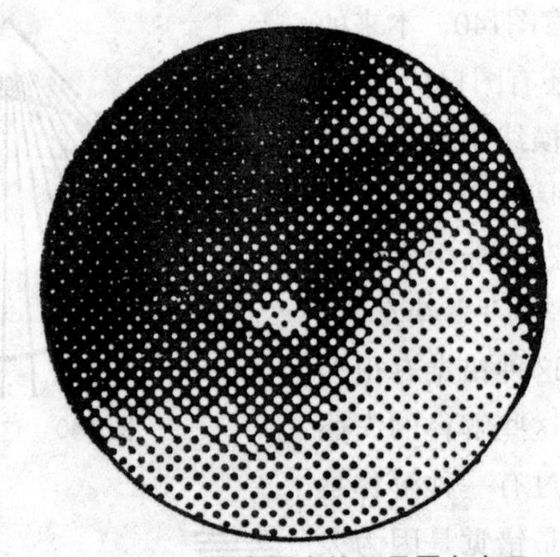

图 142　这个图真的只是黑白点吗

28. 特殊的车轮

你曾经在栅栏或电影的画面里观察过快速行驶的马车或是汽车的轮辐吗？如果你观察过它，那么你就会看到一些特别的现象。你会发现虽然车辆行驶的速度很快，但是车轮却转得很慢，有时候你会感觉车轮仿佛没有动，甚至车轮还会向相反的方向转动。

当我们第一次看到这种情况的时候，觉得非常神奇，让人捉摸不透。我们可以这样解释这种现象。当我们通过栅栏空当观察车轮的时候，轮辐在我们的眼中并不是连续的。因为栅栏的条板的存在，我们的视线每隔一段时间就会被遮盖一次。所以我们只有隔一段时间才可以看见它们。影片上车轮的画也不是连续的，我们也是每隔一段时间才能看到这些画面（一般情况下每秒钟会有24张画面）。

此时，极有可能出现三种情况。下面我们就来逐一解释一下。

我们先来看看第一种情况，当我们的视线被挡住时，我们看到的车轮的转数刚好是个整数，这个整数可以是2也可以是20，只要这个数是整数就没问题。当我们看到这种情况时，我们知道轮辐在画面上的位置和前一个画面是相同的。所以下一个车轮的转数又是整数，主要的原因就是时间的间隔和车速都没有变，所以我们看到的轮辐的位置和前面的是一样的。由于我们每次看到的画面上的轮辐自始至终都在一个位置上，所以我们认为车轮并没有转动。

下面我们来看看第二种情况，每次车轮转一个整数后又会转小半圈。这时候我们看到的就不会是整圈，而是那个小半圈。正是因为我们看到的总是小半圈，所以我们认为车轮转得很慢。最起码比正常情况下转得慢。

最后我们再来看看最后一种情况，在摄像的时间间隔内，车轮并不能转完一整圈。图143中第三列就是那种情况。车轮转了315°。此时，我们认为车轮是在朝着相反的方向转动的。假如车轮的车速不变，那么这种视错觉会一直存在。

除此以外，我们还应该针对上面的解释进行更加详细的补充。我们先来看看第一种情况，为了解释方便，我们将车轮的转数设置为整

图143　车轮“反转”的原因

数。事实上，我们只要使轮辐间隔是整数就可以了。因为车轮上的每根轮辐都是相同的。其实这个观点，不仅仅适用于第一种情况，对于其他的两种情况也同样适用。

当然我们要说的也不仅仅是这一点，还存在另外一种情况。

假如我们选择在轮缘上做记号，而且所有的轮辐形状又都完全相同。那么在我们看来，轮缘和轮辐的转动方向是刚好相反的！如果我们在轮辐上做上记号的时候，我们会发现轮辐和记号的转动方向相反，这时候我们总会感觉到记号好像在轮辐间不停跳跃。

假如影片展示的只是一些普通的场面，这时候我们就会发现这些错觉并不会有太大的影响。但是如果我们要通过画面对机械的工作原理进行解释，那么视错觉会产生很严重的误解，有时候甚至会与一开始的原理完全不同。

如果你在生活中是个很细心的人，那么当你看到快速行驶的汽车车轮不动的时候，就可以尝试用轮辐的数量算出车轮每秒钟的转数。我们都看过电影，一般情况下，影片的放映速度是每秒24个画面。假如汽车有12根轮辐，那么其一秒钟之内能够转$\frac{24}{12}=2$圈，每转一圈的时间为半秒。当然这只是理论的最低转数，事实上这一数字是这一转数的整数倍。

如果我们知道车轮的直径，那么我们甚至可以计算出汽车的速度。我们举一个例子，如果我们选用的车轮直径是80 cm，那么汽车的速度就是18 km/h。

我们可以利用这种错觉计算汽车的轴转数。众所周知，如果用交流电给电灯供电，电灯的亮度是不稳定的。每隔一百分之一秒，电灯的亮度就会减弱一点。通常情况下我们很难觉察到这种亮度差。我们来看图144的转盘，假如我们将这种光照射在转盘上，让转盘在百分之一秒的时间里转动四分之一圈，我们就会观察到一种奇特的现象：本来是灰色的盘面突然变成了黑白扇形融合在一起的盘面，并且我们感觉盘面好像是纹丝不动的。我们已经了解了对车轮

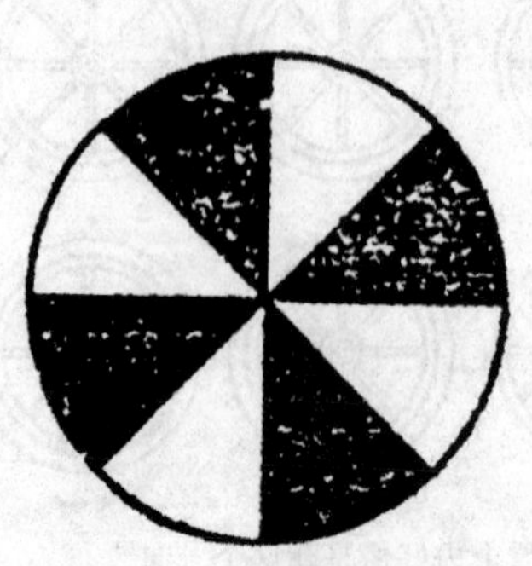

图 144　测定机轴转速的转盘

产生视错觉相关的知识，也理解了产生这种现象的原因，于是运用这种现象算出机器轴的转数就变得简单许多。

29. “时间显微镜”的具体应用

在我写过的《趣味物理学》这本书中，我曾描述过一种“时间放大镜”，这种仪器就是根据电影的放映原理做出来的。这一次，我们可以用另外一种机器实现同样的功能，原理和我们上节中的原理是相同的。

如果每秒转速为25转的转盘被每秒100次的灯光照射，盘面就会呈现出黑白相间的图案，而且转动好像也会停下来（图144）。现在我们将灯光的强弱变化频率加大到每秒101次。这时候我们发现，此时圆盘的盘面产生了错位的现象，黑白扇形无法停留在原来的位置上了。

此时我们的感觉就是圆盘的转动似乎慢了$\frac{1}{100}$周，而且当光再次变化的时候，我们发现圆盘又慢了$\frac{1}{100}$周。后来我们产生错觉，误认为它以每秒1周的转速逆转，而且速度也降到了原来的$\frac{1}{25}$。

可能很多人并不想看到这种逆向慢运动的错觉，而是都希望它按照原来的方向运动。当然这也不是很难做到，因为我们只要把加大光度强弱的变化频率改小就可以了。比如，当这种频率是每秒99次的时候，就会看到我们想要看到的景象，此时转盘是以每秒1周的速度旋转的，而且方向是正向的。

根据这个原理，我们拥有了一种特别的仪器——时间显微镜，它可以让转动的速度放慢$\frac{1}{25}$倍。例如我们可以把这个频率调到每秒99.9次，这时候转盘的速度就会变为10秒每周。

其实，我们可以灵活运用这种方法让所有进行快速圆周运动的物体的转速减缓到适合我们观察的速度。有了这种仪器，我们就可以研究很多高速转动的机器。时间显微镜可以将转速减慢到之前速度的百分之一甚至千分之一。

最后我再来介绍一种根据转盘的精确转数来测枪弹飞行速度的方法。

现在我们需要准备一个果盘状的圆盘，然后在盘面上画上黑色的扇形。当我们将扇形做好之后，将轴安装好，这样我们就可以使圆盘快速转动起来（图145）。下面让枪手朝着盘的沿壁进行射击，被子弹击穿的沿壁留下了两个弹孔。关于弹孔存在两种情况，一种是盘子没有转动的情况，这两个弹孔会停留在直径的两端。另一种是转盘转动的情况，子弹会从沿壁一边飞到另一边，此时的转盘会转动一小段距离，所以，子弹停留的地方是在点c，而不是点b。我们事先已经知道转盘的转速和直径，因此我们可以根据弧bc的长度得出子弹的速度。这道几何题非常简单，略懂数学的人都可以把它解出来。

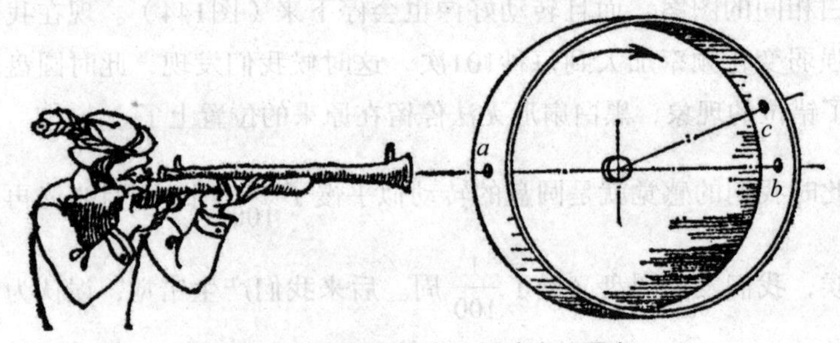

图 145　用来测定枪弹飞行速度的圆盘

30. 圆盘还是电视

你知道尼普科夫圆盘吗？它可以称得上是电视机的起源了。当然它并不是电视，只是一种运用视错觉的技术手段，图146就是圆盘的展示图。在圆盘的边缘内侧，我们可以看到一个直径为2 mm的小孔，这些小孔排在一条螺旋线上，看上去排列非常均匀，每一个小孔到盘中心的距离比旁边的小孔距离更近，大约差出了一个孔的大小。当然，如果你不仔细思考，你也不会发现圆盘有什么特别之处。但是如果你把圆盘装在转轴上，并且在圆盘前面放上一个小窗子，后面放一个跟窗子等大的图片（如图147），那么当圆盘转起来的时候，你就会看到奇迹了。一开始没有出现的画片，现在却清晰地展示在我们的眼前。此时，如果圆盘减慢速度，这个画面又会变得模糊起来。当我们看不到画片的时候，就意味着圆盘停止了转动。此时我们看到的只是从2 mm小孔看到的画面。

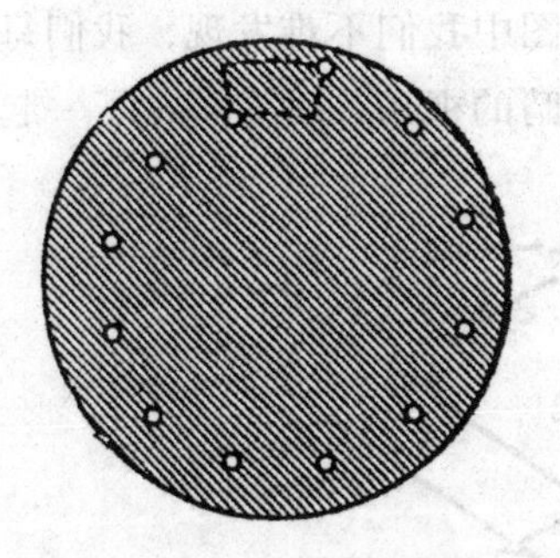

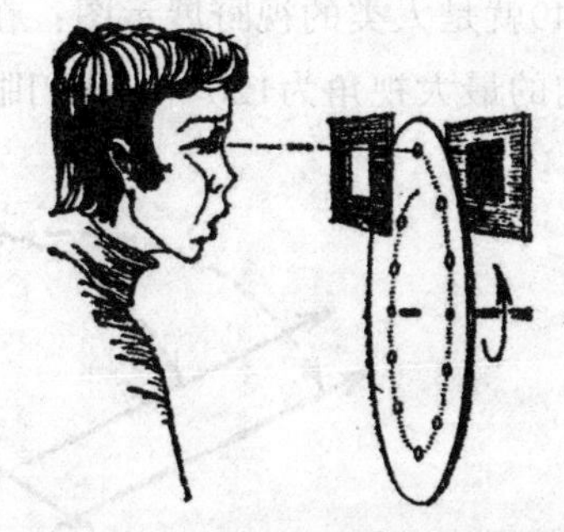

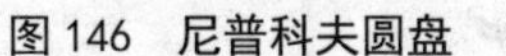

图 146　尼普科夫圆盘　　图 147　画面在圆盘转动时显现

下面我们来仔细研究一下为什么会出现如此神奇的现象。我们需要做的就是慢慢转动圆盘，然后通过小窗看每个小孔经过小窗时的连接情况。我们发现，离盘中心最远的小孔在通过小窗的时候，离小窗的上部是最近的。当然这是在圆盘转得慢的时候，如果圆盘的转动非常快，我们就能看到画片上接近小窗上部边缘的画面了。我们都知道第2个小孔和第1个小孔并不是一样高的，前者要比后者低一些。通过图148我们可以知道，当它高速通过小窗时，显示的画面是同前1条画面相连接的第2条画面，而通过第3个小孔我们此时又会看到第3条画面。当圆盘达到了某个特定的转速时，我们就能看到这张画片的全部画面了。圆盘上好像开了一个口一样，这个实验就像魔术一样精彩。

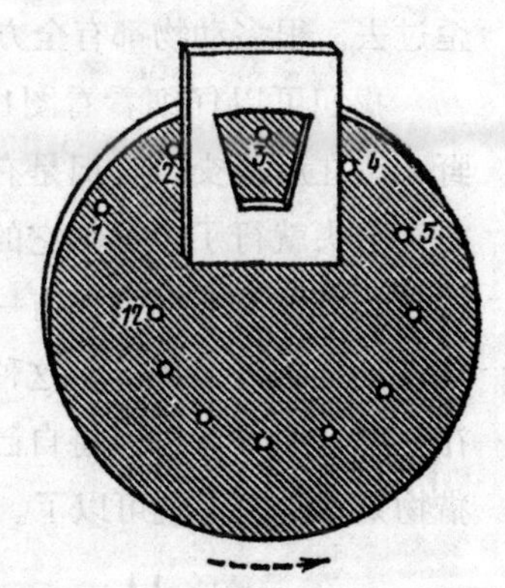

图 148　圆盘转动时就仿佛在上边开了一个观看口

其实，我们也可以自己动手来制作这样的圆盘。我们可以通过在轴上绑一根绳子来提高转速，如果配一台小电机就再好不过了。

31. 歪头的兔子

自然界中拥有两只眼睛的动物很多，但是能像人类一样用两只眼睛同时看东西的动物并不多。事实上，当人在观察东西的时候，人的左右眼的视野几乎可以叠合在一起，而自然界中的大多数动物并不是两只眼睛同时观察事物的。有些动物也可以像人一样清楚地看物体，有些动物的视野则比我们看到的范围大得多。

图149就是人类的视野展示图：在图中我们不难发现，我们每只眼睛水平方向的最大视角为120°，我们眼睛的视角几乎重合在了一起（双眼不动时）。

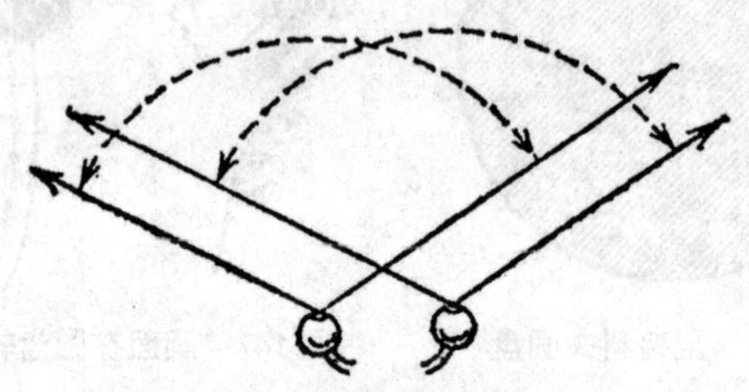

图 149　人类两只眼睛的视野

现在我们把人的和兔子的视野示意图（图150）进行一下对比。兔子即便不转动头部也可以看到前后的东西。因为兔子的左右眼的视野分别在前后两面交合在一起。这就是为什么兔子反应总是很快。我们从图中可以知道，兔子无法看到眼前的东西，如果它想看清眼前的东西，就必须把头歪过去。很多动物都有全方位的视野，例如蹄类和反刍类动物。

我们可以仔细看看图151，这幅图描述的是马的视野：马的双眼的视野无法在后面交合。但是有一点非常独特，如果它想要看到后面的东西只需歪下头就行了。虽然它的眼睛有看到物体比较模糊的缺陷，但是在它周围很远的地方，哪怕只有一点风吹草动都能被它的眼睛捕捉到。自然界中动作灵敏的野兽不具备这种全方位的视野，但是它们双眼的视野能够交合在一起，所以才可以将自己与猎物之间的距离判断得如此准确，想要抓到猎物只要跳一下就可以了。

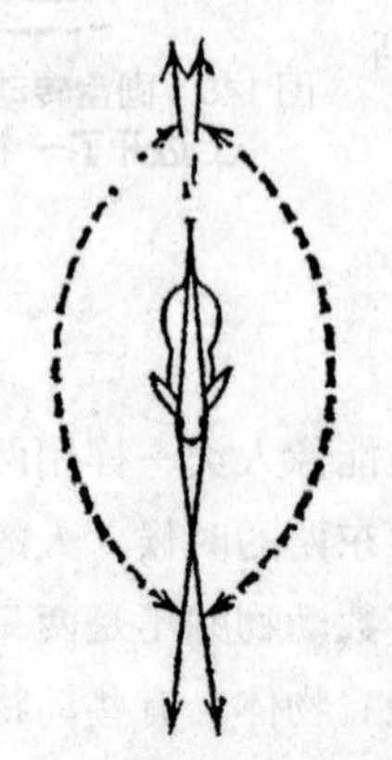

图 150　兔子两只眼睛的视野

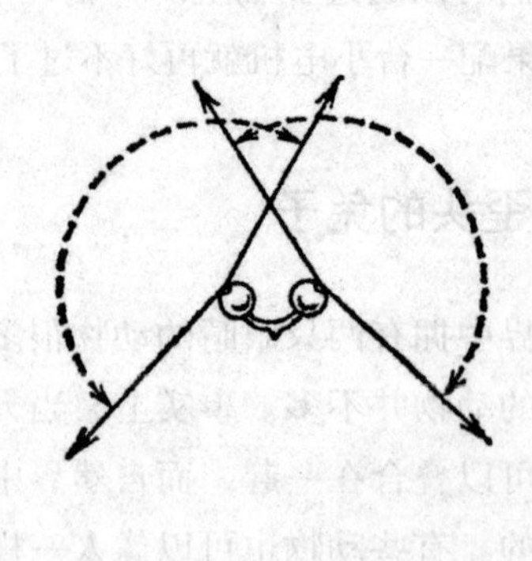

图 151　马两只眼睛的视野

32. 灰色的猫

物理学家说，猫在黑暗的环境下都是黑色的。他们的解释是，没有光就什么都看不到。但是对于普通人来说，黑暗并不意味着没有光线，只是光线非常微弱，因此我们应该把这句话改为“在夜里的猫都是灰色的”更为合适。我们可以这样解释：在昏暗的环境下，我们的眼睛无法辨认颜色，任何物体看上去都是灰蒙蒙的。

那么我们这么认为究竟对不对呢？难道在昏暗中的红旗和绿叶全都变成灰色了吗？下面我来解释一下，在黄昏的情况下，一切物体无论是红色的被子、蓝色的壁纸、紫色的花、绿色的叶子看起来都是灰色的，唯一的差异是不同颜色的深浅程度不同。

契诃夫在他的作品《信》中对这种现象做过描写。他说：“在黄昏的时候，我们在这里看不到阳光的光线，玫瑰花好像变了一种颜色。”

这种现象可以被物理实验证实。如果我们用微弱的白光对拥有彩色表面的物体进行照射（或是用弱的彩光照射白色物体表面），我们只能看到灰色，无法观察到其他的颜色，但当我们逐渐加大光照的亮度后就能看到物体本来的颜色。我们称这种现象为“色感下阈”。

所以只要我们生活中的光线的亮度比色感下阈还低时，我们看到的物体就是灰色的。

当然了，色感也拥有上阈。如果我们的眼睛受到强烈的光线照射，就会丧失分辨颜色的能力，我们看到的颜色就只有白色了。

33. 冷光

很多人都认为冷光和热光是并存的。道理很简单，冰能使周围的温度变冷，就好比炉火能使周围的温度变热一样。如果说炉火发出的光是热光，那么我们可不可以说冰发出的光是冷光？

我可以很负责任地告诉你，这种说法是错误的。事实上，这个世界上并不存在冷光，因为物体本身散失的热量比从冰那里获得的热量更多。热的物体和冷的冰块散发热量的方式都是一样的，都是通过辐射散发热量。它们的不同之处在于散发热量的多少。热的物体比冷的物体辐射的强度更大，散失的热量比获取的热量更多，正是由于热量的散发多吸收少，我们才会感到物体变冷了。

但是有一个现象会让我们误认为冷光的存在。现在我们在两面对立的墙壁前面分别放一块凹面镜，我们准备的镜子要大一些，然后在一块镜子上放一个热源，此时这面镜子会把它辐射出的光线反射到对面那块镜子上，最后在它的焦距处重合在一起。如果你在实验开始前在这里放了一片暗色的纸的话，那么此时这片纸就会燃烧起来。这是热光存在的最好例证。现在我们在第一面镜子的焦距处放一块冰，我们会发现第二面镜子焦距处的温度变得非常低。这是不是因为冷光存在的缘故呢？这难道不是因为从冰里辐射出的冷光通过镜子的反射在温度计的水银球上产生了聚焦的缘故吗？

其实这并不是冷光的原因，由于辐射传导，温度计的水银球传导给冰的热量大于从冰那里接受的热量，因此水银球中的水银才会变冷，通过这个实验我们可以得知冷光并不存在。自然界中根本就没有冷光，光不能去除热，只能传导热。

第十章

声　波

1. 声与无线电波的有趣实验

众所周知，声音的传播要比光线慢，声音的传播速度只有光的一百万分之一。如果你了解无线电波，你就会知道，它的速度与光的传播速度几乎是相等的。通过这一点，我们可以将声的传播与无线电波作对比，原来声的传播速度也是无线电信号的一百万分之一，由此我们发现了一些有趣的现象。举个例子：有两组观众，分别是坐在音乐厅距离演奏者大约10 m远的听众，以及坐在距离音乐厅100 km外用无线电视来听演奏的听众，他们谁先听到钢琴声？

说来奇怪，虽然无线电听众离演奏者比坐在音乐厅里的听众远一万倍，但是他们确实是先听到琴声的。主要原因就是无线电波在100 km的距离内传播的时间要比声音在10 m内传播的时间小很多，也就是$\frac{100}{300\ 000}=\frac{1}{3\ 000}$ s，而声音在空气中传播10 m用时为$\frac{10}{340}=\frac{1}{34}$ s，所以，无线电传播声音所需的时间大约只有空气传播的百分之一。

2. 声与枪弹带给我们的疑惑

我们应该都拜读过儒勒·凡尔纳的小说，其中一部小说中的主人公乘炮弹奔赴月球旅行的故事中有一点让大家感到无比困惑：他并没有听到大炮发射的声音。事实上，这是必然发生的。因为声音的传播速度并不会因为射击声音的大小而发生变化，在空气中传播的速度始终是340 m/s。但是我们知道炮弹的速度是11 000 m/s，所以，炮弹总是在前面，而声音总是在后面。难怪乘客听不到炮弹发射的声音。

现在我们聊一聊真实的炮弹：生活中到底是炮弹快，还是炮弹产生的声音快，从而让被炮弹射出去的人避开它？

现代步枪发出的子弹的速度约为900 m/s，这一速度几乎比在空气中传播时间的速度快了3倍。因为声音的传播是匀速的，而子弹的射出速度一定是逐步递减的。但是子弹在大半部分的飞行轨迹中的速度都快于声速，所以我们可以这样总结一下：假如你在战场上听到了射击声或子弹声，你大可不必慌张，因为子弹早就从你的身边呼啸而过了。子弹永远跑在声音的前面，被子弹打到的人早在听到枪响之前就已经毙命了。

3. 不存在的爆裂

有时候，飞行物与声响之间的速度差可以导致我们无意识地做出错误甚至是荒唐的结论。

我们举一个非常有意思的例子：天空中飞过的流星从太空进入地球大气层的流星的速度非常快，即使有大气阻力的影响，它的速度仍旧比音速快几十倍。

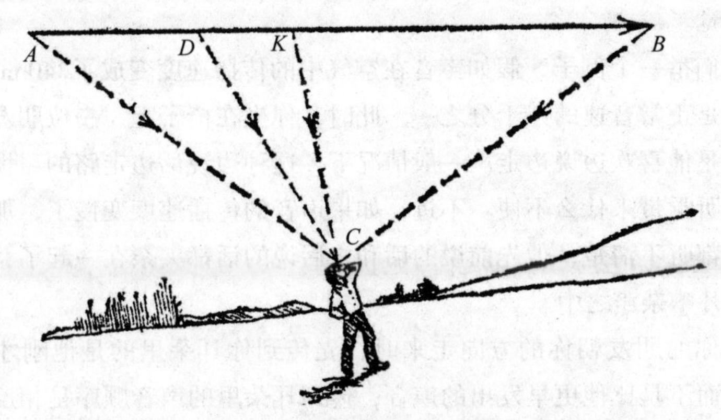

图152 并不存在的流星爆裂

所以当流星从空气中划过时，会发出震耳欲聋般的声音。如果我们站在图152中的点*C*位置，而我们的头顶有一颗流星沿线*AB*飞过，我们发现如果想在点*C*听到点*A*发出的声响，必须等它飞到点*B*才行，由于流星的速度比音速快，因此相比于点*A*发出的声响，点*D*发出的声响会更早传回我们的耳朵。我们先听到点*D*的声响，然后听到点*A*的声响。而点*B*发出的声响到达耳朵的时间也会晚于从点*D*发出的声响到达的时间，所以，点*K*出现在了我们的头顶，这个点是我们最早听到流星发出声音的点。如果数学爱好者事先得到了流星的速度与音速的比，那么这个点的具体位置就能通过精确的计算获得。

通过这些分析我们可以总结一下：我们看到的轨迹与听到的声音并不是吻合的。我们发现一开始流星出现在点*A*，然后它沿着线*AB*飞行。但是我们听到的却是另一种情况，流星最先出现在我们正上方的点K位置，随后我们听到两个声音，它们的方向是刚好相反的，从K传到A，以及从A传到K，并且会逐渐减弱。也就是说，在我们看来，这颗流星被炸成了两半，它们飞行的方向刚好是相反的。实际上这种现象完全是不存在的，我们的耳朵被骗了。我们可以由此断定，那些声称亲眼看见过流星爆裂的人的听觉大概也被欺骗了。

4. 音速变小会怎样

如果空气中的声速远低于340 m/s，那么我们的听觉就会更加频繁地出现听错觉。

我们举一个例子，假如声音在空气中的传播速度变成了340 mm/s，这一速度是正常音速的一千分之一。此时，你坐在椅子上，一位朋友对你讲话，但是他喜欢边说边走。一般情况下，这种边说话边走路的习惯并不会给你的听觉带来什么不便。不过，如果声音的传播速度变慢了，那么他说什么你都听不清楚，他先前说的话和之后说的话都夹杂在一起了，你会淹没在一片嘈杂声之中。

当你的朋友朝你的方向走来时，先传到你耳朵里的是他刚才说话的声音，而不是比他更早发出的声音，传到耳朵里的声音顺序是相反的，声音发得越早，传来得越晚。如果说话的人不停地说，就会变得“颠三倒四”，说出的话也就是“一派胡言”了。

5. 无聊的谈话

如果你认为声音在空气中的速度（340 m/s）已经非常快了，那么你的这一看法应该改一改了。

现在我们可以假设这样一个情景，如果两个地方之间相隔1 000 km，并且两地间没有电话，互相之间传递信息只能通过老式的传话筒，这种装置以前都安装在各大商店以及轮船里。当你拿起话筒问话的时候，你问对方一句，等很长时间都听不到回音。5分钟、10分钟、15分钟过去了，仍然没有任何回声，你现在心急如焚，生怕对方出了什么意外。然而你的担心完全是多余的，因为你说的话还没有传到对方的耳朵里，它刚走到一半。如果你用这种传话筒传递声音，接线的朋友需要49 min才能听到，你的朋友只有听到才能回复，回复的声音还得需要49 min才能传回你的耳朵，所以你在大约两个小时之后才能听到他的回音。

你可以用具体的数值来计算一下。如果两地之间的距离是650 km，声音传递的速度按我们的计算来传递，此时，声音在两地之间来回传递约需要一个小时。按照这种速度说话，那么你和朋友通话一天，最多也只能说十几句。

6. 信息可以传递这么快

信息的传递并不是我们今天才有的，在古代就已经存在了。但是一百年前的人们还不知道有电报和电话这种东西。在古代，如果你想用最快的速度把信息传递到650 km以外的地方，那么你至少需要几个小时。

据说，俄国皇帝保罗一世在莫斯科登基的时候，消息是以一种特别的方法传到彼得堡的：他在两城之间的道路上布置了士兵，每隔200 m就有一位士兵站岗。当莫斯科教堂的第一声钟声响起的时候，距离教堂最近的士兵就朝天开枪，距离他们最近的士兵听到枪声也开始朝天开枪，之后的士兵都用同样的方法传达信息，如此一来，保罗一世的登基消息用了三个小时传到了彼得堡。所以当俄国皇帝登基仪式进行了三个小时以后，礼炮声在650 km外的彼得堡响了起来。

我们可以做一个假设，如果莫斯科的钟声可以传到彼得堡，我们也可以算出钟声传到彼得堡的时间，因为我们知道声音在空气中的传播速度。那么钟声直接传过去需要3个小时的时间。而国王通过鸣枪的方法，用了2.5小时的时间。但是有一点我们要知道，节省的半个小时的时间是动用几千名士兵为代价的。

以上是我们介绍的一种信息传递的方法，其实还有一种类似的光信号传递法。这个故事发生在沙皇统治时期，革命者在集会的时候常常采用这种防护措施。从警察局到集会的地点之间的沿途安排眼线。如果有警报发生，人们会用手电筒传递信息，直到把信号传到会场。

7. 传递信息的鼓

其实，不同地方的人传递信息的方式是不一样的。非洲、中美和波利尼亚的一些民族很多都是用声音信号来传达消息的，在很久以前，人们就使用一种鼓来传递消息。这种鼓可以把声音信号传播得很远，当然这也是逐段传递的方法。这里的人们通过这种方法，可以把信息传递到各个方向，所需的时间非常短。

很久以前，意大利与埃塞俄比亚之间发生战争的时候，每当意大利军队有什么行动，埃塞俄比亚的皇帝曼涅里克很快就知道了。对此，意军的司令部很疑惑。其实主要的原因就是敌军有传迅鼓这样的通信工具。

当这两个国家再次发生战争的时候，埃塞俄比亚的斯亚贝巴又是用传迅鼓在全国“颁布”了动员令，正是因为有这种工具的存在，所以消息在几个小时的时间里就传遍了整个国家。

在英国侵略布尔人的战争中（布尔人是居住于南非的荷兰、法国和德国人移民后裔形成的混合民族，这些历史上都是有记载的）也出现过这样的情况。布尔人也是通过使用传迅鼓把战争的消息传给居民的，通过这种方法传递的消息，要比信使传递的官方战报提前很多天。

按照旅行家（列奥·弗罗贝尼乌斯等）所说，非洲原住民制作的传递信息的工具非常高效。这些传递信息的工具甚至要比欧洲人发明的光通信器的传递效果更好。

图 153　原住民用“传迅鼓”传递消息

在尼日利亚腹地的伊巴达城的不列颠博物馆里住着一位考古学家，他曾在杂志上刊载过这样一则小故事。

有一天早晨，当他醒来的时候，他听到一些黑人猛烈地敲着鼓，通过鼓声传递消息。他很疑惑，于是去问他们发生了什么事。其中有个军士告诉他传递的消息是“白人的一艘船沉入了海底，淹死了很多白人”。正是因为这个鼓的存在，信息才会从海上传递到这里来。但是这位科学家无动于衷，他觉得这是不可能的。但是三天之后他收到了电报，这个电报是因为灾难推迟送到的。电报中说明了“卢西塔尼亚号”沉入海中的消息。当他得知这个消息时，他才发现黑人传递的消息是对的。他们不但可以获得这个消息，还可以根据鼓声将消息传达到他们居住的所有地区。虽然不同地区的土著人有属于自己的语言，而且部落之间通常还会发生战争，但是这些因素并未影响他们采用这样的方式互相传递消息。

8. 云和空气也可以反射声音

不仅坚硬的东西可以反射声音，柔软的东西也是可以的，例如云和空气等。在一些特定的情况下，某部分空气的导声能力大于其他部分的空气时甚至可以反射声音。如果你知道光学中的全内反射，那么你就会更容易了解这种现象。当一种我们看不到的障碍物把声音反射回来，我们就可以听到回声了。

其实，这个现象也是通过科学家做实验发现的。这个人就是廷德尔，当时他在海岸上做声音信号实验，正是在做这个实验的时候，他发现了这个有趣的现象。对于当时他听到的声音，他也做了记载，他在书中说：“当时我们非常兴奋，因为我发现了一种奇特的现象，我听到了空气反射回来的回声。这种声音美妙极了，就好像是魔幻般的声音一样。”

其实，这位英国著名物理学家所说的能发声的云，就是那部分把声音反射回来形成回声的空气。对于这一点他也是有自己的解释的，他这么说道：

空中这种能发声的云有很多，与此同时它也很特别，这种云与一般的云是不太相同的，因为这种云能够存在于完全透明的空气中或者产生在晴朗的天气里，形成空气回声。科学家们经过多次实验和观察发现这种空气回声是确实存在的，含有不同含量的温度和水蒸气的气流都会产生这种空气的回声。

云能够反射声音的现象可以帮助我们解开很多战争中发生的一些奇闻逸事。廷德尔曾经引用过这样一段话，这段话记述了1871年普法战争的一个亲历者的回忆：

六日的早晨与前一天的早晨截然不同。前一天，天气很冷，天空中还有灰蒙蒙的大雾，我们的可视范围非常小。但是六日这天的天气就完全变了。这一天的天空特别晴朗，而且温度也让人感到非常舒适。昨天这里还有枪炮声，今天却变得特别平静，仿佛战争与这里没有任何关系。人们都很惊讶，彼此相互疑惑地看着。他们都认为巴黎连同那里的堡垒、大炮和战火都消失了。人们沉浸在平静的生活当中。

此时，这个战士也乘车来到了蒙莫兰西。他在车上就可以看到巴黎北郊的情况。他当时也看到这里非常平静，一片死寂。在路上他遇到了三个士兵，这三个人在一起讨论当前的局势。连这些士兵都认为普法两方正在和解。因为他们听不到任何的枪声。

接下来，士兵来到了霍温斯。但是他得到的消息却让他大跌眼镜。原来普鲁士人从早晨八点就开始了猛烈的炮击，与此同时南部地区也发起了攻击，但是他在蒙莫兰西什么声响都没有听到！其实这一切都与空气有关，今天的空气具有极差的传声能力，而昨天却是好好的。

类似的现象在第一次世界大战的时候也发生过很多次。

9. 有些声音是听不到的

有些人听觉器官很正常，但是他们却听不到蟋蟀或者蝙蝠发出的声音。英国著名物理学家廷德尔向我们证实，有些人甚至连麻雀的声音都听不见。

事实上，我们的耳朵并非对附近所有东西的振动都能有所感觉，我们也是有感知范围的。如果我们周围物体的振动频率小于16 Hz，我们是听不到这个声音的，但是当我们周围物体的振动频率达到15 000 ~ 22 000 Hz甚至以上时，你会惊讶地发现我们同样听不到声音。这里面有一点需要注意，我们能够听到的声音的振动频率要视不同的人而定，老年人能够听到的最低频率是6 000 Hz。生活中正是因为存在这样的情况才会出现很多奇怪的事情，有时候，对于一般人来说是相当刺耳的高音，但是对于有些人来说却是鸦雀无声。

生活中我们经常可以看到很多昆虫，比如蚊子或者蟋蟀，它们鸣叫声的振动频率大概为20 000 Hz。这样的一个频率，有些人听得见，有些人却听不见。有些人的听觉对高音存在反应迟钝的现象，也有些人在一些很嘈杂的场所却平静如水。廷德尔还说，他和他的一个朋友曾有过一次瑞士之旅，在这次旅行中，他听到草地里有昆虫大声鸣叫。当时他心情特别烦躁，但是与他不同的是，这位朋友却没有反应，并且说根本就没有听见昆虫的叫声。

其实蝙蝠的叫声要比昆虫的叫声低八度。这说明蝙蝠的叫声造成的空气振动频率只有一半。但是有些人的听力范围比这一频率还低，所以很多人认为蝙蝠是一种不会发出声音的动物。

巴甫洛夫做的实验却与之相反，他的实验表明狗能听到振动频率达到38 000 Hz的声音，这已经达到了“超声”振动的范围了。

10. 超声技术

由于现代科技的发达，很多科学家和技术方面的专家已经研究出了如何制造比上一节说的让人听不到的振动频率高得多的频率的方法。这个数字会让你非常吃惊，科学家研究出的超声的振动频率高达1×10^{10} Hz，要比每秒振动频率达到3 480次的钢琴的高音还高出18个八度。

当然，获取超声的方法不止一种，比如利用石英片的性能。从石英晶体上切割下一些石英片，然后压缩石英片，石英片的表面就会产生电。如果我们在石英片的表面周期性地通电，此时由于有电荷的影响，石英片会进行交替胀缩，从而产生振动现象，最后我们就会得到超声振动。事实上，如果我们给石英片通电，则需要用无线电技术里所说的电子管振荡器，而且它的振动频率必须与石英片的频率相同才可以。

我们很难听见超声，但是超声的作用却是显而易见的。举个例子，当我们已经可以让石英片震动，那么我们将它放在盛油的容器中，并且将它浸没在油中。受到超声作用影响的油会激起10 cm高的波峰，你会发现有些小油滴甚至能够飞到40 cm高的地方。倘若你把一根1 m长的玻璃管一端浸入到容器里，然后你用手抓着玻璃管的另一端，你会感觉这一端非常烫，甚至有烫伤的可能性。让人感到不可思议的是，浸入容器的那一端把木头烧了一个洞出来。

原来超声的动能可以转化为热能。

事实上，超声的振动对生物的机体产生的作用非常强烈。比如：藻类的纤丝被拧断，动物的细胞被胀裂，血球遭到破坏，在短暂的一两分钟内小鱼和青蛙会死亡，动物的体温迅速攀升。比如老鼠，其体温会升到45 ℃，其他动物的体温也会升高。超声波在医学上已经得到了应用，看不见摸不着的紫外线以及没有声音的超声波一同为医疗事业做着贡献。

考虑到它在生产中的重要性，人们还在冶金工业中应用了超声技术。利用超声波我们可以检查金属的瑕疵比如杂质、气泡、裂缝等。你或许听说过超声“透视”金属法，这种方法就是在需要做检查的金属上涂上油，考虑到金属中存在一些杂质，那么在超声的作用下，杂质会被冲散，金属上就会产生阴影。金属中拥有杂质的轮廓在均匀的油面上显现了出来，这个轮廓是如此显而易见，我们甚至可以把它拍下来。

通过这种方法我们能够观察1 m多厚的金属，X射线透视无法做到这一点。超声透视甚至可以发现1 mm的杂质。因此，超声波的应用前景非常光明。

11. 小人国的人

还记得《新格列佛游记》这部影片中的小矮人吗？它们的喉头不大，但是它们的嗓门可着实不小。我们还发现巨人的身高非常高，但是他们的嗓门却很低沉。仔细观察影片我们发现，影片中的小人扮演者全都是成年人，而扮演比佳的却是一个孩子。导演普图什科将他们的嗓音做了调整，很多人对他的方法感到无比震惊。事实上，影片中的声音是拍摄时演员们的声音，他只是根据声音的物理特点对演员的声音做了一些富有创新的处理而已。

首先，为了给小人演员们录音，电影导演使用了慢速转动的录音机，然后又用快速转动的录音机给比佳的扮演者录音。通过这种方法，小人的嗓音变高了，而格列佛的嗓音却变得很低。妙诀就是在放映的时候，导演采用了正常的速度，所以这种方法达到了预期的效果。小人们的声音的振动频率高了，他们的声调自然就变高了，但是，比佳的声音振动频率低了，所以他的声调也就变低了。我们应该清楚一点，在这部影片中，小人的声调要比一般人高八度，而格列佛也就是比佳的声调要比一般人低八度。

这是采用“时间放大镜”处理声音的一个有趣的实例。倘若留声机转动的速度比一开始录的时候的声音速度（78转/分或33转/分）高或低，都会有变调发生的可能性。

12. 两天的日报

生活中的有些事情可能看起来和物理学是不相关的。但是如果你认真研究一下，或许你就会发现一些特别有趣的事情，而且这些对于我们下一节的学习探究也是很有帮助的。

你或许也碰到过这样的问题，阳光明媚的中午，一列列车从莫斯科开往符拉迪沃斯托克，但是与此同时，有一列相同的车从相反的方向开来。倘若列车要跑10天，那么你有没有思考过，从符拉迪沃斯托克开往莫斯科的火车在行驶的途中会遇见多少列从对面开来的火车？

很多人可能张嘴就能说出答案：10列。但是，这个答案并不对。因为你遇见的不仅是你上路之后从莫斯科开出的10列火车，还包括之前已经从那里开出的10列火车，所以答案应该是20列。

我们接着猜想，如果这一次我们需要每一列从莫斯科开出的火车上都卖莫斯科当日的报纸。这时候你需要做的就是每次遇到车站就买上一份，尽管你不喜欢看报纸。现在你来认真思考一个问题，在这10天里，你能买多少份报纸？

倘若你已经了解了上一个问题，那么这个问题的答案也不难想到。

你会买到20份报纸。因为你遇见了20列火车，而且每列火车上有当天的报纸，所以你会买到20份报纸。你平均每天会读到两份日报！

虽然这个结果我们已经得出来了，但是并不是所有的人都能够理解，没有亲自试验过，很多人会觉得这个结论有些难以接受。你也可以尝试一下。举个例子：从塞瓦斯托波尔乘车到列宁格勒，你发现在这两天的行程中列宁格勒出版了整整四天的日报。事实上，这很容易理解，主要的原因就是在你乘车之前之后已经出版了两天的日报，所以剩下的两份肯定是在你乘车期间出版的。

这次你应该知道为什么有些人在一天之内可以看到两份莫斯科的日报了。他们正是来这里旅行的火车乘客。

13. 鸣笛的火车

可能很多人都喜欢音乐，并且拥有很强的乐感。那么当你在火车进站时，能否从鸣笛声中感受到汽笛响声的变化？当然我们这里说的是汽笛音调的高低，而不是响度的大小。我们发现火车有这样一个规律，两列相向行驶的火车靠近时发出的汽笛音调比背向渐渐远离时的音调高不少。假如火车的速度达到50 km/h，此时你会发现音调的高低差别非常接近一个全音程。

但是你有没有仔细想想产生这个结果的原因是什么呢？

如果我们想要解释这个原因，就必须注意一点，那就是音调的高低决定了振动的频率。我们将这次的实验与上节的结论进行一下对比。火车朝着我们行驶过来的时候发出的声音是一种振动频率固定不变的声音。你对振动的频率与你的位置有很大的关系，这取决于你是迎着火车、站着不动或背着声源。

其实这和一天读两份报纸的道理很相似。当你向声源靠近的时候，此时你听到的汽笛声的振动频率要比原本的振动频率大一些。你此时听到的就是高的音调。而如果你背着火车走，那么此时你听到的声音的振动频率就会减少。这时候我们听到的就是低沉的音调。

如果你认为这种现象没有科学依据，那么你可以通过做实验来证明这一点。火车汽笛的声波是如何传播的（图154），首先我们需要看看火车静止的时候出现的情况，考虑到汽笛响起的时候会产生声波，我们可以假设它只有4个波长。因为火车静止的时候，此时汽笛的声波在每一个时间段内无论向哪个方向传播的距离都是相同的，在这里我们可以看到波段*O*到达*AB*的时间是一样的，紧接着观察者到达的波段是1、2、3。

图154 火车的汽笛声

此后另外两个观察者听到的是相同频率的振动，因此两个人听到的音调也是相同的。

其实我们可以做一些猜想，如果火车是从*B'*驶向*A'*的，那么情况就会发生改变。我们可以想象这样一种情形，当汽笛声是在点*C''*上的时候，那么到达点*D*之前它会发出4个波头。

现在我们对比一下这种情况下声音传播的情况。从点*C''*发出的波头*O*到达观察者*A'*的时间等同于到达观察者*B'*的时间，但是我们要注意一点，从点*D*发出的波头4到达两个观察者所用的时间却并不一样。因为*DB'*比*DA'*的距离长，因此，波头到点*A'*的用时会短于到达点*B'*的用时，中间的波头1和2也是如此，都是先到达点*A'*，然后到达点*B'*，但是它们之间不会存在巨大的时间差。我们可以想一想这样产生的结果，观察者*A'*在同一时间里能够比观察者*B'*感受到更多的波头，所以它听到的音调比观察者*B'*听到的音调高就不难理解了。而且我们在图中也会看到一些有趣的事情，比如从*B'*

到A'的波长要比从A'到B'的波长短得多。

14. 你知道多普勒效应吗

我们在上一节描述的现象是由著名物理学家多普勒发现的。因此我们习惯性称之为多普勒效应。这种效应并不仅仅是声学现象，它还是光学现象。众所周知，光和声的传播方式都是通过波的形式实现的。波头的增加，颜色的变化就能被我们的视觉系统感受到。

当然多普勒效应还有很多作用，比如帮助天文学家发现一些星球的变化情况，告诉他们这个星球是离我们越来越近，还是越来越远。不仅如此，我们甚至可以测出它靠近或者远离我们的速度。

对于这些现象的测定，很多天文学家通常采用的方法是研究天体光谱上暗线位移的变化情况。科学家们测定出暗线位移的距离和方向，随之而来的是各种重大的发现。在多普勒效应的作用下，我们可以发现天空中最明亮的星体天狼星正以75 km/s的速度离开地球和我们，虽然这颗星球距离我们本来就很遥远，即使让它再远几十万千米，这颗星球的亮度也不会发生多大的变化，它还是跟以前一样的明亮。对于这种天体的运动情况，我们只能用多普勒效应来解释。

通过这个实例我们能够明白物理学是一门非常深奥且用处广泛的科学，它向我们暗示了长度达几米的声波规律，并且让我们通过这些规律探索宽度只有万分之几毫米的光波的秘密，通过这些奥秘我们甚至能够测量深邃的宇宙中巨大恒星的相对运动。

15. 违章处罚的故事

1842年，多普勒曾经提出这样一个问题：假如观察者接近或远离声源或者光源，声波或光波波长的变化是可以被人的感觉器官察觉到的。正因为如此，他大胆地提出一个结论：这一点正是星球色彩斑斓的原因。他断定所有星球的颜色都应该是白色的，然而我们看到的星球却是有颜色的，因为这些星球此刻正在迅速接近或远离我们。当颜色为白色的星球接近我们的时候，它会发出类似绿、蓝或紫色的光波；远离我们的时候，它就会发出黄、红色的光波。

对于我们来说，这个见解非常特别。但是我们仍然要坚定地否认这一见解。我们的眼睛能够感受到物体的运动产生的颜色变化，这里有一个先决条件，它的速度必须非常快。其实不光这一点，还有一点也是非常重要的，当白色的星球发出的蓝色光线被紫色光线替代的时候，它的绿色光线会变成蓝色的，紫外线的位置则会被紫色光线替代，而红色光线的位置被红外线抢占。总而言之，白光中的种种成分仍旧是随机存在的，就算光谱上的颜色位置发生了改变，合成之后的颜色也并不会影响我们的视觉感受。

星球的运动和观察者所做的运动是相对的，因此我们可以精确地测出光谱中暗线的位移情况。这些恒星的运动速度是可以通过光线来确定的，假如你用的分光镜性能优良，那么我们现在就可以测出恒星的具体运动速度，这个值大约为1 km/s。

多普勒犯下的错误让我们想起了一个人的趣事，这个人就是著名的物理学家罗伯特·伍德。有一次，他开车的时候因为车速非常快，所以当他看到红灯的时候，想要刹车已经来不及了，因此，他闯了红灯，交警准备向他出具罚单。不过故事并没有就此结束，伍德对这件事的处理并不满意。他决定给交警讲道理，他是这样解释的：当他坐在飞快行驶的车里时将红色的信号灯看成了绿色的。交警对此感到无比疑惑，但是如果他精通物理学的话就会知道，想要让这种情况发生，汽车的速度必须达到1.35×10^8 km/h才可以。

具体的算法如下：假设l为光源（信号灯）发出的光的波长，l'为观察者（车中的伍德）能够感觉到的光的波长，v代表速度，c代表光速，我们按照物理学的理论，得出了如下的数值关系：

$$\frac{l'}{l}=l+\frac{v}{c}$$

众所周知，红色光线最短的波长是0.0063 mm，而绿色光线最长的波长是0.0056 mm，光速是300 000 km/s。那么我们将这些数字代入上面的公式，得出：

$$\frac{0.0063}{0.0056}=l+\frac{v}{300\,000}$$

汽车的速度为：

$$v=\frac{300\,000}{8}=37\,500\ \text{km/s}$$

也就是1.35×10^{8} km/h。按照这样的速度，伍德只需花费一个多小时的时间就能从警察身边开到比太阳更加遥远的地方。不过听说，他最后还是因为开车超速吃到了罚单。

16. 人走路的速度和音速相等会怎样

生活中，我们总会做出各种各样的假设。下面我们就来做一个假设：如果我们行走的速度能够媲美声速，那么会有什么现象发生呢？

如果一个人乘坐一列从列宁格勒开出的邮政火车，那么当他经过沿途的车站时，会发现卖报的人手里拿着的报纸都是他出发当天出版的日报。其实这不难理解，因为乘客坐车的时候，报纸也随着乘客开始上路了。而在这之后的日报就要由后面的邮车运送了。假如我们用同样的道理来推算，当人以声速从音乐会离开的时候，我们听到的最后的音调肯定是我们离开音乐会的最后瞬间乐队演奏的音调。

但是我们要知道一点，这些都只是我们的推论而已，它是不正确的。如果人真的以音速离开，此时对于这个人来说，声波就是完全不动的，他的耳膜根本不会产生振动，所以他什么声音都听不见，只会以为演奏会已经结束了。

但是我们还是有一个疑问，为什么这个实验和火车的实验不同呢？答案是因为我们用错了类比方法。其实，如果在每一站都能看到同一天报纸的乘客忘记了自己正在旅行，那么他会产生一种很奇特的幻觉，他会认为当他离开莫斯科后，莫斯科的日报就停刊了。这种感觉跟人以音速离开音乐会就以为乐队停止了演奏是非常相似的。其实这个问题并不是很复杂，但是仍有不少科学家被它搞得一团乱麻。我曾就这一问题与一位天文学家发生过争论，因为这个天文学家不同意上面的结论，他认为我们以音速离开时听到的音调是离开的那个瞬间演奏的音调。不但如此，这个天文学家还给出了自己的论证：假设有一个某种高度的声音，它原来是这样响的，现在还是这样响的，而且会一直响下去。即便在空间中观察，我们依然可以依次听到这样的声音，强度也并不会递减。假如我们以音速甚至是思维的速度来到任何一位观测者的位置上，我们是不可能听不到它的。

不仅如此，他还用同样的论证证实：如果一个观察者以光速离开闪电，那么他是能够看到这道闪电的。他在写给我的信中这么写道：我们这样设想一下，在一个空间中连续排列着很多只眼睛。每只眼睛都能接收到位于它前方的眼睛接收到的光线，并且产生相同的视觉效果。想要在任何位置都能看到闪电，你只需依次来到每一只眼睛的位置上就可以了。

毋庸置疑，这两种说法都是错误的，在他设定的条件下，我们既看不到闪电也听不到声音。通过研究前面的公式，我们可以得出如下结论：倘若公式中的$v=-c$，波长l'的数值可以是任何一个数字，l无限就相当于没有波。

当我们的故事讲到这里，《趣味物理学》这本书也就告一段落了。初涉物理学的读者在阅读完这两册书后，如果激起了研究这一科学领域的兴趣，我的目的就算是达到了，任务也算是圆满完成了。这样一来，我就可以安心地为这个系列画上一个完整的句号了。